Jetzt helfe ich mir selbst

Originally published in English by Haynes Publishing under the title:
The Motor Boat Manual © Dennis Watts 2009.

Einbandgestaltung: Sven Rauert
Einbandbilder: Dennis Watts
Bildnachweis: siehe Seite 235

Deutsche Fassung: **Hermann Leifeld**

ISBN 978-3-613-50629-9

1. Auflage 2010

Sie finden uns im Internet unter: www.pietsch-verlag.de

Lektor: Oliver Schwarz
Innengestaltung: J. Prosser/P. Ciurak, TEBITRON GmbH
Druck und Bindung: Conzella, 85609 Aschheim-Dornach
Printed in Germany

Dennis Watts

Motorboote

Kauf, Wartung und Reparatur

pietsch

1 EINLEITUNG

Gemütliches Bootfahren in der wärmenden Sommersonne.

Motorbootfahren kostet kein Vermögen

Neue und erfahrene Bootseigner finden in diesem Buch eine Menge Tipps und Tricks, mit deren Hilfe sie ihr Boot instand halten und sich daran erfreuen können, ohne ein Vermögen dafür auszugeben. Es stimmt, dass Motorbootfahren nicht gerade die billigste Freizeitaktivität ist, aber wir wollen hier Möglichkeiten aufzeigen, ein Boot mit minimalem Aufwand zu kaufen, auszurüsten und instand zu halten.

Es geht in diesem Buch um Motorboote in verschiedenen Ausführungen und Größen, darunter kleine bis mittlere Motorkreuzer mit Außen- und Innenbordern, offene Daycruiser, Boote zum Küstenangeln, Motorbarkassen und Schlauchboote mit Außenbordern – Boote also, die überwiegend geeignet sind für Küstengewässer, Flussmündungen und Binnengewässer. Eine Vielzahl solcher Gewässer wartet nur darauf, von all den Menschen erkundet zu werden, die Spaß und Freude an einem schwimmenden Untersatz suchen, ohne unnötig viel Geld dafür ausgeben zu müssen.

Ein günstiges Boot zu finden, ist heute viel einfacher. Früher musste man als Verkäufer in einigen wenigen Spezialzeitschriften inserieren, während man heute über entsprechende Seiten im Internet einen viel größeren Interessentenkreis ansprechen kann, und das sehr günstig oder sogar gratis. Manche dieser Webseiten sind außerdem verlinkt mit der wachsenden Zahl von Bootsmagazinen und -zeitungen, die es heute gibt.

Bootfahren vor landschaftlich schöner Kulisse.

Motorboote in einer Vielzahl von Typen und Größen eignen sich großartig für kleine Buchten, flache Küstengewässer, Binnengewässer und Angelfahrten.

Als Kapitän eines eigenen Bootes – wie groß oder klein es auch sein mag – fühlt man sich großartig.

Ein klassisches Speedboot, wie es der Autor als kleiner Junge in Cornwall besaß.

Mit den Fähigkeiten, die man sich als Heimwerker zu Hause angeeignet hat, kann man auch die Aufarbeitung eines billigen, heruntergekommenen Motorboots in Angriff nehmen. Auch ein Neubau nach Plänen oder aus einem Bausatz ist durchaus möglich. Neue Materialien und Methoden machen das Heimwerken viel einfacher, und das gilt auch für Boote. Man braucht kein Schiffsbauer zu sein, um eine Reihe einfacher Instandhaltungs- und Verbesserungsarbeiten in Angriff zu nehmen.

Eigene Erfahrungen

Meine ersten Erlebnisse mit Motorbooten hatte ich schon als Kind. Bei einem Familienurlaub in Cornwall bewunderten wir ein wunderschön lackiertes klassisches Speedboot im Hafen Padstow. Der Eigner bemerkte unser Interesse und bat uns an Bord. Es folgte die aufregendste Highspeed-Tour vor der großartigen Küste von Cornwall, an die ich mich erinnern kann.

Weitere unterhaltsame Fahrten erfolgten in einer Vereinsbarkasse mit meinem Onkel Maurice, dem ich viel von meinem Wissen über Boote verdanke. Ich durfte ihm oft helfen, wenn er sich an die Renovierung und Ausrüstung der vielen Boote machte, die er Zeit seines Lebens besaß. Das war oft harte Arbeit, aber sie hatte sich gelohnt, wenn wir wieder mal ein frisch lackiertes, glänzendes altes Boot zu Wasser brachten, nachdem wir es vor dem Verrotten in der hintersten Ecke einer Bootswerft gerettet hatten.

Im Herbst ein vernachlässigtes Boot kaufen, es im Winter an passenden Tagen aufarbeiten, im Sommer damit fahren und es anschließend (zu einem guten Preis) verkaufen – auf diese Weise arbeitete sich mein Onkel im Laufe der Jahre von offenen Booten zu richtigen Kreuzern vor, mit denen er die Küste und den örtlichen Kanal befuhr.

Ein Boot zu kaufen, es aufzuarbeiten und sich dann daran zu erfreuen, ist eine lohnenswerte Sache.

Die Landschaft bietet sich vom Boot aus in einer ganz anderen Perspektive dar.

Auf dem Wasser bieten sich interessante Erlebnisse – wie auf diesem Kanal, der auf dem Pontcysyllte-Aquädukt ein Tal überquert.

Ferien auf gecharterten Motorkreuzern in den Norfolk Broads zu verschiedenen Jahreszeiten ließen meinen Wunsch nach einem eigenen Boot wachsen. Einmal kehrten wir von einem Hausbooturlaub zurück und trafen beim Vercharterer meinen Onkel, der dort gerade über den Preis eines Motorkreuzers verhandelte. Damit begann seine Beziehung zu Binnengewässern, die letztlich dazu führte, dass er ein Boot mit großzügigen Unterkunftsmöglichkeiten sein Eigen nannte. Nebenher arbeitete er für ein Kanalunternehmen, für das er das Boot *Victoria* in Stand hielt und Touristenfahrten auf dem Chelmer-Kanal durchführte. Sein eigenes Boot verschaffte uns Familienmitgliedern viele Möglichkeiten, langsam durch die wunderbare Landschaft zu gleiten, Schleusen zu betätigen und auch mal am Ruder zu stehen.

Mein erstes Motorboot gehörte zu den ersten aus Glasfaser – ein kleiner, alter, heruntergekommener Kreuzer, der beträchtliche Ausbesserungsarbeiten verlangte, aber sehr billig war. Mit seiner gemütlichen kleinen Kajüte wurde er zu meinem Rückzugsgebiet zwischen der See und den Salzmarschen ebenso wie zu einem Mittel, das Bootsfahren zu genießen. Ich nutzte die Fähigkeiten und Methoden, die ich früher gelernt hatte, und nach mehreren Jahren mit Ausbesserungsarbeiten und Fahrten an der Küste und auf einem Kanal, konnte ich das Boot mit beträchtlichem Gewinn verkaufen, und das Geld in eine Reihe weiterer Boote stecken. Diese verbesserte, nutzte und verkaufte ich dann nach und nach, bis ich mir einen viel größeren und kräftigeren Motorkreuzer leisten konnte, der sowohl für Binnengewässer als auch für die Küste geeignet war.

Auf diese Weise – nach und nach immer größere Boote kaufen, ausbauen und wieder verkaufen – kann jeder Wassersportbegeisterte schließlich zu einem soliden Motorkreuzer, Kanalboot, Angelboot für die See oder einem Speedboot wie einem Festrumpfschlauchboot oder einem kräftigen Sportboot zum Wasserskilaufen kommen. Das lässt sich vergleichen mit dem Aufstieg von der Zweizimmer-Mietwohnung über die Dreizimmer-Eigentumswohnung bis zum Fünfzimmer-Eigenheim. Dabei kann man sogar bei jedem Verkauf einen kleinen Gewinn machen, den man dann wieder in das nächste Boot investiert.

Natürlich ist es auch durchaus möglich, dass man schon mit dem ersten Boot vollkommen zufrieden ist, wenn es genau die eigenen Bedürfnisse erfüllt. Für welches Boot Sie sich auch entscheiden, dieses Buch wird Ihnen helfen, das Erlebnis zu genießen.

Gemütliches Kreuzen oder herausfordernde Reisen

Manche Menschen suchen die Herausforderung, weite und lange Reisen zu unternehmen. Sie besuchen fremde Länder und können viel über ihre Erlebnisse und Erfahrungen berichten. Das soll Ihnen auf jeden Fall auch vergönnt sein, wenn Sie die erforderlichen Fertigkeiten, das nötige Wissen und das passende Boot besitzen, um all das möglichst ungefährdet zu tun. Aber vorher – oder statt eine solche Herausforderung anzunehmen – kann man sich viel Freude verschaffen, indem man in einer völlig anderen Atmosphäre Entspannung sucht, als man sie von Zuhause oder von der Arbeit kennt. Man entflieht dem Stress des normalen Alltagslebens und taucht in die Welt auf dem Wasser ein, wo das Sonnenlicht sich wie eine Million Diamanten auf den Wellen spiegelt und die Natur die Seele zur Ruhe kommen lässt.

Wenn man erst einmal unterwegs ist, verdrängt die Konzentration, die man beim Befahren von kleinen Flüssen, größeren Wasserwegen und der See benötigt, alle beschwerlichen Gedanken. Man kann sie an Land zurücklassen und genießt die herrliche Landschaft an Küste oder Flüssen und auf See, atemberaubende Sonnenuntergänge und die Gesellschaft netter Wassersportler.

Geschützte Flussmündungen lassen sich mit einem kleinen Motorboot erkunden, das für Flachwasser geeignet ist.

Entspannung auf dem Wasser

Deutschland besitzt eine Küstenlänge von ca. 2400 km mit Flussarmen, Mündungen und einigen Meeresarmen, die sich mit dem Boot nutzen lassen, wenn man Vernunft und Vorsicht walten lässt. Hinzu kommen eine Reihe kleinerer und größerer Flüsse, Binnenseen und Talsperren.

Viele Menschen kombinieren das Motorbootfahren mit entspannendem und fesselndem Angeln mit Rute und Leine. Auf See kann das ziemlich aufregend sein, wenn man auf schwer auffindbare Fischschwärme aus ist und nie sicher sein kann, was da an der Wasseroberfläche erscheint, wenn man eine Kreatur aus der Tiefe heraufholt. Binnengewässer bieten eine Vielzahl von Erfahrungen, wenn man aus dem Komfort seiner schwimmenden Plattform statt von einem Ast über einem schlammigen Ufer aus angelt. Wenn man warm und trocken unter dem Verdeck eines Motorkreuzers sitzt und warme Getränke und Essen aus der Kajüte bekommt, kann man komfortabel das ganze Jahr über angeln, wenn man es denn möchte.

Der Ausdruck »im Boot herumgondeln« dürfte weitgehend bekannt sein. Es gibt durchaus Menschen, für die das Bootfahren eine viel zu ernsthafte Angelegenheit ist, um mit einem solchen Ausdruck bedacht zu werden, aber in Wirklichkeit ist es doch gerade dieses »Herumgondeln«, das vielen den meisten Spaß bereitet. Es ist klar, dass das Befahren der anspruchsvolleren Flüsse und Küstengewässer einen ernsthafteren Ansatz erfordert, um sich nicht in Gefahr zu begeben, aber der Ausdruck bringt nach wie vor das Vergnügen herüber, das viele Menschen dabei empfinden, einfach nur in einem Boot auf dem Wasser zu sein. Sich die nötigen Fertigkeiten im Bootsfahren anzueignen, ist nicht schwer, und wenn man die – weiter hinten – aufgeführten Vorsichtsmaßnahmen trifft, kann man die dem Bootsfahren innewohnenden Risiken auf ein Mindestmaß beschränken. Dann hat man die Gelegenheit, kleine Flüsse zu erkunden, abgelegene Strände zu besuchen und, in der Kajüte eines Kreuzers, Übernachtungen in idyllischer Umgebung zu genießen.

Zum Übernachten lassen sich idyllische Fleckchen finden.

Spaß für die ganze Familie

Die meisten Kinder werden magisch von Wasser angezogen, und das führt dazu, dass sie in irgendeinem Stadium ihrer Kindheit ein Interesse an Booten entwickeln. Das bietet dann die Gelegenheit, sie zu unterhaltsamen Aktivitäten im Freien anstelle der überstrapazierten Beschäftigung mit der Technik im Hause zu animieren. Möglicherweise muss noch etwas elektrisches oder elektronisches Spielzeug hinzukommen, aber oft genügen schon die Attraktionen der Natur und der Spaß, den sie beim Angeln und Fischen haben können. An warmen sonnigen Tagen kann dann die ganze Familie zusammen den Umgang mit dem Boot lernen und gemeinsam neue Erfahrungen sammeln.

Interessanter Nachtliegeplatz mit einem »Whisper«-Motorsegler auf der Themse.

Auf Binnengewässern erlebt man malerische und interessante Anblicke wie hier in London.

Familien, die Zelt- oder Wohnwagenurlaub kennen, gewöhnen sich schnell an die Unterkunft auf einem Motorkreuzer. Das versetzt sie in die Lage, das Ankern über Nacht an abgelegenen, landschaftlich reizvollen Orten oder in der Nähe eines Restaurants oder interessanten Stadtzentrums als schönes Erlebnis zu genießen.

Spannung und Speed

Für ältere Kinder, Teenager und viele Erwachsene gibt es auch den Nervenkitzel einer Fahrt mit dem Rennboot auf geeigneten Gewässern unter Aufsicht des Eigners oder Lehrers, der weiß, was er tut. Bei sorgfältiger Überwachung kann der Spaß, sich auf Geräten wie Autoschläuchen oder Bananen von einem Motorboot ziehen zu lassen, dazu führen, dass die Kinder unter Aufsicht eines qualifizierten Ausbilders das Wasserskilaufen oder Wakeboarding lernen.

Motorbootfahren verschafft der ganzen Familie gemeinsam neue Erfahrungen

An einem Restaurant anzulegen, ist für viele eine Attraktion und sorgt für eine Abwechslung vom Essen an Bord.

Hohe Geschwindigkeiten haben eine gewisse Anziehungskraft – hier in Verbindung mit einer malerischen Umgebung.

Umfang des Buches

Jedes Buch unterliegt vom Inhalt her bestimmten Grenzen, und die ungeheure Vielfalt an Booten und Ausrüstung bedeutet, dass Motorbootfahren und Bootsinstandhaltung per se ein riesiges Thema sind. Viele Bücher konzentrieren sich auf bestimmte Aspekte der Eignerschaft und der Bootsbenutzung, die dann äußerst tiefgehend und detailliert behandelt werden. Im Gegensatz dazu befasst sich das vorliegende Werk mit einer breiten Palette von Themen, konzentriert sich dabei aber auf diejenigen, die die Fähigkeiten und Möglichkeiten der meisten Motorbooteigner nicht überschreiten.

Die Betonung liegt auf einfachen und grundlegenden Instandhaltungsarbeiten am Boot selbst. Die sehr großen und umfangreichen Themen von Umbauten sowie Einbau und Instandhaltung von zusätzlicher Ausrüstung wie etwa luxuriösen Haushaltsgeräten in der Kabine eines Motorkreuzers bleiben außen vor, weil dafür eine ganze Buchreihe erforderlich wäre, wenn man sie angemessen abhandeln wollte.

Wer einmal die grundlegenden Themen beherrscht, kann auch den fortgeschrittenen Umgang mit dem Boot und kompliziertere Ausbauten erlernen. Dazu gibt es Kurse für Motorbootfahren auf hoher See oder Rennbootfahren, Navigation, fortgeschrittene Motoreninstandhaltung oder Bootsbau. Weiterhin kann man für spezielle Zwecke z. B. Bücher über Bootsumbauten und die Monatsmagazine kaufen, die sich regelmäßig mit Themen wie dem Einbau der neuesten Ausrüstungsgegenstände befassen. Dabei sollte man aber immer daran denken, dass der praktische Teil im Interesse der Sicherheit oft besser den Profis überlassen wird, wie sie in den einzelnen Kapiteln aufgeführt sind. Nautische Begriffe sind für neue und erfahrene Bootseigner oft verwirrend und werden deshalb im Text, in den Zeichnungen in Kap. 2 und im detaillierten Glossar erläutert.

2

TEILE DES MOTORBOOTS

Die folgenden Zeichnungen zeigen die wesentlichen Teile von Motorbooten. Detaillierte Definitionen finden sich im Glossar, und Erläuterungen zu den meisten Teilen stehen in den entsprechenden Kapiteln.
Bei Motorbooten gibt es beträchtliche Unterschiede in Bezug auf Größe, Merkmale, Form und Ausstattung. Diese Zeichnungen bilden eine Zusammenfassung, die die am häufigsten auf Motorbooten anzutreffenden Teile illustrieren soll.

Teile eines offenen Motor-, Speed- oder Sportboots

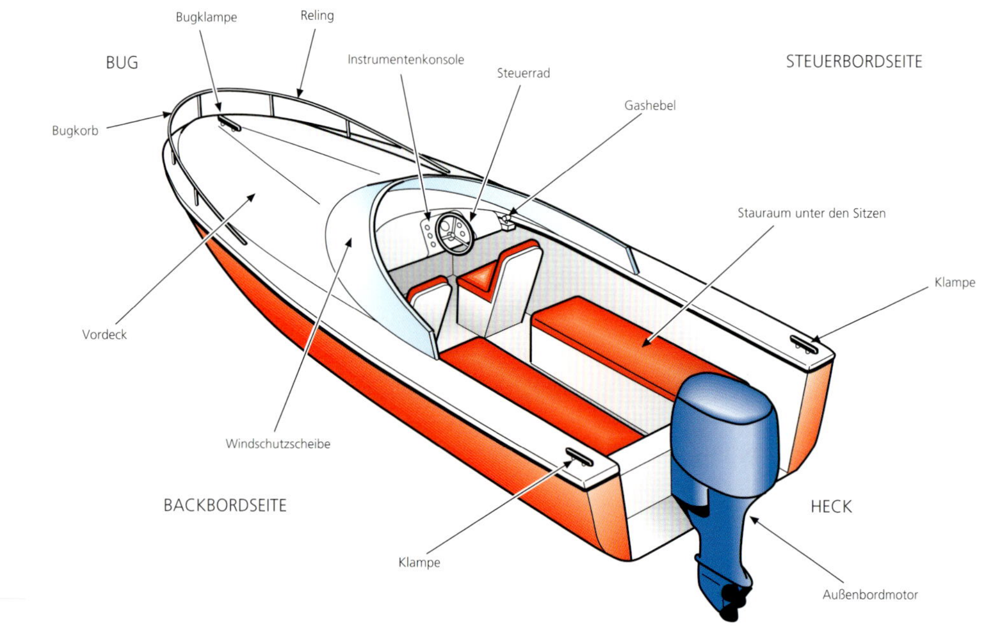

Teile eines seegehenden Motorkreuzers

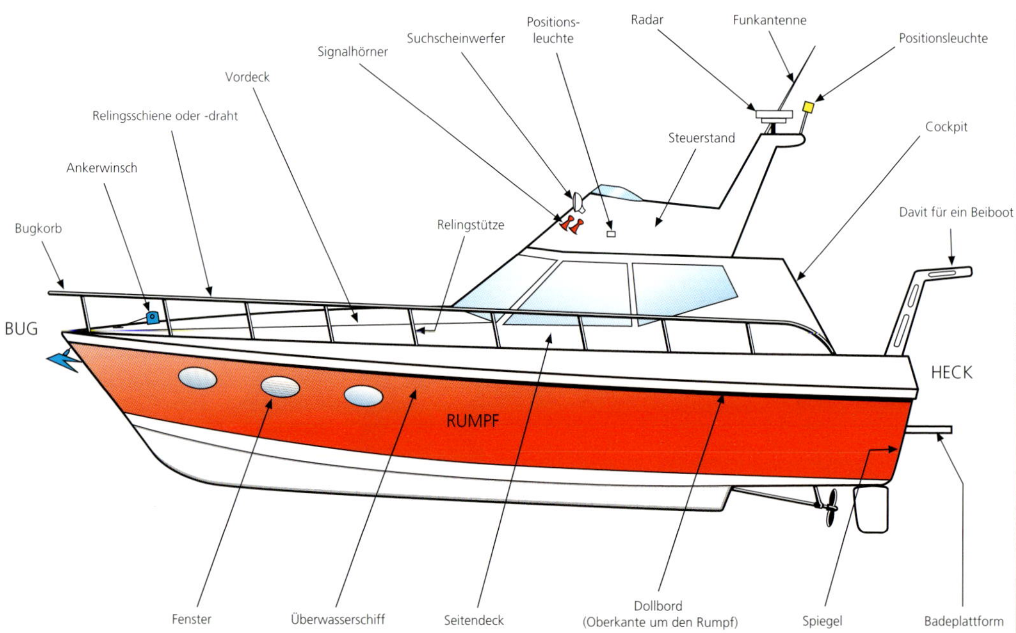

Teile eines typischen Motorkreuzers für Binnengewässer

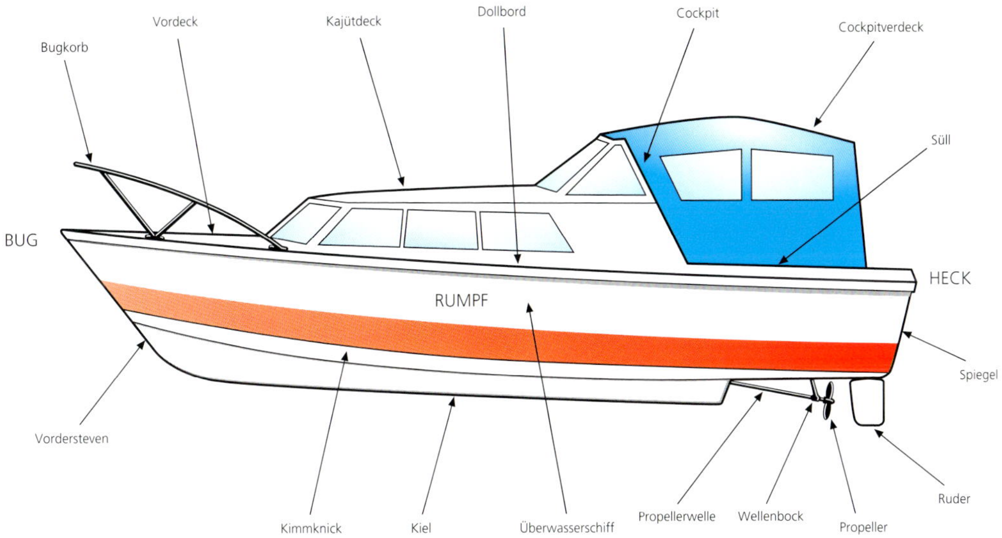

Hauptteile eines Festrumpfschlauchboots

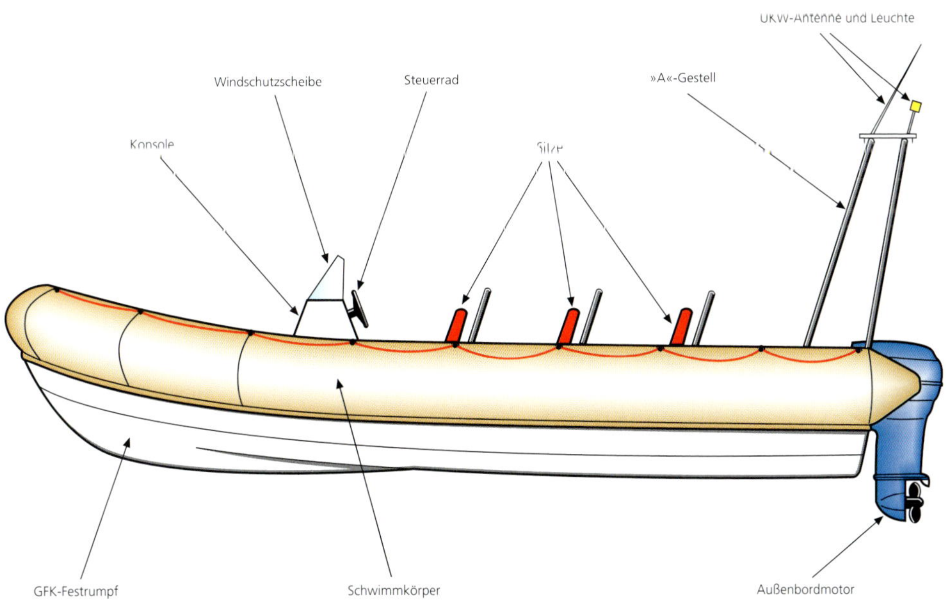

Vereinfachte Darstellung der Hauptantriebstechniken bei Motorbooten

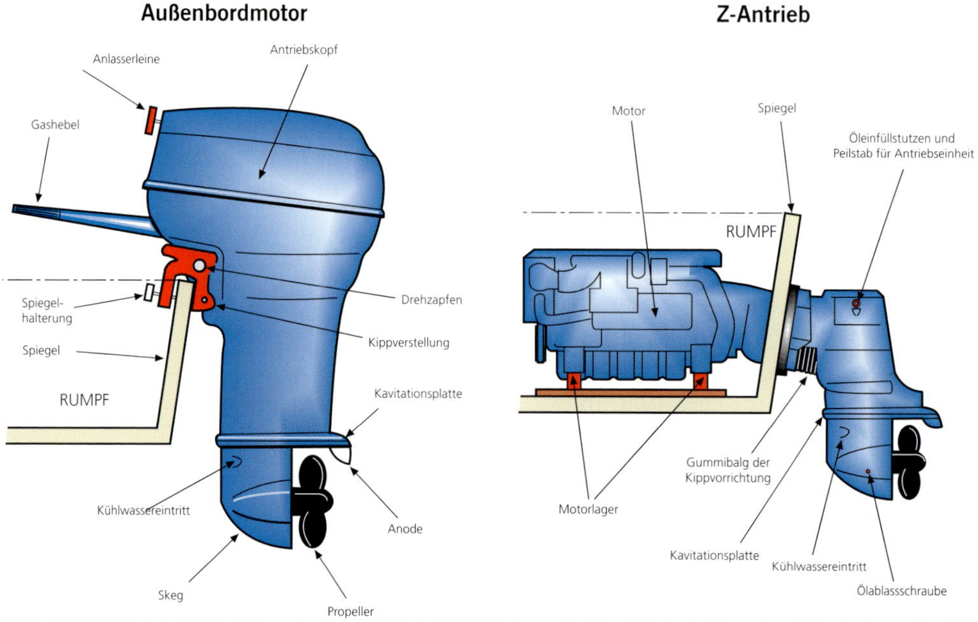

Innenborder mit Antriebswelle

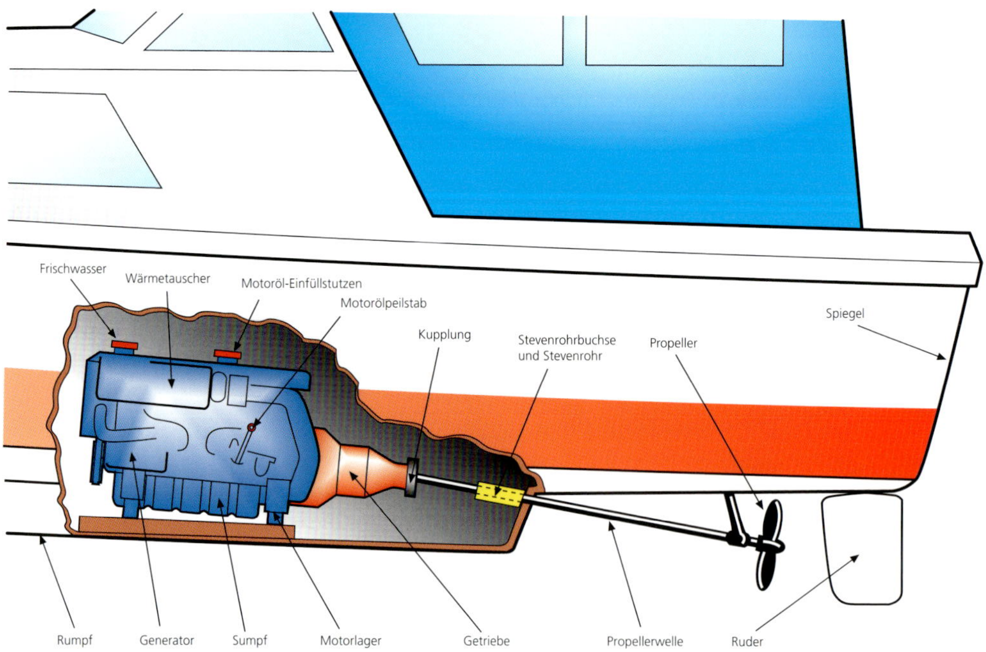

3

BOOTSWAHL

Ein stark motorisiertes Boot zum Schleppen von Wasserskiläufern könnte für manche Familienangehörigen die richtige Wahl sein.

Motorbootclubs freuen sich in der Regel über interessierte Besucher und Anträge auf Mitgliedschaft; Anfänger finden hier auch bereitwillige Helfer.

Wer den Großteil dieses Buches liest, bevor er seine Wahl trifft, weiß, wie groß die Vielzahl an Motorboottypen ist und was die einzelnen Typen an Potenzial bieten. Das sollte bei der Entscheidung behilflich sein, welchen Typ man sucht und kauft. Das Kapitel über den Kauf von Gebrauchtbooten und die Abschnitte über Instandhaltung und Reparatur bieten viele Informationen darüber, wie sich die entsprechenden Kosten auf ein Mindestmaß begrenzen lassen.

In diesem Stadium sollte man es in Erwägung ziehen, weitere Nachforschungen anzustellen und möglicherweise mehrere verschiedene Bootstypen auszuprobieren. Dazu bietet es sich an, Motorbootclubs, Marinas, Bootsausstellungen und Bootshändler oder -makler aufzusuchen. Dort bietet sich oft die Gelegenheit zu einer Probefahrt. An vielen Orten kann man auch ein geeignetes Boot chartern – insbesondere auf Binnengewässern wie etwa der Müritz oder der Lahn. Im Urlaub mit einem gecharterten Boot kann man auch gleich feststellen, ob diese Art von Wassersport für die Familie das Richtige ist. Wenn es allen gefällt, entwickelt sich Begeisterung, und damit erwirbt man auch gleich eini-

Stadt- oder Clubregatten bieten die Gelegenheit, verschiedene Bootstypen kennenzulernen.

ge der nötigen Fertigkeiten. Wenn nicht, geht man künftigen Unstimmigkeiten in der Familie aus dem Weg und kommt vielleicht zu einem Boot, das sich besser für Tagesausflüge mit den Familienmitgliedern eignet, die eher daran Spaß finden.

Manche Bootsclubs besaßen früher den Ruf, ziemlich exklusiv zu sein und sich gegenüber Neulingen eher reserviert zu zeigen, wenn diese nicht bereits mit einem Clubmitglied bekannt waren. Das hat sich glücklicherweise bei vielen Clubs geändert. Die Zeiten, in denen die meisten Vereine Wartelisten führten, sind vorbei, und viele brauchen heute ganz einfach neue Mitglieder. Und das bedeutet, dass Anfänger und Neulinge viel eher damit rechnen können, willkommen geheißen zu werden, Hilfe zu bekommen und in ihrem Tun ermutigt werden.

Eine Clubmitgliedschaft könnte sich allein schon wegen der Aussicht lohnen, bei Ausfahrten mit anderen Mitgliedern Erfahrungen zu sammeln, bevor man sich ein eigenes Boot anschafft.

In Bootsforen im Internet finden sich möglicherweise Angebote für gemeinsame Trips. Ein Suchbegriff könnte beispielsweise lauten: Motorboote + Mitfahrgelegenheit.

Clubaktivitäten und Bootsveranstaltungen bilden großartige Gelegenheiten, eine Vielzahl von Booten in langsamer und schneller Fahrt zu beobachten. Fans für bestimmte Bootstypen gibt es zuhauf. Sie können sehr hilfreich sein, übertreiben es aber oft mit dem Lob für ihr jeweiliges Boot, sodass man vorsichtig sein muss und mit den Eignern vieler verschiedener Typen reden sollte, die infrage kommen.

Viele Motorboothändler lassen potenzielle Kunden Testfahrten unternehmen.

Gesichtspunkte

Die Entscheidung, wie man an die Wahl eines Bootes herangeht, erfordert sorgfältiges Nachdenken über die Gründe dafür, dass man ein Boot haben möchte. Der Wunsch, aufs Wasser zu kommen, ist schon mal ein guter Ausgangspunkt und per se ausgezeichnet.

Helfen könnten auch zwei Listen – die eine mit dem, was man sich vom Bootsfahren wünscht, und die andere mit all dem, was man daran möglicherweise nicht mag. Vielleicht möchte man in Süßwasser oder Salzwasser angeln. Auch gemächliches Kreuzen auf ruhigen Binnengewässern könnte eine

Offene Sportboote sind etwas für Leute, die den Nervenkitzel suchen.

gewisse Anziehungskraft ausüben. Geht es darum, Lehrgänge zu besuchen, um später mit einem entsprechend ausgerüsteten Boot die geschützteren Küstenreviere zu befahren? Soll es ein Boot sein, dessen Motor und Rumpfform höhere Geschwindigkeiten erlauben? Übt Wasserski einen gewissen Reiz aus? Der eine oder andere möchte vielleicht einfach nur ein Boot, um sich draußen auf dem Wasser bei gutem Essen und einem Glas Wein in der Sonne zu entspannen.

Zu den negativen Aspekten gehört, dass man durch die Gischt und die heftigen Bewegungen bei hohen Geschwindigkeiten nass und krank wird oder dass man es als langweilig empfindet, in ruhiger Fahrt über ein Binnengewässer zu gleiten. Manch einer verabscheut auch den Lärm, den Gestank und die Instandhaltung von Dieselmotoren oder Außenbordern und bevorzugt ein sauberes und ruhiges Elektroboot.

Viele Menschen favorisieren ein Boot mit gemütlicher Kajüte zum gemächlichen Kreuzen.

Auch andere, die vielleicht mitfahren, sollten ihren Beitrag zu den Listen leisten. Die Familienangehörigen könnten für alle aufgeführten Beiträge Punkte vergeben, sodass klar wird, was sie sich wirklich wünschen. Das findet man besser vorher heraus, um nicht das falsche Boot zu kaufen, was später unvermeidlich zu Dissonanzen in der Familie führen wird.

Es soll durchaus schon vorgekommen sein, dass auf einem Boot mehr oder weniger lautstark gestritten wurde, nachdem der unerfahrene Skipper seine Frau im Befehlston angeschrien hatte. Durchnässt, kalt und elendig, wie sie sich fühlte, wäre sie viel lieber auf einem Boot mit einer warmen, trockenen Kajüte gewesen. Wenn die beiden das doch nur vor dem Kauf des Bootes geklärt hätten!

Die gewählte Bootsgröße richtet sich nach der Anzahl und Größe der voraussichtlichen Nutzer. Wenn ein besonders schwerer Mann auf einem kleinen Boot herumturnt, gibt es Probleme mit der Stabilität, und wenn zu viele Menschen an Bord sind, könnte das Boot kentern. Das ist tatsächlich schon bei einigen Gelegenheiten vorgekommen, wenn Boote gemietet und überladen wurden. Alter und körperliche Beweglichkeit spielen ebenfalls eine Rolle bei der Bootswahl. Die jungen und agilen Menschen jeglichen Alters haben möglicherweise Spaß an Geschwindigkeit und Aktivitäten wie Wasserskilaufen, während viele Menschen aller Altersstufen eher komfortabel und gemächlich kreuzen und angeln möchten.

Wo soll das Boot genutzt werden?

Für die meisten in diesem Buch behandelten Boote sind Binnengewässer und die geschützteren Küstengewässer die bevorzugten Reviere. Dort sind für Anfänger die Gefahren am kleinsten und das Vergnügen am größten und dort kann man auch die Erfahrung sammeln, die man später für weitere Fahrten in größeren Booten benötigt.

Bedacht werden sollte auch, ob sich befahrbare Gewässer in der Nähe befinden und wie weit es bis dorthin ist. Wie lange dauert die Fahrt bis zum Gewässer und wie viel Zeit wird benötigt, ein Boot, das getrailert wird, zu Wasser zu lassen und vorzubereiten? In Gesprächen mit bekannten Bootseignern bekommt man eine Vorstellung von der benötigten Zeit und Arbeit. Das kann Einfluss auf den gewählten Bootstyp und den künftigen Liegeplatz haben. Erkundigen muss man sich auch nach den Gezeiten und Wassertiefen an den Stellen, an den das Boot zu Wasser gelassen werden oder liegen soll. Gibt es Zeiten, zu denen die Gezeitenhöhe oder die Wasserbedingungen die Nutzung des Boots am gewählten Ort verhindern?

Je offener und kälter das Revier ist, desto eher wird man zu einem Boot neigen, das ausreichend Schutz in Form einer Kajüte, eines geschlossenen Steuerstands oder einer Kabine bietet. Wind- und wasserdichte Bekleidung kann hilfreich sein, aber

Geschützte Küstenreviere ermöglichen erfreuliche Bootstouren; man muss allerdings die Anfahrt von Zuhause berücksichtigen.

Vielleicht gibt es in der Nähe ja einen landschaftlich schönen Fluss oder Kanal, auf dem es sich entspannt kreuzen lässt.

Ein reizvoller Aspekt des Bootsbesitzes ist, dass man sich einen Liegeplatz in einer attraktiven ländlichen Umgebung suchen kann.

man sollte immer daran denken, dass es auf dem Wasser fast immer kälter ist als an Land. Die Auskühlung durch den Wind kann ein beträchtliches Ausmaß erreichen, und das Wetter kann ganz plötzlich umschlagen.

Ein schwimmender Wohnwagen?

Ein Motorkreuzer mit Kajüte hat etwas von einem Wohnwagen. Das ist durchaus umstritten unter Motorbootbegeisterten, die es als Sakrileg empfinden, ein Boot am Liegeplatz als eine eigenständige Vergnügungseinrichtung zu betrachten. Aber als Eigner kann man mit seinem Boot schließlich machen, was man will.

Viele Leute finden an einem Kreuzer mit komfortabler Innenausstattung Gefallen als Wochenendzuflucht auf dem Wasser – als schwimmendes Ferienhaus. Sie liegen lieber ruhig an einem Flussufer und verlassen ihren Liegeplatz nur gelegentlich, wenn Wetter- und Wasserbedingungen ideal sind für einen entspannenden Kurztrip.

In vielen Marinas und an vielen Liegeplätzen auf Binnengewässern finden sich Boote, von denen weniger als die Hälfte jemals weitere Fahrten gemacht haben und manche sogar überhaupt noch nicht bewegt worden sind. Aber die Eigner genießen ihre Boote als Wochenendunterkunft, weil sie an der See oder in der Nähe zahlreicher Attraktionen liegen. Derartige Unterhaltungsmöglichkeiten und Aktivitäten kann man dann auch wahrnehmen, wenn die Umstände oder das Wetter ein Verlassen des attraktiven Liegeplatzes eher nicht erlauben.

Manche Kreuzer sind luxuriös ausgestattet und verfügen über alle Annehmlichkeiten des eigenen Hauses, sodass sie mehr Hausboot als Kreuzer sind. Viele tausend Menschen leben durchgehend auf großen Motorkreuzern, Kanal- oder Hausbooten. Das ist mittlerweile so populär, dass sichere Dauerliegeplätze für diesen Zweck kaum noch zu bekommen sind. Aber die Nutzung eines Boots als Zweitwohnung für Wochenenden und Urlaub ist an den meisten Motorbootliegeplätzen möglich.

Erstaunliche Beträge werden bezahlt für Strandhütten an der Küste und astronomische Summen für Zweitwohnungen in attraktiven Küstenorten und an Gewässern. Jede Menge Boote sind umgebaut worden, um den Unterkunftsplatz in der Kajüte zu vergrößern, damit eine ähnliche Ferienwohnung an einem Liegeplatz entstand: Das ist in der Regel viel billiger als der Kauf einer Strandhütte oder Ferienwohnung. Teilweise machen diese Umbauten das Boot topplastig und ungeeignet – ja, sogar unsicher – für das Kreuzen, aber der Zweck der Modifikationen besteht ja darin, aus dem Boot ein Hausboot zu machen. Jemand, der ein Boot auf diese Weise zu nutzen beschließt, sollte dafür nicht kritisiert werden, wenn es ihm so gefällt. Das bedeutet nämlich unter anderem auch, dass nachts mehr Menschen vor Ort sind, die zum Wohle aller anderen lokalen Bootseigner aufpassen und für mehr Sicherheit sorgen.

Manche Boote werden als Hausboote genutzt und dienen als komfortabler Rückzugsort für das Wochenende.

Größere Daycruiser bieten mit einer kleinen Kabine etwas Schutz.

Vertretbare Kosten

Das für den Kauf verfügbare Geld hat großen Einfluss auf die Wahl. Auf den in diesem und im folgenden Kapitel sowie im Anhang genannten Internetseiten finden sich aktuelle Preise für neue Boote und Kontakthinweise für eigene Erkundigungen.

Offene Daycruiser mit Außenbordmotor zum Angeln oder zum Befahren von Binnengewässern und geschützten Küstengewässern kosten neu ein paar tausend Euro. Kleine Gebrauchtboote finden sich je nach Zustand oft für weniger als 1000 Euro – vielleicht für nur ein paar hundert.

Die größeren Daycruiser mit Witterungsschutz oder einer kleinen Kajüte kosten neu und gebraucht eher mehr. Kleine bis mittlere neue Motorkreuzer oder

Kleine offene Motorboote reichen vom Beiboot mit Außenborder bis hin zum Festrumpfschlauchboot.

Kleine bis mittelgroße Motorkreuzer finden sich neu und gebraucht.

Die riesige Palette von motorisierten Booten

Nachdem wir bisher nur einige wenige Motorboottypen erwähnt haben, die möglicherweise infrage kommen, sollen hier kurz ein paar weitere vorgestellt werden, bevor wir uns genauer mit den beliebtesten Typen befassen.

Die meisten Boote lassen sich mit einem Außenbordmotor ausrüsten, und außer einigen reinen Segeljollen, die für das Wettsegeln konstruiert wurden, besitzen viele Segelboote einen Hilfsmotor für den Fall, dass der Wind ausbleibt. Manche werden ausdrücklich als »Motorsegler« bezeichnet und sind eigens dafür ausgelegt, beide Antriebsarten zu nutzen.

Die meisten Schlauchboote können mit einem Außenborder bestückt werden. Das sogenannte Festrumpfschlauchboot ist sogar für die schnelle Fahrt mit einem starken Außenborder konstruiert. Auch das kleinste Ruderboot oder Kanu kann von einem Motor angetrieben werden. Der dabei am häufigsten anzutreffende Benzin-Außenborder lässt sich durch einen Antrieb aus der schnell wachsenden Pa-

Motorboote mit Kabine sowie stärkerem Außen- oder Innenborder liegen meistens zwischen 9000 und 70.000 Euro – oder je nach Größe und Ausstattung auch weit darüber. Eine riesige Palette solcher Boote ist aus zweiter Hand zu bekommen, und Schnäppchen findet man oft für wenige Tausend Euro, wie im Kapitel über Gebrauchtboote zu lesen ist.

Segelboote mit Innenbordmotor werden auch als Motorsegler bezeichnet.

Festrumpfschlauchboot mit Außenborder.

Auch große Kanus können von einem Außenborder angetrieben werden.

Schnelles Fischerboot mit Ruderhaus, das guten Schutz bietet.

Viele Boote mit Cockpit und kleiner Kajüte lassen sich leicht mit einem Trailer transportieren; auf Bootsausstellungen sind viele solcher Bootstypen zu sehen.

lette von Elektro-Außenbordern ersetzen, die unter Anglern auf Binnengewässern so beliebt sind. Wie in Kapitel 17 erläutert, sind Elektromotoren mittlerweile eine brauchbare – und sehr leise – Alternative als Hilfsantrieb für kleine bis mittelgroße Boote.

Manche herkömmliche offene Boote werden als »Motorbarkasse« bezeichnet, ein Begriff, der Bilder von gepflegten lackierten Holzbooten auf der Elbe heraufbeschwört. Barkassen wiederum werden oft als »Tagesboote« betitelt und umfassen die sehr beliebten offenen Boote bis etwa sechs Meter Länge. Sie bieten mehreren Leuten Platz für einen Tag auf dem Wasser bei gutem Wetter und können zum Angeln genutzt werden.

Andere offene Boote werden oft als Renn- oder Sportboote bezeichnet, wenn sie eine geeignete Rumpfform und einen starken Motor besitzen und somit hohe Geschwindigkeiten erreichen und Wasserskiläufer oder anderes Gerät schleppen können. Beliebter sind jedoch die schnellen Boote zwischen fünf und acht Meter Länge mit Verdeck, geschlossenem Steuerstand oder kleiner Kajüte. Diese Boote

Motorkreuzer gibt es in vielen Größen – es bleibt die Qual der Wahl

Mayland-Boote werden gern gebraucht gekauft.

Die Guernsey ist ein Beispiel für einen gediegenen seegehenden Kreuzer.

Viking-Kreuzer sind neu und gebraucht in mehreren Größen erhältlich.

Das Wilderness-Trailboot ähnelt einem Kanalboot, besteht aber aus GFK und ist leicht genug zum Trailern hinter einem geeigneten Auto.

Kanalboote sind Motorboote, die speziell für schmale Kanäle konstruiert sind.

bieten eine einfache Unterkunft für ein Wochenende auf dem Wasser und lassen sich meist problemlos auf einem Trailer transportieren. Sie sind häufig das Gefährt der Wahl für das Angeln auf See.

Motorkreuzer mit kleiner Kabine und Verdeck über dem Cockpit gibt es von 5,8 m bis 6,3 m oder länger mit Außenborder für Fahrten auf Binnengewässern. Mit zunehmender Größe und Motorstärke, geeigneter Ausrüstung und einem erfahrenen Skipper eignet sich der Kreuzer dann auch für Fahrten in geschützten Flussmündungen und vor der Küste.

Die Begriffe »Power Cruiser« und »Powerboat«, wie sie in den USA und in Großbritannien Verwendung finden, sollten den Hochgeschwindigkeitstypen mit besonders starken Motoren vorbehalten bleiben. Wir befassen uns hier eher mit der Mehrheit der Motorboote, die für den Normalbürger erschwinglich sind, und nicht mit den hochgezüchteten – und teuersten – Fahrzeugen.

Kanalboote sind Motorboote, die speziell für schmale Kanäle konstruiert sind. Ihre Motoren sind darauf ausgelegt, die schweren Stahlrümpfe langsam über das ausgedehnte Netz von Binnenwasserstraßen zu schieben, und die meisten dieser Boote besitzen geräumige Unterkunftsmöglichkeiten. Dieser Spezialtyp eines langen und schmalen Boots ist folglich teurer in der Anschaffung, im Betrieb und im Unterhalt als die kleinen GFK-Kreuzer, aber bei vielen sehr beliebt, weil man damit langsam und gemächlich die umgebende Landschaft genießen kann.

Manchmal hört man den Begriff »Motoryacht«, der aber eigentlich für die sehr teuren, luxuriös ausgestatteten Motorkreuzer reserviert bleiben sollte, mit denen wir uns hier gerade nicht befassen. Wie die größeren Rennboote, mit denen draußen auf See Rennen gefahren werden, übersteigen diese Motoryachten die finanziellen Möglichkeiten der überwiegenden Mehrheit potenzieller Bootskäufer und werden oft nur für ein paar Wochen gemietet (»gechartert«).

Kreuzer für Binnengewässer

Flüsse wie Elbe, Donau, Lahn und Müritz bieten viel Platz für Motorkreuzer. Auf diesen Wasserwegen fährt man gemächlich – oft gibt es Geschwindigkeitsbegrenzungen, sodass Verdrängerrümpfe an der Tagesordnung sind. Die in einem solchen Umfeld genutzten Motorboote benötigen nicht die Kraft,

Motoryachten sprengen das Budget aller, die keine Lottogewinner sind oder sehr hohe Bonuszahlungen erhalten.

Ein Verdeck wie dieses kann bei niedrigen Brücken zurückgeklappt werden.

Gezeitenströme können stark sein und erfordern ausreichend Motorkraft.

In engen Kanälen kommt es unweigerlich zu Kratzern und Beulen, die stählernen Kanalbooten nichts ausmachen.

die ein seegehendes Boot braucht, aber immerhin muss man daran denken, dass die Strömungsgeschwindigkeit in Flüssen je nach Niederschlagsmenge und Jahreszeit variiert und dass in Küstennähe sich die Gezeiten auf Stromgeschwindigkeit und -richtung auswirken. Auch heftiger Wind kann ein Boot vom Kurs abbringen, sodass eine gewisse Reserve an Motorkraft vorhanden sein sollte.

Die meisten kleinen Kreuzer besitzen vorn eine Kabine mit Betten (»Kojen«), einen Bereich zum Kochen und zur Essenszubereitung (»Pantry«) und ein »Badezimmer« mit Toilette. Auf Flüssen sind die Maximalabmessungen des Bootes in gewissem Ausmaß abhängig von Höhe und Breite der Brücken und von der Wassertiefe. So verhindern z. B. einige niedrige Brücken im Bereich der brandenburgischen Wasserstraßen die Zufahrt zu bestimmten Bereichen für zu hohe Boote. Auf der anderen Seite besitzen viele Boote ein Verdeck, das bei niedrigen Brücken zurückgeklappt werden kann.

Kanalsysteme wie in Frankreich und England kennen noch weitaus größere Einschränkungen. In vielen Kanälen passen nur Boote mit weniger als 2,1 m Breite in die Schleusen, eine Tatsache, die zusätzlich zur geringen Höhe vieler Brücken und Tunnel berücksichtigt werden muss. Mit diesen Einschränkungen auf den Gewässern, die man befahren will, muss man sich befassen, bevor man sich für Typ und Abmessungen des zu kaufenden Bootes entscheidet. Details zu derartigen Beschränkungen sind erhältlich bei den zuständigen Wasser- und Schifffahrtsdirektionen und in den entsprechenden Revierführern.

Kanalboote sind lang und schmal gebaut und meistens aus Stahl. Manche sind Nachbauten der ursprünglichen Arbeitsboote aus dem 19. und 20. Jahrhundert. Durch die schwere Stahlkonstruktion sind sie relativ unempfindlich gegen die Kratzer, Stöße und Schläge, die unvermeidlich passieren, wenn man solche langen Fahrzeuge beispielsweise durch enge Öffnungen in Schleusen steuert.

Natürlich können auch ausreichend schmale GFK-Boote auf den Kanälen genutzt werden. Auch dabei gilt es, die Abmessungen der vorgesehenen Wasserwege zu prüfen, weil nicht alle schmal sind und möglicherweise auch breitere Boote in die Schleusen passen. Dabei muss man aber daran denken, dass leichtere GFK-Boote nicht so widerstandsfähig gegen Beschädigungen sind wie die schweren Stahlboote; außerdem tut man gut daran, eine Kollision zu vermeiden oder von einem solchen Stahlboot vor oder in einer Schleuse »zerquetscht« zu werden. Diese Überlegung sollte durchaus bei der Wahl des Bootes berücksichtigt werden, wenn in dem vorgesehenen Revier viele stählerne Kanalboote anzutreffen sind. In diesem Fall wäre vielleicht ein Boot mit Stahlrumpf vorzuziehen, um gleichermaßen geschützt zu sein.

Boote für Mündungsgebiete und die Küste

Flussmündungen mögen geschützt erscheinen und geeignet für größere Kreuzer von Binnengewässern; man muss sie aber sorgfältig erforschen und dabei berücksichtigen, dass sich die Flussströmung mit den unterschiedlichen Gezeitenströmen bei Ebbe und Flut verbindet. Entsprechende Informationen bekommt man bei Hafenmeistern, Küstenwache, Seenotrettungsstationen und Bootsclubs. Ebbe und Flut bedeuten in der Regel, dass viel mehr Motorkraft erforderlich ist als auf Binnenwasserstraßen, um gegen den Strom und die kurzen, steilen Wellen anzukommen, die besonders dann auftreten, wenn in Flachwasser der Wind gegen die Tide steht.

Das Boot muss mit diesen Umständen fertig werden, ohne dass zu viel Wasser und Gischt überkommen, wenn die Bedingungen sich verschlechtern. Im Allgemeinen muss ein Boot über 6 m lang sein, um gut mit den Gezeitenbedingungen zurechtzukommen, wobei erfahrene Bootseigner bei ruhigen Bedingungen und guter Wettervorhersage oft auch kleinere offene Boote mit einem zuverlässigen Außenborder benutzen. Boote zwischen 7,6 m und 10,7 m sind die beliebtesten für ausreichend sichere und geschützte Mündungs- und Küstengebiete.

Ob das Boot getrailert wird, hat großen Einfluss auf Größe und Gewicht. Boote bis 10,7 m können mit einem passenden Fahrzeug getrailert, zu Wasser gelassen und wieder an Land geholt werden. Die zulässigen Daten und Details für den Anhängerbetrieb finden sich im Betriebshandbuch des Fahrzeugs; ansonsten ist darauf zu achten, welche Größen und Gewichte beim Schleppen der Führerschein und die Versicherung zulassen.

Motorboote für Mündungsgebiete und See am Liegeplatz.

Die meisten Boote können zum gelegentlichen Angeln genutzt werden, aber für ernsthafteres Sportangeln müssen – besonders in Küstengewässern – spezifischere Voraussetzungen erfüllt sein.

Ein überdachter Steuerstand bietet beim Angeln etwas Schutz.

Boote, die an einer Muring oder in einer Marina liegen, können größer sein, und die Palette von möglicher Ausrüstung und Ausstattung wächst mit der Bootsgröße – das gilt aber auch für die Kosten.

Boote zum Angeln oder Fischen

Der Wunsch, angeln zu gehen, ist ein sehr häufiges Motiv für den Kauf eines Motorboots. Die meisten Boote können zum Angeln auf Binnengewässern genutzt werden, manche sind auch für geschützte Küstengewässer geeignet.

Auf größeren Motorbooten mit großem Cockpit finden Anglergruppen bequem Platz. Viele dieser Boote werden als Charterboote mit Skipper betrieben. Eine Fahrt damit kann als Entscheidungshilfe dienen, ob das Angeln auf See überhaupt infrage kommt.

Selbst ein Dinghi mit Riemen und Außenbordmotor ermöglicht den Zugang zu vielen flachen Binnengewässern sowie den sehr geschützten Buchten in Flussmündungen, in die man sich mit der Flut treiben lassen kann, um Plattfische oder Barsche zu angeln. Es gibt jedoch Aspekte, die ein Boot zum Seeangeln geeigneter und sicherer machen. Viele Überlegungen in diesem Abschnitt gelten der Wahl eines Bootes für diesen Sport.

Mit kleinen Motorbooten mit starken Außenbordern erreichen Hochseeangler schnell ihre Fischgründe.

Man verbringt dabei einen Großteil seiner Zeit im Freien mit dem Umgang mit Rute und Angelgerät, das leicht erreichbar sein muss. Dafür braucht man Platz. Es ist ein großes Cockpit erforderlich sowie Ablagemöglichkeiten für Köder und Angelgerät. Zwei oder drei Leute mit Angelruten nehmen beträchtlich viel Raum in Anspruch. Diesen Raum bietet ein Boot mit reichlich Breite, und die Breite sorgt gleichzeitig für größere Stabilität, wenn das Boot vor Anker liegt und die Wellen ausreitet. Ein offenes Boot mag bei geeignetem Wetter und ruhiger See ausreichen, aber ein geschlossener Steuerstand oder eine kleine Kabine erweist sich als Segen, wenn man Tee kochen, ein Brot essen, zur Toilette gehen oder sich vor einer plötzlichen Regenbö in Sicherheit bringen will.

Obgleich oben Boote über 6 m Länge empfohlen wurden, erfreuen sich in letzter Zeit kleinere, eigens für das Seeangeln konstruierte Boote mit starken Außenbordern einiger Beliebtheit. Diese Boote ermöglichen es dem Angler, schnell seine »Fischgründe« zu erreichen und auch schnell wieder zurückzukehren, wenn die Wetter- und Seebedingungen sich verschlechtern. Aber diese Möglichkeiten dürfen nicht als Ersatz dienen für eine angemessene Sicherheits- und Navigationsausrüstung und entsprechende Erfahrung sowie, vorzugsweise, die Fähigkeit zum qualifizierten Umgang mit dem Boot.

Kleine Speedboote mit flachem Rumpf werden bei geringer Geschwindigkeit leicht von Wind und Wellen versetzt und können ungemütlich sein, wenn sie beim Angeln vor Anker liegen.

Eine Webseite mit zum Angeln und Fischen geeigneten Booten und der benötigten Ausrüstung ist z. B. *http://www.barroboote.de/deutsch.htm.*

Mehr über Angelwebseiten, -magazine und -bücher findet sich am Schluss von Kapitel 18 und im Anhang.

Motorsegler

Die meisten Segelboote können mit einem Motor ausgerüstet werden, aber manche sind gleich so konstruiert, dass sie die Vorteile eines Motor- und eines Segelbootes in sich vereinen. Dieses Arrangement wurde anfänglich kritisiert, weil man mit den Booten angeblich weder gut motoren noch gut segeln konnte. Das ist Ansichtssache, aber bei den neueren Konstruktionen hat man einen guten Kompromiss gefunden. Es ist mit Sicherheit nützlich, über Segel zu verfügen, wenn der Motor ausfällt! Die Nutzung des Windes hilft auch, bei den immerzu steigenden Kraftstoffkosten zu sparen, und der stabilisierende Effekt des Winddrucks in den Segeln verringert die Rollbewegungen des Bootes, wenn man gegen die oder quer zur See fährt.

Zu bedenken ist dabei, dass der Kiel nicht zu klein sein darf, damit das Boot beim Segeln nicht nach Lee abdriftet. Das vergrößert den Tiefgang und erfordert tieferes Wasser. Offensichtlich braucht man auch einen Mast, und der muss gelegt werden, wenn man Gewässer erreicht, in denen mit niedrigen Brücken oder anderen Hindernissen wie etwa Bäumen zu rechnen ist.

Zum Segeln benötigt man nicht unwesentliche zusätzliche Fertigkeiten, die die Freude am Bootsfahren beträchtlich steigern können, und praktische Erfahrung mit einem erfahrenen Skipper oder Segellehrer im Rahmen eines Segellehrgangs. Das Segeln und die Instandhaltung von Segelausrüstung sind nicht Thema dieses Buches. Dazu findet man in jeder gut sortierten Buchhandlung genügend Anregungen.

Die MacGregor 26M ist eine ungewöhnliche Kombination aus Segelyacht und Motorboot. Mit ihrem kräftigen Außenborder kann sie bei hohem Tempo ins Gleiten kommen.

Unterbringung an Bord

Es wird oft behauptet, dass die meisten Frauen statt offener Boote komfortable Kajütkreuzer bevorzugen. Dieser Punkt mag strittig sein, aber da die Mehrheit der Bootskäufer männlich ist, muss er berücksichtigt werden, wenn die Anwesenheit des anderen Geschlechts an Bord erwünscht ist. Ja, eine komfortable abgeschiedene Unterkunft kann für viele durchaus einen romantischen Appeal haben.

Manch ein Familienmitglied bevorzugt möglicherweise ein Boot mit einer komfortablen, gut ausgestatteten Kabine wie bei dieser Viking.

Ein kompakter, gut konstruierter Toilettenraum.

Ein wesentliches Verkaufsargument bei einem Motorkreuzer ist die Anzahl der Kojen. Es mag theoretisch möglich sein, eine bestimmte Zahl von Leuten in Kojen in den Kabinen unterzubringen, aber was passiert, wenn alle gleichzeitig aufstehen und herumlaufen? Bei einem Wohnwagen kann immer jemand nach draußen gehen und sich auf einem Stuhl niederlassen, sodass die anderen drinnen mehr Platz haben. Auf einem Boot müsste dieser Stuhl allerdings nebenan im Wasser treiben! Der Stauraum für Wasser, Proviant, Kleidung und persönliche Dinge ist es, der genau bestimmt, wie viele Personen realistisch auf dem Boot leben können.

Mit Mittelcockpit kann ein Boot zwei getrennte Kabinen haben, was für Eigner mit Familie durchaus vorteilhaft sein kann.

Natürlich muss man vorher entscheiden, ob das Boot für Wochenenden oder für längere Zeiträume genutzt werden soll. Das kann einen beträchtlichen Unterschied ausmachen in Bezug auf den erforderlichen Stauraum.

Manche Kreuzer besitzen ein Mittelcockpit und zwei getrennte Kabinen. Das kann für mehr Privatsphäre sorgen, geht aber auch dahin, dass die Unterkunft in eher kleine Einheiten aufgeteilt ist. Die Achterkajüte kann dann einen besonders engen und stickigen Eindruck machen.

Die Anordnung von Herd, Spüle und Arbeitsfläche muss die Tatsache berücksichtigen, dass möglicherweise der Weg in den anderen Teil der Kajüte versperrt ist, wenn jemand dort arbeitet. Auf vielen kleinen Booten lässt sich das nicht vermeiden, aber aus offensichtlichen Sicherheitsgründen sollte der

Ein Verdrängerrumpf mit seiner typischen abgerundeten Form.

Koch nicht an die Seite gedrängt oder sonstwie gestört werden, wenn er mit heißen Töpfen hantiert.

Auch Größe, Anordnung und Ausstattung des Toilettenraums müssen bedacht werden. Auf kleinen Booten für Binnengewässer kann ein Platz für eine tragbare chemische Toilette mit begrenztem Fassungsvermögen ausreichen, die dann an geeigneten Stellen in einer Marina geleert wird. Etwas größere Boote haben eine feste Toilette mit einem viel größeren Sammeltank, dessen Inhalt bei Bedarf in das Abwassersystem in einem Hafen gepumpt wird. All das muss bedacht werden im Verhältnis zur Personenzahl an Bord und der Dauer der Fahrt.

Der kleinste Toilettenraum hat keinen Platz für ein Waschbecken, d.h., das Waschen geschieht über der Spüle in der Kajüte. Neuere Boote besitzen allerdings ein Waschbecken im Toilettenraum, und mittlerweile gibt es sogar Konstruktionen aus Waschbecken, Toilettentisch und Dusche, die nur sehr wenig Platz in Anspruch nehmen. Zu berücksichtigen sind auch Aspekte wie Be-/Entlüftung, Stauraum und Haltegriffe.

Ein wichtiger Faktor kann auch die Stehhöhe in der Kabine sein. Junge und agile Menschen können sich möglicherweise damit anfreunden, sich in einem sehr kleinen Boot gebückt und kriechend fortzubewegen, doch wer hochgewachsen ist, mehr Komfort wünscht und Rückenprobleme hat, dürfte volle Stehhöhe vorziehen. Wie wichtig das ist, muss in einer frühen Phase entschieden werden, und bei den Recherchen zu den verschiedenen Bootstypen sollte man sich nach der Kopffreiheit erkundigen, noch bevor man sich ein Boot direkt ansieht.

Rumpftypen und -formen

Verdränger

Der Rumpf des traditionellen Verdrängungsboots ist so konstruiert, dass er das Wasser beiseite drückt, statt über die Wasseroberfläche zu gleiten. Der Motor schiebt das Boot effizient, aber langsam durch das Wasser. Der Verdrängungsrumpf bietet gute Richtungsstabilität. Seine Höchstgeschwindigkeit ist durch seine Länge begrenzt. Wer es nicht eilig hat und eine verhältnismäßig ruhige Fahrt mit wirtschaftlichem Kraftstoffverbrauch bevorzugt, ist mit einem Verdränger gut bedient. Da auf den meisten Binnengewässern und in vielen Mündungsgebieten sowieso Geschwindigkeitsbegrenzungen in Kraft sind, macht es wenig Sinn, für diese Reviere mehr Geld für ein schnelleres Boot auszugeben.

Flaches V oder Plattboden

Viele für Binnengewässer konstruierte Boote besitzen senkrechte Seiten und einen sehr flachen V-förmigen bzw. völlig flachen Boden. Diese Konstruktion sorgt für maximalen Innenraum – wichtig bei Booten, die für enge Binnenwasserstraßen schmal sein müssen. Weil diese Form topplastig ist, ist sie nicht für Gewässer zu empfehlen, auf denen Wellen eine gefährliche Instabilität verursachen können.

Die frühesten Speedbootkonstruktionen besaßen teilweise einen vollkommen flachen Boden, womit sich auch dort besonders bei langsamer Fahrt das Problem der Stabilität stellte. Außerdem schlugen sie heftig auf den Wellen auf und machten die Fahrt dadurch ziemlich ungemütlich.

Der Rumpf des Wilderness Trailboats mit seinem flachen Boden eignet sich gut für Binnengewässer und bietet innen ein Höchstmaß an Platz.

Ein Kiel unter dem Rumpf erhöht die Richtungsstabilität.

Halbverdränger

Dieser Bootstyp hat vorn einen tiefen V-förmigen Rumpf, der zum Heck hin in eine flache oder abgerundete Form übergeht. Diese Konstruktion vereinigt die Stabilität des Verdrängungsbootes bei langsamer Fahrt mit der Fähigkeit, sich aufzurichten und zu gleiten, wenn der Motor stark genug ist. Dieser Bootstyp erreicht zwar nicht die Geschwindigkeiten eines echten Gleiters, stellt aber einen guten Kompromiss dar, wenn man nur gelegentlich schneller fahren will.

Kiele

Bei allen drei genannten Rumpfformen kann sich in der Mittschiffslinie unter dem Boden ein kleiner Kiel befinden, der die Richtungsstabilität erhöht und bei niedriger Geschwindigkeit und Wind von der Seite die Abdrift verringert. Bei Motorseglern ist der Kiel wichtiger, weil er dafür sorgt, dass das Boot sich beim Segeln vorwärts statt seitwärts bewegt; dieser Bootstyp besitzt oft einen Doppelkiel.

Ein Skeg kann eine Verlängerung des Kiels oder eine Flosse vor dem Propeller sein. Diese Vorrichtung sorgt ebenfalls für Richtungsstabilität und schützt Propeller und Ruder.

Tiefe V-Form

Dieser Rumpftyp wird für schnelle Boote verwendet und ist dazu konstruiert, über statt durch das Wasser zu gleiten. Das bedeutet, dass der Wasserwiderstand viel geringer ist als bei einem Verdrängungsrumpf. Der Motor muss stark genug sein, um das Boot ins Gleiten zu bringen; erst dann nimmt die Geschwindigkeit weiter zu. Das ist ein aufregendes Gefühl und für viele Menschen ein wesentlicher Anziehungspunkt beim Motorbootfahren. Man kann Wasserskiläufer schleppen und schnell weiter entfernt liegende Angelreviere erreichen.

Bei glatter See ist die hohe Geschwindigkeit berauschend. Wenn das Boot aber bei Seegang über die Wellen springt und in sie hineinkracht, verfliegt der Rausch sehr schnell, und bei niedrigem Tempo liegt das Boot weniger stabil im Wasser als ein Verdränger. Wind, Wellen und Strömungen lassen das Boot unangenehm rollen und schlingern, verringern die Fahrt und erschweren das Steuern; das gilt besonders für kleinere Speed- oder Sportboote. Größere Gleiter kommen mit solchen Bedingungen besser zurecht, benötigen aber wegen der für hohe Geschwindigkeiten erforderlichen starken Motoren große Mengen an Kraftstoff.

Ein V-förmiger Rumpf ermöglicht es, mit dem Boot in Gleitfahrt zu kommen. Halbgleiter haben vorn einen V-förmigen Rumpf, der sich zum Heck hin abflacht, sodass man bei Bedarf in Gleitfahrt übergehen nach.

Ein tiefgehender V-Rumpf kann bei hohem Tempo gleiten.

Mehrrumpfboot.

Mehrrümpfer

Bei Mehrrumpfbooten vereinen die beiden Gleitrümpfe zusätzliche Stabilität mit größerem Innenraum und der Möglichkeit, unter geeigneten ruhigen Seebedingungen hohe Geschwindigkeiten zu erzielen. Bei kabbeliger See wird die Fahrt jedoch ziemlich rau.

Festrumpf-schlauchboote

Festrumpfschlauchboote haben einen starren, V-förmigen Gleitrumpf, der von einem robusten aufblasbaren Schlauch umgeben ist. Taucher, denen es nichts ausmacht, nass zu werden, nutzen diesen Bootstyp, aber die Tatsache, dass das Boot niedrige Seiten hat und man daher aus dem Wasser heraus leicht einsteigen kann, bedeutet gleichzeitig, dass bei schneller Fahrt Wasser und Gischt überkommen. Trotzdem schätzen viele Leute gerade das an einem Festrumpfschlauchboot. Die größeren Ausführungen besitzen einen oder zwei starke Außenborder, die hohe Geschwindigkeiten ermöglichen.

Kleinere Festrumpfschlauchboote können wie normale Dinghis genutzt werden und lassen sich leichter verstauen, indem man die Luft aus den Schläuchen ablässt.

Schlauchboote

Kleine Schlauchboote mit flachem Boden sind sehr beliebt. Sie lassen sich ohne Luft im Kofferraum eines Mittelklassewagens transportieren und mit einem 12-V-Kompressor oder einer Fußluftpumpe schnell aufblasen. Verschiedene Arten von klapp- oder aufblasbaren Böden sorgen für einen festen Halt, und am Spiegel findet ein Außenborder Platz. Diese Boote sind zwar recht stabil, können aber vom Wind abgetrieben werden, weil sie auf dem Wasser und nicht im Wasser liegen und ziemlich leicht sind. Eins der größten Probleme bei Schlauchbooten, und zwar speziell bei den sehr billigen, leichten, ist in der Tat, dass sie bei ablandigem Wind schnell auf See hinausgetrieben werden. Viele Schlauchboote sind bei Ausfall des Motors nur schwer zu rudern, weil die auf die Riemen ausgeübte Kraft teilweise von den flexiblen Schläuchen absorbiert wird.

Wer einen größeren Motorkreuzer besitzt, kauft oft ein kleineres Boot als Dinghi, das dann an Deck

Festrumpfschlauchboot.

Kleinere Schlauchboote mit Außenborder werden gern in geschützten Gewässern gefahren und als Beiboot genutzt, um von einem vor Anker oder an einer Muringboje liegenden Boot an Land zu kommen.

verstaut wird oder in Davits am Heck hängt. Wenn das nicht möglich ist, könnte man immer noch irgendwo ein Schlauchboot verstauen, das dann nur bei Bedarf aufgeblasen wird. Dieses Schlauchboot kann dann für zusätzlichen Spaß sorgen, wenn es mit einem Außenborder bestückt wird.

Innen- und Außenbordmotoren

Wir befassen uns an dieser Stelle nur mit den Überlegungen, die die Wahl des Bootstyps beeinflussen. Mehr zu Motoren ist in Kapitel 17 zu finden.

Außenborder

Schon manch einer hat sich vom Bootsfahren abschrecken lassen, wenn er sah, wie andere immer wieder an der Anlasserschnur reißen mussten, bis endlich der Außenborder ansprang. Aber ein gut instand gehaltener Außenborder müsste relativ leicht anspringen, und wen die Prozedur mit der Anlasserschnur stört, der kann ja auf einen Motor mit elektrischem Anlasser zurückgreifen.

Ein Boot mit Außenborder ist in der Regel billiger als eins mit Innenbordmotor, und ein Außenborder ist viel einfacher abzubauen und auszutauschen als ein Innenborder. Kleinere Außenborder lassen sich schnell abbauen und zur Instandhaltung und Lagerung nach Hause bringen. Außerdem kommt man leicht an den Propeller heran, wenn sich etwas darin verfangen hat oder wenn er beschädigt worden ist.

Das Steuern mit einem Außenborder bereitet vorwärts und rückwärts keine Probleme, wobei allerdings das Fehlen eines Ruders bei sehr langsamer Fahrt nachteilig ist. Zweitaktmotoren können recht laut sein, während moderne Viertakter vergleichsweise ruhig laufen und weniger Kraftstoff benötigen. Ältere Zweitakter produzieren zudem nicht wenig stinkenden Abgasqualm. Wegen der immer strikteren Immissionsschutzgesetze sind die meisten neuen Außenborder Viertakter, bei denen im Gegensatz zu den Zweitaktern dem Benzin kein Öl zugesetzt werden muss.

Ausreichend Kraftstoff für eine längere Fahrt unterzubringen, kann bei Außenbordern zum Problem werden im Vergleich zu Innenbordern, für die dann meist ein fest installierter Tank zur Verfügung steht. Im Interesse der Sicherheit sollte Benzin an einem gut belüfteten Ort gelagert werden, von dem aus keine Benzindämpfe in das Boot gelangen können. Da Benzin nicht notwendigerweise so problemlos wie Diesel zu bekommen ist, muss vor Fahrtantritt geprüft werden, wie die Tanksituation an den betreffenden Gewässern aussieht.

Benzin-Innenborder

Boote mit Benzin-Innenborder sind normalerweise billiger als mit Dieselmotor. Benziner laufen außerdem ruhig und sind im Vergleich zu vielen Dieselmotoren leise. Aber man muss, wie gesagt, prüfen, ob es im vorgesehenen Revier an Werften und in Marinas Benzin gibt. Strenge Bestimmungen haben das Lagern von Benzin für viele Liegeplatzanbieter zu teuer gemacht.

Ein Außenborder lässt sich für Wartungsarbeiten und Reparaturen schnell und einfach abbauen.

Die feuchte Umgebung in einem Boot kann das Zündsystem eines Benzinmotors beeinträchtigen.

Neuere Dieselmotoren sind leiser als ältere Modelle.

Eine wichtige Überlegung ist, dass Benzindämpfe höchst entflammbar und schwerer als Luft sind. Aus dem Motorraum eines Autos können die Dämpfe entweichen, aber im Boot sammeln sie sich an der tiefsten Stelle und können durch einen Funken in der elektrischen Anlage entzündet werden. Aus diesem Grund ist es unerlässlich, dass der Benzinmotor sehr sorgfältig gewartet wird, damit keinerlei Risiko entsteht. Es gibt in Deutschland für Motorsportboote keine generelle Pflicht, die der alle zwei Jahre fälligen Hauptuntersuchung bei Autos vergleichbar wäre. Desto wichtiger ist es, vor dem Anlassen des Motors das Entlüftungsgebläse im Motorraum laufen zu lassen, damit eventuell vorhandene Benzindämpfe beseitigt werden.

Ein weiteres Problem stellt die Zündanlage dar, die unter der feuchten Umgebung auf einem Boot leiden kann. Obgleich Bootsmotoren viel weniger gebraucht werden als Automotoren und eigentlich viel länger halten sollten, kommt es durch Kondensation bei Benzinmotoren häufiger zu Schäden.

Wie beim Auto verbraucht der Benzinmotor vielleicht mehr als ein entsprechender Dieselmotor, aber in diesem Zusammenhang muss auch der jeweilige Literpreis berücksichtigt werden. Für ernsthaft betriebenen Motorbootsport bevorzugt die Mehrheit aller Bootseigner Dieselmotoren.

Dieselmotoren

Dieselmotoren sind der am häufigsten verwendete Typ von Innenbordern. In früheren Zeiten kostete Diesel für Bootsmotoren viel weniger als Diesel und Benzin für Autos. Dieses günstige »Heizöl« darf jedoch auf Beschluss der Europäischen Union nicht mehr an Sportbooteigner abgegeben werden. Heute muss der volle Preis für Diesel einschließlich der fälligen Steuern bezahlt werden, es sei denn, der Diesel wird zu Heizzwecken verwendet. Deshalb kommt den Kraftstoffkosten eine größere Bedeutung zu, die bei der Wahl eines Boots mit einem großen, durstigen Motor durchaus eine Rolle spielen kann. Der Kraftstoffverbrauch ist unter anderem abhängig von der Motorgröße und von der Geschwindigkeit. Insbesondere schnelle Boote mit großen Motoren konsumieren sehr schnell alarmierend große Mengen.

Dieselmotoren können im Vergleich zu Benzinern in einer feuchten Umgebung zuverlässiger sein. Dieselkraftstoff ist im Vergleich zu Benzin auch weniger flüchtig, kann aber nach Entzündung heftigst brennen, sodass die Sicherheit auch hierbei ein Thema ist. Viele ältere Dieselmotoren machen Lärm und produzieren einen penetranten und anhaltenden Gestank. Neuere Motoren sind allerdings beträchtlich leiser.

Zu berücksichtigen ist auch, dass für Wartung und Reparatur teilweise Spezialwissen, -ausrüstung und -werkzeug benötigt wird, sodass man für diese Arbeiten einen Mechaniker oder Techniker braucht.

Einbauarten für Innenborder

Es gibt zwei Hauptarten des Innenbordereinbaus: Wellenantrieb und Z-Antrieb (siehe Zeichnungen im vorhergehenden Kapitel).

Wellenantrieb

Der Motor ist über eine durch den Rumpf geführte Welle mit dem Propeller verbunden, gesteuert wird

Ein Z-Antrieb lässt sich hochklappen wie ein Außenborder.

mit einem Ruder. Das ist ein vergleichsweise einfaches Arrangement mit Motor und Getriebe in einem Raum, der aus dem Cockpit oder der Kabine zugänglich ist, und für einen Hobbymechaniker wahrscheinlich leichter zu begreifen als der Z-Antrieb. Die Richtungsstabilität in Vorausfahrt ist gut, was allerdings nicht notwendigerweise auch für die Achterausfahrt gilt. Ein Nachteil ist, dass der Propeller nicht so einfach zugänglich ist.

Z-Antrieb

Der Motor sitzt direkt am Heck des Bootes und ist durch eine Öffnung mit einem Teil verbunden, das Getriebe und Propeller besitzt und zum Steuern drehbar gelagert ist, was für gute Manövrierfähigkeit sorgt. Der Z-Antrieb weist eine gewisse Ähnlichkeit mit den unteren Teilen eines Außenborders auf und kann wie dieser hochgeklappt werden, um an den Propeller zu gelangen. Die Instandsetzung ist komplizierter als beim Wellenantrieb und kann vergleichsweise teuer werden, und zwar besonders, wenn der Antrieb nicht regelmäßig gewartet wird. Außerdem ist der Z-Antrieb anfälliger für Beschädigungen, weil er sich außen am Boot befindet.

Doppelmotoren

Größere Boote können mit zwei Motoren ausgestattet sein, die jede Menge Antriebskraft bereitstellen. Es dürfte klar sein, dass damit mehr Arbeit und höhere Kosten für die Instandhaltung sowie ein höherer Kraftstoffverbrauch als bei einem einzelnen Motor verbunden sind. Ein wesentlicher Vorteil ist die Sicherheit, wenn ein Motor ausfällt. Aber diese Sicherheit bekommt man auch bei einem Boot mit einem einzelnen Innenborder, indem man für den Fall, dass dieser den Dienst versagt, einen geeigneten Außenborder als Hilfsmotor bereithält.

Elektromotoren

Zwar besitzen nur sehr wenige Boote einen elektrischen Innenborder, aber diese Motoren gewinnen schnell an Beliebtheit. In nicht allzu ferner Zukunft wird der Elektroantrieb das Mittel der Wahl sein, wenn die Ölvorräte der Welt zuneige gehen. Auf der Webseite *http://www.electric-boat-association.org.uk* finden sich viele Informationen zu Elektrobooten; weitere Hinweise zu den Möglichkeiten eines leisen und sauberen Elektroantriebs gibt es in Kapitel 17.

4

KAUF EINES GEBRAUCHT-BOOTS

Ein geeignetes Motorboot zu suchen und zu finden, kann zu den erfreulichsten Aspekten im Leben des künftigen Eigners gehören. An der Strandpromenade oder an einem Flussufer spazieren zu gehen und all die verschiedenen Boote zu betrachten, weckt ein heftiges Verlangen, Teil dieser Gemeinschaft zu sein. Das in der eigenen Vorstellung ideale Boot zu kaufen, ist ein aufregendes und emotionales Erlebnis voller Vorfreude auf die Zukunft als Eigner. Aber dabei darf man die Realität nicht aus den Augen verlieren. Deshalb sollte man im Idealfall vor dem Kauf nicht nur dieses Kapitel, sondern auch den Rest des Buches gelesen haben. Das zusätzliche Wissen wird dann zu einer klugen Entscheidung beitragen.

Im Preis eines Gebrauchtbootes ist möglicherweise sogar ein gut erhaltener Außenborder inbegriffen.

Die Frage der Lagerung

Bevor man ein Boot kauft, muss unbedingt geklärt sein, wo es gelagert werden soll. Einige der hier vorgestellten Boote passen auf einen Trailer und könnten an einer passenden Stelle zu Hause abgestellt werden. Wenn das nicht möglich ist, findet sich vielleicht ein geeigneter Verein. Die Verfügbarkeit von Lager- und Liegeplätzen ist stark vom Standort abhängig und sollte vor dem Kauf geklärt werden. Manchmal kann man beim Kauf den Liege- oder Lagerplatz mit übernehmen, aber darauf darf man sich nicht verlassen. Mehr über Lager- und Liegeplätze findet sich in den Kapiteln 6 und 7.

Bei einem Gebrauchtboot kann man möglicherweise auch den Liegeplatz mit übernehmen, aber darauf sollte man sich nicht verlassen.

Große Auswahl und Wert aus zweiter Hand

Für den Kauf eines neuen Bootes braucht man ein großes Budget, während man für einen Bruchteil des Neupreises unter den Tausenden zum Verkauf stehenden Gebrauchtbooten fündig werden kann. Viele ausgezeichnete Bootstypen werden gar nicht mehr gebaut und sind in der Praxis sogar nur gebraucht zu bekommen.

Viele kleine offene Boote, die neu mehrere tausend Euro kosten, sind aus zweiter Hand für einige hundert Euro erhältlich. Motorkreuzer, deren Neupreis in die Zehntausende geht, sind gebraucht oft für ein paar tausend Euro zu finden. Bei kleineren Booten hängt der Preis natürlich auch davon ab, ob ein guter Außenborder enthalten ist, während bei größeren Kreuzern der Zustand des Innenborders eine wichtige Rolle spielt. Mehr zu Motoren ist weiter hinten in diesem Kapitel und an anderen Stellen im Buch zu finden.

Bei einem Gebrauchtboot ist oft viel Zubehör und Sonderausstattung dabei, die bei einem Neukauf zusätzlich angeschafft werden muss. Ausrüstungsteile wie Anker, Außenborder und Ersatzteile, Festmacheleinen, Riemen, Fender und Rettungswesten müssen in der Regel bei einem Neuboot zusätzlich gekauft werden, sparen also indirekt Kosten, wenn sie im Preis eines Gebrauchtboots enthalten sind.

Aus zweiter Hand zu kaufen ist außerdem ein ausgezeichnetes Beispiel für die Wiederverwertung, zu der wir ja alle angehalten werden. Bei Kauf und Restaurierung eines alten Bootes wird ein Wasserfahrzeug wiederverwertet, das ansonsten bis zu dem Punkt verfallen würde, an dem man es nur noch entsorgen könnte.

Liegeplatz inbegriffen?

Gelegentlich findet sich in den Verkaufsanzeigen der Hinweis, dass der Käufer den Liege- oder Lagerplatz übernehmen kann. Das dürfte sich durchaus lohnen in Gebieten, in denen Liegeplätze rar sind. Es hat sogar schon Fälle gegeben, in denen jemand ein billiges Boot nur gekauft hat, weil er den Liegeplatz übernehmen konnte. Das Boot wurde dann weiterverkauft, sodass der Liegeplatz für ein besseres Boot frei wurde.

All das ist natürlich abhängig davon, dass die Person oder Organisation, die den Liegeplatz vermietet, damit einverstanden ist, d.h., man muss sich vorher vergewissern, dass man den Platz übernehmen kann und welche Kosten damit verbunden sind. Gelegentlich werden Übernahmegebühren fällig oder die jährliche Miete erhöht. Wenn das Boot bei einem Verein gelagert ist, erhebt sich für den neuen Eigner die Frage, ob er Mitglied werden kann oder muss und den Lagerplatz behalten kann.

Ein im Preis enthaltener Trailer macht den Kauf noch günstiger.

Internetseiten für Bootsverkäufe

Fast jeder hat heute Zugriff auf das Internet, ob er einen Computer besitzt oder nicht. Viele Stadtbibliotheken haben die Zahl ihrer frei zugänglichen Computer erhöht, und das Personal steht bei Bedarf mit Rat und Tat zur Seite.

Manche Webseiten ermöglichen nicht nur kostenlose oder günstige Anzeigen, sondern geben die Anzeigen auch in gedruckter Form heraus. Umgekehrt veröffentlichen verschiedene Bootszeitschriften ihre Anzeigen auch auf den Webseiten. Eine der bekanntesten Webseiten für Bootskauf und -verkauf ist wahrscheinlich **http://www.boot24.com**. Aber auch andere Seiten wie die folgenden lohnen den einen oder anderen Blick. Eine Auflistung der Internetauftritte der Motorbootmagazine findet sich im Anhang.

- **http://boote-yachten.de**
- **http://www.best-boats24.net**
- **http://www.boatshop24.com**
- **http://www.boote.de**
- **http://www.bootsboerse.com**
- **http://www.boots-boerse.de**
- **http://www.gebrauchtboote.de**
- **http://www.my-boat24.net**
- **http://www.netboat.com**
- **http://www.schiffssuche.de**
- **http://www.wasserundland.de**

Eine Vielzahl von Webseiten, die sich auf allgemeine Anzeigen spezialisiert haben, leisten auch gute Arbeit in Bezug auf das Recycling aller möglichen Dinge, darunter auch Boote. Viele dieser Seiten sind Online-Versionen des Anzeigenteils lokaler oder regionaler Zeitungen, die früher außerhalb der betreffenden Region nur schwer zu bekommen waren. Wieder andere Internetauftritte dienen überwiegend der Möglichkeit, kostenlos oder günstig Anzeigen aufzugeben. Einige dieser Webseiten, auf denen auch Boote angeboten werden, sind:

- **http://www.anzeigenpool.com**
- **http://www.ebay.de**
- **http://www.heisetreff.de**
- **http://www.markt.de**
- **http://www.quoka.de**
- **http://www.suchebiete.com**

Trailer inbegriffen?

Wenn zu einem Gebrauchtboot gleich noch ein Trailer gehört, ist das umso besser, wenn das Boot zu Hause gelagert werden soll. Ein Trailer in gutem Zustand mag den Preis zwar erhöhen, aber ein geeigneter neuer Trailer kostet weitaus mehr, vielleicht sogar mehr als das Boot selbst!

Wo suchen?

In den letzten Jahren haben – hauptsächlich bedingt durch das Internet – die Möglichkeiten, mit billigen, oft kostenlosen Anzeigen eine Vielzahl potenzieller Käufer oder Verkäufer zu erreichen, stark zugenommen. Auf Webseiten bieten sich heute viele Gelegenheiten, ein Schnäppchen zu machen. Billigere Boote, die aufgearbeitet werden müssen und früher oft nur auf Zetteln in Schaufenstern angeboten wurden, erreichen heute weitaus mehr potenzielle Interessenten. Als Käufer ist man nicht mehr beschränkt auf Anzeigen in einigen wenigen Zeitschriften.

Fotos für den Verkauf

Ein weiterer Vorteil des Internets besteht in der problemlosen Verwendung von Fotos. Viele Internetanzeigen umfassen auch Fotos, und die Anbieter können oft noch weiteres Bildmaterial per E-Mail schicken. Bei Booten, für die man sich wirklich interessiert, sollte man auf jeden Fall darum bitten. So ist es beispielsweise keine schlechte Idee, nach Innenaufnahmen eines Motorkreuzers sowie mehreren Bildern von Rumpf und Deck zu fragen. Fotos in einer angemessenen Auflösung können dann mit einem entsprechenden Programm auf dem Computermonitor vergrößert angezeigt werden. Auf diese Weise verschafft man sich eine gute Vorstellung vom Zustand des Bootes, bevor man zur Besichtigung eine weite Fahrt auf sich nimmt. Beim Betrachten der Bilder sollte man aber daran denken, dass die Objekte oft schmeichelhafter aussehen, wenn die Aufnahmen in hellem Sonnenschein gemacht wurden oder wenn das Boot nach einem Regenschauer noch nass ist.

Vor Antritt einer Reise zur Besichtigung eines bestimmten Boots sollte man auf jeden Fall telefonisch nachfragen, ob es noch zu haben ist. Auch Webseiten sind nicht immer auf dem neuesten Stand.

Wenn ein bestimmter Bootstyp gerade nicht angeboten wird, kann man auf den meisten Webseiten auch ein Gesuch platzieren, oft sogar kostenlos. Dabei gibt man an, in welchem Umkreis um den eigenen Wohnort sich das Boot befinden sollte. Eine weitere Möglichkeit, den gesuchten Bootstyp zu finden, besteht darin, nach einem guten Exemplar zu suchen, das nicht notwendigerweise zum Verkauf stehen muss. Die meisten Eigner glauben gern, dass jemand ihr Boot so gut findet, dass er es kaufen möchte, sodass man sie nur noch über den Liegeplatzvermieter, den Verein oder die Marina kontaktieren muss. Alternativ kann man auch eine höflich gehaltene Notiz auf dem Boot hinterlassen. Der Autor hat selbst schon Boote auf diese Weise gekauft.

Weiterhin könnte man versuchen, auf den Webseiten, auf denen Boote angeboten werden, den Suchbegriff »Bootsprojekt« einzugeben, um so vielleicht an ein vernachlässigtes Boot zu kommen, das nicht teuer ist und eine Aufarbeitung lohnt.

Internetauktionen

Bei eBay gibt es eine Rubrik »Bootssport«, die sich in der Kategorie »Sport« versteckt; auch dort sollte man regelmäßig suchen. Manchmal muss ein Boot aufgrund familiärer Umstände schnell verkauft werden: Wenn beispielsweise jemand unerwartet ein Boot erbt und nichts damit anfangen kann, bietet eBay eine Möglichkeit, es schnell zu verkaufen – und der Käufer macht möglicherweise ein Schnäppchen.

Ein Nachteil bei eBay ist, dass zur Besichtigung meist nur wenig Zeit bleibt. Das Boot muss aber vor Abgabe eines Gebots unbedingt besichtigt werden, welche Zusicherungen der Verkäufer auch machen mag. Gebote sind nämlich rechtlich bindend, sobald man die Schaltfläche »Bieten« betätigt hat. Hinweise zu Inspektion und Probefahrten finden sich weiter hinten in diesem Kapitel.

Anzeigen in Bootszeitschriften

Der Anzeigenteil von Bootszeitschriften ist immer einen Blick wert. Als potenzieller Bootskäufer liest man wahrscheinlich sowieso Zeitschriften wie *»Boote«, »Yacht«, »Boote« EXCLUSIV«, »Palstek«, »Skipper«, »BOOTE UND YACHTING«*, weil sie viele interessante Artikel und Verkaufsanzeigen enthalten. Die Webseiten der Bootszeitschriften mit Kontaktdetails für Abonnements finden sich im Anhang.

Auf den Webseiten werden auch Boote zum Verkauf angeboten.

Bootsclubs und Eignerverbände

In den Internetauftritten von Motorboot- und Yachtclubs findet sich oft auch eine Seite mit zu verkaufenden Booten. Der Deutsche Motoryachtverband verfügt über eine Liste aller Vereine im Land. Wenn man auf der Seite *http://www.dmyv.de* das Register »Vereine« anklickt, bekommt man die Möglichkeit, nach Vereinen in der eigenen Region zu suchen, die dann mit Kontaktdetails und Webseiten angezeigt werden. Die meisten verfügen über Aufstellungen der zum Verkauf angebotenen Boote ihrer Mitglieder.

In Großbritannien gibt es Verbände für die Eigner bestimmter Bootstypen, die in ihren Internetauftritten und Newslettern ebenfalls Boote zum Verkauf anbieten. Beispiele für Eignerverbände, bei denen oft Boote zum Verkauf stehen, finden sich unten, wobei der Name des jeweiligen Bootsmodells Teil der Webadresse ist. Solche Webseiten enthalten Bildergalerien der Boote, und in den Diskussionsforen findet man gute Tipps und Ratschläge.

Um ein zu verkaufendes Boot zu finden, muss man in den meisten Fällen auf »boats for sale« oder »members' adverts« klicken. Wenn diese Option nicht zur Verfügung steht, sucht man unter »Contacts« die E-Mail-Adresse und erkundigt sich auf diesem Weg, ob Boote zu verkaufen sind.

Die unten stehende Auswahl dient nur als Hinweis auf die Palette von Booten, die man auf den Webseiten dieser Verbände finden kann. Eine regelmäßig aktualisierte vollständige Aufstellung ist auf der Seite der Royal Yachting Association (*http://www.rya.org.uk*) zu finden.

Zusätzlich kann man in Google nach jedem bestimmten Bootstyp suchen und stößt dabei vielleicht auf andere Organisationen und Diskussionsforen, in denen Boote zum Verkauf angeboten werden.

Eignerverbände

http://birchwoodboats.aceboard.com/
http://broom.woodleyheadland.net/
http://www.dawncraftowners.com/
http://www.elysianboats.co.uk/
http://www.faireyownersclub.co.uk
http://www.fairlineownersclub.com
http://www.freemancruiser.co.uk
http://www.freemancruisers.com
http://www.hampton.owners.org.uk
http://www.hardy-owner.org.uk/
http://www.microplus.dk/
http://www.nauticus.co.uk
http://www.normanboats.co.uk/
http://www.seamasterclub.co.uk/
http://www.shetland.owners.org.uk
http://www.vikingowners.org.uk/
http://www.wilderness.org.uk/

Schwarze Bretter

Nicht vergessen sollte man auch die traditionellen Anzeigenformen. Trotz der weitreichenden Internetverfügbarkeit annonciert nicht jeder auf Webseiten. Das Schwarze Brett im Verein und die Fenster von Zeitungskiosken, Schiffsausrüstern, Bootswerften und Supermärkten können daher durchaus die erste Stelle sein, an der ein Boot zum Schnäppchenpreis angeboten wird. Manche Bootstypen sind in bestimmten Regionen sehr beliebt und könnten sich auf diese Weise schnell verkaufen.

Warum sollte man sich nicht einfach bei einem Bootsclub vorstellen? Als Nichtmitglied kann man jemanden vom Vereinsvorstand bitten, einen Blick auf das Schwarze Brett mit Bootsverkäufen werfen zu dürfen. Und Vereinsmitglieder wissen vielleicht, ob in der nächsten Zeit ein Boot verkauft werden soll.

Ein Schaufenster könnte durchaus die erste Stelle sein, an der ein Boot angeboten wird.

Viele kleine Gebrauchtboote lassen sich wie hier in Werften finden.

Bootsmakler

Die meisten Schiffs- oder Bootsmakler stellen einen Katalog der angebotenen Boote auf ihren Webseiten ein. Sie nehmen einen bestimmten Prozentsatz vom Verkaufspreis als Gebühr, die dem Verkäufer und nicht dem Käufer in Rechnung gestellt wird. Durch diese Gebühr kann das Boot folglich teurer werden als ein vergleichbares Boot, das privat erworben wird.

Wenn ein passendes Boot verfügbar ist, sollte der Kauf über einen Makler Vorteile bieten, weil dieser jede Menge Tipps zu bestimmten Bootstypen parat hat. Man sollte allerdings daran denken, dass Bootsmakler ähnlich wie Immobilienmakler arbeiten und Boote verkaufen oder vermitteln wollen; wer sich auf eine Mailingliste setzen lässt, muss damit rechnen, dass der Makler davon ausgeht, dass man sich mehr leisten kann, als man gesagt hat. Andererseits könnte man auf diese Weise Details über das Boot seiner Träume erfahren, bevor es von jemand anderem gekauft wird.

Makler können Mitglied in entsprechenden Verbänden sein. Eine solche Mitgliedschaft ist geeignet, das Vertrauen in die angebotenen Dienstleistungen zu erhöhen. Zu diesen Leistungen gehören beispielsweise das Überprüfen der Bootsdokumente und das korrekte Abwickeln des Verkaufs mit Kautionen und Zahlungen. Als kostenpflichtige Zusatzleistung sollte ein Bootsmakler für eine eventuell erforderliche Inspektion oder Sicherheitsüberprüfung sorgen und Transportmittel für das Boot beschaffen können.

Bootsmakler bieten eine breite Palette an größeren Gebraucht- und Neubooten zum Kauf an.

An Liegeplätzen und in den hintersten Ecken von Werften finden sich oft vernachlässigte Boote. An dem einen oder anderen hängt vielleicht ein Schild »zu verkaufen«.

Werften

Hier gibt es große Unterschiede. Große Werften betreiben möglicherweise in großem Umfang Maklerei- und Verkaufsgeschäfte und bieten Mengen von Booten zur Besichtigung auf Abstellplätzen und an ihren Liegeplätzen. Kleinere Werften haben vielleicht nur ein Schwarzes Brett am Bürofenster oder am Eingangstor mit ein paar Karten, auf denen die Details zu den zu verkaufenden Booten stehen. Manche Boote tragen vielleicht sogar nur ein Schild mit einem handgeschriebenen »zu verkaufen«.

Kleine Motorboote werden manchmal einfach aufgegeben, wenn ihr Eigner das Interesse verloren hat. Sie liegen irgendwo in den hintersten Winkeln auf dem Werftgelände, dessen Besitzer sie möglichst schnell loswerden will. Hier sollte man einfach mal fragen, ob man sich die Boote ansehen kann. Die Antwort kann dann je nach der Arbeit, mit der der Besitzer beschäftigt ist, ganz unterschiedlich ausfallen: Ein Werftbesitzer, der tief im Rumpf eines alten Boots arbeitet, gibt vielleicht nur eine kurze, scharfe Antwort, könnte sich aber als äußerst hilfreicher Fachmann zeigen, wenn man ihn zu einer günstigeren Zeit fragt.

Bootseigner bitten die Werft, bei der sie ihr Boot warten lassen, oft darum, dieses Boot zu verkaufen. Der größte Vorteil einer solchen Abmachung liegt darin, dass erfahrene Handwerker zur Verfügung stehen, die die Arbeiten ausführen, die man nicht selbst machen will. Ein Teil der Abmachung könnte die Kosten des aus dem Wasser Holens und wieder Aussetzens oder der Wartung des Motors umfassen. Ein weiterer Vorteil liegt in der Möglichkeit, beim Mieten eines vorübergehenden oder langfristigen Liegeplatzes oder eines Lagerplatzes Vorrang zu bekommen.

Werften besitzen die Ausrüstung, um Boote zu heben, auszusetzen und zu transportieren.

Auf Bootsflohmärkten kann man gut nach Schnäppchen suchen.

Auktionen

Auch auf Auktionen könnte man – je nach Risiko – unter Umständen ein Schnäppchen machen. Der Zuschlag erfolgt unter der Vorgabe »wie gesehen«, und dabei hängt natürlich viel davon ab, ob man ausreichend Gelegenheit gehabt hat, ein Boot vor der Auktion inspizieren zu lassen und seine Ausrüstung zu überprüfen. Heute werden aber nur noch wenige Boote auf echten »Live«-Auktionen versteigert – die meisten werden bei Internetauktionen oder auf den zuvor beschriebenen Wegen angeboten.

Bootsflohmärkte

Bootsflohmärkte – die billige Alternative zu Bootsmessen – können eine faszinierende Angelegenheit sein. Die großen Bootsausstellungen sollte man einfach mal erlebt haben, aber die dabei angebotenen Boote sind samt Ausrüstung zu einem hohen Prozentsatz preislich jenseits dessen, was viele Neulinge im Bootssport sich leisten können. Der größte Anziehungspunkt von Bootsflohmärkten ist die breite Palette an günstiger neuer und gebrauchter Ausrüstung, aber in der Regel werden auch eine Reihe von Booten angeboten – bar zu bezahlen und auf dem Trailer mitzunehmen. Die Schnäppchen gehen schnell weg, sodass man sich früh genug vor Eröffnung am Eingangstor einfinden sollte. Allein die angenehme Atmosphäre und die faszinierenden Gespräche rund um den Bootssport machen den Besuch eines Bootsflohmarkts schon zu einem lohnenswerten Erlebnis, ob man etwas kauft oder nicht.

Boote werden an den unwahrscheinlichsten Orten zum Verkauf angeboten, hier beispielsweise auf einer Weide an einer Landstraße.

Manchmal stellt der Eigner sein Boot auch im eigenen Vorgarten zum Verkauf aus.

Es gibt gewisse Besorgnisse hinsichtlich der Qualität und Legalität mancher Objekte auf Bootsflohmärkten, aber mittlerweile ist auch die Polizei dort oft vertreten, um Betrüger abzuschrecken und die Möglichkeit zu verringern, dass Gestohlenes zum Kauf angeboten wird. Trotzdem ist auf einem Bootsflohmarkt Vorsicht angebracht, um sicherzugehen, dass die gekaufte Ausrüstung für den vorgesehenen Zweck geeignet und sicher ist.

Schnäppchen

Die größte Chance, ein Schnäppchen zu machen, bieten privat angebotene und vernachlässigte Boote in Werften oder im Lagerbereich von Bootsclubs. Gelegentlich findet man auch ein Boot mit »Zu verkaufen«-Schild an unerwarteter Stelle wie etwa im Vorgarten des Eigners.

Beschädigte und vernachlässigte Boote sind nur schwer zu verkaufen und werden oft unter dem Stichwort »Bootsprojekt« angeboten. Der Preis ist oft sehr verlockend und bietet vielleicht noch einiges an Verhandlungsspielraum. Aber dabei darf man sich nicht zu schnell zum Kauf verleiten lassen. In den folgenden Kapiteln über Instandhaltung und Reparatur ist beschrieben, was man wissen muss, um sicher zu sein, dass man die anstehenden Arbeiten auch erledigen will und kann. Anschließend kann man eine fundierte Entscheidung treffen, ob man die Winterwochenenden mit der Renovierung und Neuausrüstung verbringen will, um dann im Sommer mit einem hervorragenden Schnäppchen auf Fahrt gehen zu können.

Manchmal ist ein echt schäbiges, dreckiges Boot mit dickem Algenbewuchs in Wirklichkeit in gutem Zustand – das gilt insbesondere für GFK-Boote, bei denen Fäule ja nicht zum Problem werden kann. Wenn der Eigner keine Zeit oder Lust hat oder nicht in der Lage ist, das Boot zu säubern, verringert allein das Erscheinungsbild den geforderten Preis beträchtlich – und bietet einen guten Grund, einen weiteren Nachlass auszuhandeln.

Mit vorsichtigem Einsatz von Hochdruckreiniger, Reinigungsmitteln und etwas Lack oder Politur kann man so leicht zu einem Schnäppchen kommen.

Bootsmessen steigern das Interesse am Bootskauf.

Preise

Für Boote gibt es keine regelmäßig aktualisierten Preislisten wie für Autos. Man kann nur versuchen, mehrere Angebote für denselben Bootstyp zu finden, und die Preise vergleichen – unter Berücksichtigung des Zustands und des enthaltenen Zubehörs. Das Internet hat es leichter gemacht, den Wert eines Bootes herauszufinden. Wenn man Bootstyp oder -klasse in eine Suchmaschine wie Google eingibt, erfährt man nicht nur die gegenwärtig verlangten Preise, sondern oft auch, in welcher Gegend Boote dieses Typs derzeit angeboten werden.

Auf den eBay-Seiten findet man eine Liste der in der letzten Zeit verkauften Boote einschließlich des Schlussangebots. Diese Liste zeigt, was man für ein bestimmtes Boot zahlen müsste, und mit etwas Glück lässt sich ein Ausdruck dazu verwenden, bei einem anderswo annoncierten Boot noch einen Preisnachlass herauszuholen.

Wann kaufen?

Verständlicherweise steigt das Interesse am Bootskauf, wenn im späten Frühjahr und Anfang des Sommers – zu Beginn der Wassersportsaison – das Wetter besser wird. Aber genau in dieser Zeit sind angesichts der vielen potenziellen Käufer auch die Preise höher und »fester«.

Im Gegensatz dazu zieht ein Boot, das im Spätherbst oder im Winter von jemandem angeboten wird, der schnell verkaufen muss, wahrscheinlich weniger Käufer an, sodass die Aussicht besteht, ein Schnäppchen zu machen. Eine Ausnahme scheint der Januar zu sein, wenn die Wassersportmesse »boot« in Düsseldorf Gedanken an Bootsfahrten im Sommersonnenschein weckt und das Interesse an Bootskäufen eine Zeit lang zunimmt – bis es bei der Konfrontation mit der Realität des Februarwetters wieder nachlässt.

Risiken minimieren

Wie bei allem, was man aus zweiter Hand kauft, beinhaltet auch der Erwerb eines gebrauchten Motorboots ein gewisses Risiko, das sich aber mit gesundem Menschenverstand und ein paar Vorsichtsmaßnahmen auf ein Mindestmaß verringern lässt. Das Risiko, ein gestohlenes Boot zu erwerben, ist klein im Vergleich zu Autos. Man kann ein Boot zwar registrieren lassen, aber das ist – anders als bei Autos – gegenwärtig noch keine Pflicht (außer auf bestimmten Gewässern). Hinweise dazu erteilt das zuständige Wasser- und Schifffahrtsamt. Wenn ein Boot registriert *ist*, erleichtert das den Eigentumsnachweis und die Feststellung, ob noch irgendwelche finanzielle Belastungen wie etwa eine Hypothek darauf liegen, die der Eigner begleichen muss.

Wichtig ist, dass man sich die Verkaufsrechnung und die Quittung vom vorherigen Verkauf zeigen lässt und die Namen und sonstigen Angaben mit eventuell vorhandenen anderen Dokumenten, beispielsweise einer Versicherungspolice, abgleicht. Wenn man sich eines unangenehmen Gefühls nicht erwehren kann, überprüft man Namen, Telefonnummer und Adresse des Verkäufers beispielsweise anhand eines Telefonbuchs. Listen gestohlener Boote sind zu finden auf den Webseiten *http://www.boote-magazin.de/wanted/wanted.html* und *http://www.mcs-germany.info/stolen-boats/stolen-boats/*.

Beim Kauf von Privat ist es ratsam, den Verkäufer zu Hause aufzusuchen und dort zu bezahlen – im Idealfall nimmt man das Boot dann gleich mit, wenn es getrailert werden kann. Beim Kauf über einen Makler kann man mit einiger Gewissheit davon ausgehen, dass rechtlich alles in Ordnung ist und keine finanziellen Belastungen auf dem Boot liegen.

Im Juni 1998 erließ die Europäische Union die sogenannte Sportbootrichtlinie, in der Mindeststandards für alle neuen Sportboote mit einer Rumpflänge zwischen 2,5 m und 24 m festgeschrieben sind und nach der diese Boote ein Kennzeichen am Rumpf tragen müssen. Zu den Bestimmungen gehört auch, dass der Verkäufer eines Gebrauchtbootes seit Juni 1998 auch die Bootsdokumente – einschließlich Konformitätserklärung, Kennzeichennummer und Eigentumsnachweis – an den Käufer zu übergeben hat; diese Dokumente muss man sich vor dem Kauf unbedingt vorlegen lassen. Außerdem ist zu prüfen, dass die Kennzeichennummer am Rumpf mit der in den Papieren übereinstimmt.

So wie viele EU-Bestimmungen wird auch die Sportbootrichtlinie häufig geändert. Ein Link zur aktuellen Vollversion ist zu finden auf der Internetseite *http://www.bootsport.info/recht_detail.php?site_id=1&article_id=72*.

Die meisten vor Einführung der Richtlinie im Jahre 1998 gebauten Boote dürften irgendwo an Rumpf/Motor eine Nummer tragen. Diese Nummer lässt man sich vom Eigner zeigen und vergleicht sie mit derjenigen in den Bootspapieren. Außenborder besitzen Seriennummern, die sich ebenfalls prüfen lassen.

Auf jedes in der EU gebaute oder dorthin eingeführte Boot sollte seit 1985 Mehrwertsteuer gezahlt worden sein. Das sollte aus der Verkaufsrechnung hervorgehen. Ein solcher Nachweis ist wichtig und macht dem Eigner das Leben in der Zukunft leichter, wenn er das Boot verkauft oder damit im Ausland Urlaub macht. Boote, die groß genug und entsprechend ausgerüstet sind, um in anderen Ländern zu kreuzen, müssen außerdem registriert sein.

Beim Durchsehen der Bootspapiere sollte man auch nach Wartungs- und Reparaturrechnungen für Boot und Motor fragen. Auch wenn der Verkäufer alles selbst erledigt hat, besitzt er vielleicht doch Quittungen für Ersatzteile, aus denen hervorgeht, dass das Boot regelmäßig gewartet wurde.

Sorgfältige Inspektion und Testfahrten

Dem Käufer eines Gebrauchtboots wird oft geraten, das Boot sorgfältig zu überprüfen – speziell bei einem teureren Motorkreuzer eine umfassende Aufgabe. Er soll es mehrere Male besichtigen, im Wasser und an Land, Testfahrten machen und eine professionelle Inspektion durchführen lassen. Aber das ist die ideale Situation in einer perfekten Welt und erfordert eine umfassende Kooperation seitens des Verkäufers.

Realistisch gesehen zieht ein in vielen Medien angebotenes Boot mit einem vernünftigen oder gar günstigen Preis viele potenzielle Käufer an, und jeder Verkäufer wird geneigt sein, den ersten Interessenten zu akzeptieren, der ihm den Preis bar auf den Tisch legt. Ein potenzieller Käufer, der sich die Sache noch einmal in Ruhe überlegen will, geht häufig leer aus. Es ist ein Balanceakt zwischen ei-

Ob gebraucht oder neu – es ist immer am besten, eine Testfahrt zu machen, bevor man sich zum Kauf entscheidet.

nem Impulskauf aus dem Bauch heraus – den man vielleicht später bereut – und sorgfältigem Überdenken vor dem Kauf.

Es ist sinnvoll, das Boot bei der ersten Besichtigung möglichst sorgfältig zu untersuchen und dabei all die Punkte zu bedenken, die weiter hinten in diesem Kapitel und an anderer Stelle in diesem Buch genannt werden. Dabei fragt man auch, ob ein neuerer Inspektionsbericht vorliegt. Bei Zufriedenheit mit dem Zustand des Boots kann man eine Anzahlung leisten oder eine Kaution hinterlegen, um es sich zu sichern, bevor jemand anders kommt. Dann legt man schriftlich fest, dass die endgültige Übernahme und Bezahlung vorbehaltlich der Tatsache erfolgt, dass die Inspektion und der Motortest zufriedenstellend ausfallen – und dass der Preis noch verhandelbar ist, falls bei der Inspektion Mängel gefunden werden, die nicht bereits bekannt oder sofort offensichtlich sind.

Zur Besichtigung sollte man auch einen Freund oder Bekannten mitnehmen, und zwar vorzugsweise jemanden, der etwas von Booten versteht, obwohl auch jeder andere dabei helfen kann, das Boot auf die verschiedenen Aspekte hin zu überprüfen. Vier Augen sehen mehr als zwei.

Inspektion

Eine professionelle Inspektion kostet mehrere hundert Euro. Bei kleinen Motorbooten für vielleicht 2.000 Euro ist es schwer zu entscheiden, ob sich die Ausgabe lohnt. Aber nur ein qualifizierter Gutachter entdeckt verborgene schwere Mängel und kann so verhindern, dass man eine Menge Geld verschwendet. Wahrscheinlicher noch ist, dass der Gutachter kleinere Probleme findet, aufgrund derer man vielleicht einen Preisnachlass aushandeln kann. Dieser Nachlass könnte dann um einiges höher sein als das Honorar des Gutachters. Der Gutachter muss auf jeden Fall einen schriftlichen Bericht mit Bewertung vorlegen.

Wenn auch nur die geringsten Zweifel an sicherheitstechnischen Aspekten auftreten, sollte man vom Kauf absehen oder genau feststellen lassen, wie sicher und seetüchtig Boot und Ausrüstung sind.

Der Gutachter sollte auf jeden Fall eine Berufshaftpflicht vorweisen können, die eintritt, wenn er Fehler gemacht oder sich geirrt hat. Man sollte ihn auch fragen, ob er die mechanischen Teile einschließlich Motor begutachten kann. Falls nicht, sucht man sich für eine Erprobung auf See einen qualifizierten Ingenieur. Öffentlich bestellte und vereidigte Schiffsgutachter sind über die folgenden Webseiten zu erreichen:

- **http://www.igs-schifffahrt.de** (Ingenieurgruppe Schumann)
- **http://vwsd.de** (Vereinigung westdeutscher Schiffssachverständiger
- **http://www.vmvs.de** (Verband Mecklenburgisch-Vorpommersche Schifffahrtsachverständige e.V.)

Versicherungsangelegenheiten
Weiterhin zu bedenken ist die Tatsache, dass die meisten Versicherungsgesellschaften einen Inspektionsbericht sehen wollen, bevor sie ein Motorboot versichern, und zwar besonders, wenn es älter als 15 Jahre ist. Es ist daher anzuraten, vor einer Bootsbesichtigung bei mehreren Versicherungen anzufragen, was bei dem vorgesehenen Bootstyp gefordert ist und was die Versicherung etwa kostet. Weitere Hinweise zur Versicherung finden sich in Kapitel 6.

Inspektion: Worauf ist zu achten?
Bei kleineren Motorbooten zeigen sich zum Glück die meisten Probleme, wenn man sich etwas Zeit nimmt, das Boot von oben und unten samt der zugehörigen Ausrüstung etwas genauer anzusehen. Viele von den Schäden und Makeln, die man dabei wahrscheinlich findet, lassen sich mit ausreichend Enthusiasmus, Zeit, Arbeit, handwerklichem Geschick, etwas Geld für das Material und diesem Buch beseitigen.

Um das Boot in vollem Umfang inspizieren zu können, muss es aus dem Wasser geholt und sicher aufgepallt (d.h., aufgebockt) werden. Es muss absolut sicher sein, dass das Boot nicht herunterfallen kann.

Berichte in Zeitschriften
Bootszeitschriften haben eine Vielzahl an Tests und Berichten über neue und gebrauchte Boote veröffentlicht. Diese können oft über die Webseiten der Zeitschriften oder telefonisch geordert werden.

Aus den Berichten sollte hervorgehen, welche Schwächen im Laufe der Zeit bei bestimmten Bootsmarken aufgetreten sind. Dadurch ergeben sich Hinweise, worauf man bei der Besichtigung eines Boots besonders achten muss. Beruhigender sind natürlich die positiven Kommentare zur Verschleißfestigkeit eines Bootes. Auf der Webseite *http://www.bootsmarkt.de* finden sich kurze Beschreibungen der Top-100-Neu- und -Gebrauchtboote.

Für manche Motorboote gibt es aktive Eignerverbände. Im Vorstand dieser Verbände sitzt meist auch ein Technikfachmann, der bereit ist, darüber Auskunft zu geben, auf was man bei der Besichtigung eines solchen Boots vor dem Kauf achten muss. Da diese Auskünfte auf freiwilliger Basis erfolgen, darf man natürlich nicht zu fordernd auftreten. Außerdem sind diese Leute von ihren Booten begeistert, d.h., sie sind möglicherweise voreingenommen und nicht allzu kritisch.

Alte Antifoulingfarbe kann schäbig aussehen, weil sie sich auflösen soll, um den Bewuchs mit Meeresorganismen zu verhindern.

Am Ende der Bootssaison sehen die meisten Boote ziemlich mitgenommen aus, und das muss man natürlich berücksichtigen, wenn man sie im Herbst besichtigt. Es ist erstaunlich, wie viele Leute ein Boot zum Verkauf anbieten, ohne es vorher etwas »aufzuhübschen«. Für den potenziellen Käufer kann das ein Vorteil sein, weil jeder Mangel leichter zu erkennen ist, als wenn gerade vorher mit Politur, Lack oder Lasur gearbeitet wurde.

Die gegen den Bewuchs aufgetragene Antifoulingfarbe auf dem Rumpf eines Motorkreuzers, der normalerweise immer im Wasser liegt, sieht fleckig und dünn aus, wenn man das Boot aus dem Wasser holt. Auch das macht es leichter, Probleme zu erkennen. Antifouling wird in der Regel im Frühjahr einige Woche oder Tage vor dem Einwassern aufgebracht. Wenn das zu einer anderen Jahreszeit geschehen ist, könnte das vielleicht darauf hinweisen, dass Mängel verdeckt werden sollten.

Rumpfmaterial

Die große Mehrheit von Motorbooten wird aus Glasfaser oder Stahl gebaut. Aluminium wird gelegentlich auch verwendet. Viele Holzboote sind vernachlässigt worden und nach und nach verrottet, aber man findet durchaus noch welche in gutem Zustand, bei denen ein Kauf sinnvoll ist.

Bei vielen GFK-Booten sind Teile des Aufbaus und der Innenausstattung aus Holz, sodass die folgenden Abschnitte über Holzboote zum Großteil auch für sie gelten.

Holz

Ein altes Boot aus Holz oder Sperrholz ist vielleicht billiger als ein GFK-Boot, bereitet aber je nachdem, wie gut das Holz gepflegt worden ist, potenziell mehr Probleme. Man kann hervorragende Exemplare wunderschön lackierter Holzboote finden, liebevoll restauriert und instand gehalten, die zu besitzen die reine Freude wäre. Eine Webseite mit vielen Informationen über solche »klassischen« Motorboote ist *http://www.woodenclassics.de/*. Leider ist die deutsche Übersetzung nicht besonders gut.

Wichtig bei der Überlegung, ob man ein gut erhaltenes Voll- oder Teilholzboot kaufen soll, ist die Frage, ob man die erforderliche Zeit aufbringen will, damit es in diesem Zustand bleibt. Man hört oft, dass für jede Fahrtstunde mit dem Boot eine Stunde Reparieren, Abkratzen, Lackieren und Lasieren erforderlich ist.

Holzboote aus neuerer Zeit, die sorgfältig mit Epoxidharz behandelt wurden, sind widerstandsfähiger gegen äußere Einflüsse als ältere Boote ohne diesen Schutz.

Bei älteren Holzbooten, die nicht gut instand gehalten wurden, bestehen die Hauptprobleme in Fäule, Rissen in ausgetrockneten Holzteilen, möglichem Befall mit Holzbock, Delaminierung von Sperrholz und schlecht ausgeführten Reparaturen. Diese Mängel sind bei genauem Hinsehen leicht zu entdecken, werden aber manchmal unter Schichten von Glasfaser und Harz oder Füller versteckt, die aufgetragen wurden, um verrottetes Holz zu festigen, zu reparieren oder zu ersetzen. Verfaulte Stellen können sich schwammig anfühlen. Mit Einverständnis des Verkäufers könnte man versuchen, die verdächtigen Stellen mit der Klinge eines Schraubendrehers einzudrücken. Wenn das Einverständnis nicht gegeben wird, ist Vorsicht angebracht.

Sehr wichtig ist es, Holzteile im Innern von GFK- oder Stahl-, aber auch Holzrümpfen zu inspizieren. Regenwasser ist ein Feind von Holz. Wenn es sich an Stellen wie in der Bilge – vielleicht unter den Bodenbrettern – sammelt, kann Nassfäule großen Schaden anrichten. Kondenswasser sollte in der Kabine eines Holzbootes weniger anfallen als in einem GFK-Boot, aber wenn es sich in unzureichend belüfteten Ecken sammelt, kann es auch dort zu Fäule kommen.

Schotten, d.h., Trennwände im Innenraum, bestehen unabhängig vom Rumpfmaterial oft aus Holz. Sie müssen an den Stellen auf Fäule überprüft werden, an denen sie mit Wasser aus der Bilge oder von einem undichten Fenster in Berührung gekommen sein könnten. Die Schotten tragen zur strukturellen Festigkeit des Bootes bei und könnten diese Funktion durch Fäule verlieren.

Schwarze Flecken unter Klarlack deuten auf Wasserschäden hin, die kein Problem darstellen, wenn sie nur oberflächlich sind, aber die Gefahr mit sich bringen, dass sie tiefer in das Holz eindringen und Fäule verursachen. Auch Blasen unter dem Lack können auf Wasserschäden hindeuten.

Beim Sperrholz in einem Boot sollte es sich um Bootsbausperrholz oder zumindest Außensperrholz handeln. Viele Boote aus Sperrholz oder mit Ersatzteilen aus neuem Sperrholz wurden von Laienbootsbauern gebaut oder repariert. Sie hätten Epoxidharz und Bootsbausperrholz verwenden sollen, aber

Eines dieser klassischen Motorboote aus Holz – ausgestellt im Basildon Motor Boat Museum – spielte in einem James-Bond-Film mit.

Ein gut erhaltenes Holzboot sieht exzellent aus, erfordert aber viel Arbeit, damit es so bleibt.

wenn das nicht geschehen ist, dürfte zu einem frühen Zeitpunkt Wasser eingedrungen sein, sodass sich die Sperrholzschichten voneinander gelöst haben, ein Vorgang, den man als Delaminierung bezeichnet. Dieses delaminierte Sperrholz ist unansehnlich und führt zu einer nachdrücklichen Schwächung der Struktur. Hier muss man den Verkäufer fragen, ob er weiß, was für die untersuchten Holzarbeiten verwendet wurde.

Eine Delaminierung zeigt sich in Form von Aufquellungen und aufgebogenen Kanten an Verbindungsstellen. Wenn man auf die verdächtigen Stellen Druck ausübt, gibt die Oberfläche nach. Beim Abklopfen verdächtiger Bereiche mit dem Griff eines Schraubendrehers sollte ein voller schwingender Ton zu hören sein. Wenn nur ein dumpfes Geräusch zu hören ist, könnte an dieser Stelle ein Problem bestehen. Leider kann auch qualitativ bestes Bootsbausperrholz aufblättern, wenn es beschädigt oder nicht gut gepflegt wird. Von einem Boot mit delaminiertem Sperrholz lässt man am besten die Finger. Eine Reparatur kann schwierig und finanziell unwirtschaftlich werden.

Glasfaserverstärkter Kunststoff (GFK)

Die meisten zu verkaufenden Motorboote sind aus glasfaserverstärktem Kunststoff hergestellt. Bei dem Kunststoff handelt es sich um technisch anspruchsvolle und feste Kunstharze, die als Bindemittel für aus Glasfasern gewebte Matten dienen. Weitere Einzelheiten zu GFK finden sich weiter unten und in den Kapiteln 10 und 11.

Holz, das nicht ausreichend mit Farbe oder Klarlack geschützt oder mit Epoxidharz verstärkt wurde, kann schnell faulen und reißen.

Lackblasen können zu dieser Situation führen, in der die Fäule sich dann schnell unter der Farbe ausbreitet.

Delaminiertes Sperrholz.

Fäule in den Ecken und an den Kanten von Holz kann bedeuten, dass aufwendige Austauscharbeiten bevorstehen.

Viele Bauteile von GFK-Booten bestehen aus Holz oder Sperrholz – Schotten, Innenausrüstung und bei manchen älteren Motorkreuzern sogar das gesamte Deck und die Kabine oder das Ruderhaus. Demzufolge müssen die im vorhergehenden Abschnitt in Bezug auf Holz genannten Punkte sorgfältig geprüft werden.

Eine besonders schwierige Bauart, was das Überprüfen anbelangt, ist die sogenannte Sandwich-Bauweise, bei der Sperr- oder anderes Holz von zwei Lagen Glasfaser eingefasst ist. Wenn sich dieses Sandwich schwammig anfühlt, ist Wasser in den Sperrholzkern eingedrungen, der faulen und die gesamte Struktur schwächen kann. Wenn ein solcher Verdacht besteht, geht man dem Problem aus dem Weg, indem man auf einen Kauf verzichtet, oder bestellt einen Gutachter – falls sich das wirklich lohnt.

Zum Prüfen der Rumpfseiten an Land legt man den Kopf am Heck an und blickt über die Rumpflänge nach vorn. Abgesehen von den Punkten, an denen Schotten oder Teile der Innenausstattung angebracht sind, sollten die Seiten glatt und regelmäßig aussehen. Ausbeulungen, Kanten oder flache Stellen, die die Kurve unterbrechen, können auf Schäden, schlecht ausgeführte Reparaturen oder Verwindungen hindeuten. Wenn man bei dieser Prüfung die Rumpffläche mit einer Taschenlampe anstrahlt, kommt man eventuell vorhandenen Unregelmäßigkeiten schneller auf die Spur. Unter gewissen Umständen zeigen sich derartige Probleme auch, wenn man den Rumpf mit Wasser begießt.

Des Weiteren sollte man von Deck aus den Rumpf vom Bug zum Heck nach Verwindungen absuchen. Derartige Defekte könnten auf schwerwiegende strukturelle Schwächen, Schäden oder qualitativ schlechte Bauausführung hindeuten.

Bei Booten, die seit mehreren Jahren in Gebrauch sind, muss man mit Kratzern und kleineren Schönheitsfehlern rechnen. Die Frage ist dann, ob sie repariert worden sind oder noch repariert werden müssen.

Aufprallschäden zeigen sich oft in Form von Rissen, und zwar kreisförmig oder in einem anderen regelmäßigen Muster. Wenn es bei sanften Schlägen mit einem Schraubendrehergriff am Rand des gerissenen Bereichs nicht scharf oder schwingend, sondern dumpf klingt, könnte eine Delaminierung von GFK und äußerem Gelcoat vorliegen, sodass Wasser eindringen kann. Jetzt stellt sich die Frage, wie groß der Schaden an der Stelle der Risse im Bootsinnern ist. Sind die Glasfasern gebrochen? Wenn tatsächlich ein Aufprallschaden vorliegt, können sich die Stoßwellen von der Kollision durch das ganze Boot ausgebreitet haben, sodass weitere Schäden wie Delaminierung oder Verwindungen an den Verbindungsstellen zwischen Schotten und Rumpf vorliegen können.

Wenn ein GFK-Boot bei trockenem Wetter aus dem Wasser geholt wird, sollte es in ein paar Stunden abgetrocknet sein. Wenn dann immer noch feuchte Stellen zu sehen sind, ist wahrscheinlich durch einen unter dem Anstrich verborgenen Riss Wasser eingedrungen. Nach dem Ursprung dieser Feuchtigkeit muss insbesondere um das Ruder herum und im Kielbereich gesucht werden.

Motorsegler haben Kiele, um unter Segeln die Abdrift zu verringern. Auch viele Motorboote besit-

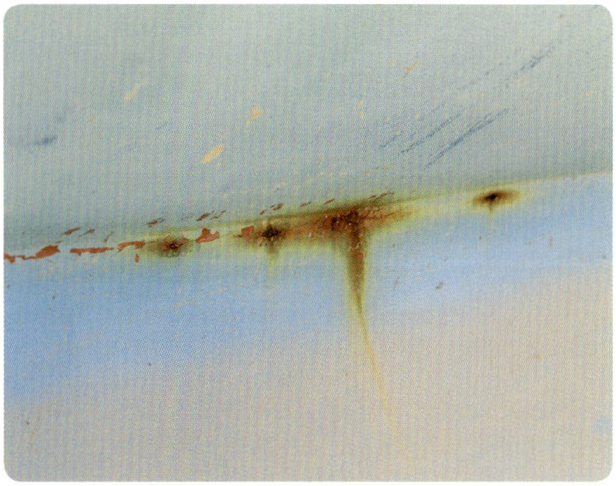

Rost am Ansatzpunkt des Kiels deutet auf Probleme hin.

Die Kielbolzen sind von innen zu sehen. Hier wurden zusätzliche Verstärkungsplatten angebracht.

zen Kiele oder Skegs. Diese bestehen aus Stahl oder verstärktem GFK. Ein Kiel aus Stahlplatten ist mit Bolzen befestigt, die durch den Rumpf mit Verstärkungsplatten im Bootsinnern verschraubt sind. Diese Bolzen müssen innen und außen überprüft werden. Rost schwächt die Bolzenstruktur und lockert die Muttern, sodass Wasser in den Rumpf eindringen kann. Jeder Rostanflug könnte Schwächung und Leckage bedeuten. Wenn der Kiel gekapselten Eisenballast enthält, könnte dieser rosten, sich ausdehnen und schwere Schäden verursachen.

Reparaturstellen am Rumpf, bei denen gut gearbeitet wurde, sind so stabil wie das Boot selbst, aber es führt kein Weg daran vorbei, innen und außen sorgfältig nach Anzeichen für irgendwelche Problemstellen zu suchen. Deshalb sollte man auch immer den Eigner befragen, ob Reparaturen gemacht worden sind, wie sie ausgeführt wurden und ob er sie selbst durchgeführt oder eine Werft damit beauftragt hat.

Ein schlimmer Fall von Osmose, hier in Form von Blasenbildung.

Osmose und Blasenbildung in GFK

Das Wort »Osmose« ruft bei Eignern von GFK-Booten beträchtliche Besorgnis hervor. Es gibt viele widersprüchliche Empfehlungen zu diesem Thema, die zu einiger Verwirrung geführt haben. Wir wollen hier einige Probleme aufzeigen, die in Hinsicht auf Osmose bei Gebrauchtbooten auftreten können, ohne jedoch zu tief in die technischen Details einzusteigen.

Das Gelcoat, das die Kunststoffoberfläche von GFK-Booten bildet, ist nicht hundertprozentig wasserdicht. Bei manchen Booten, bei denen entweder Fehler beim Bau gemacht oder Schäden nicht ordnungsgemäß repariert wurden, werden durch einen Prozess, den man gemeinhin als Osmose bezeichnet, winzige Wassertropfen durch das Gelcoat gesaugt. Dieses Wasser verbindet sich dann mit Chemikalien und kann das Gelcoat dann nicht mehr nach außen durchdringen. Dadurch, dass sich die Flüssigkeit sammelt, entsteht Druck, durch den sich in und unter dem Gelcoat Blasen bilden.

Je häufiger ein Boot im Wasser liegt, desto größer ist das Osmoserisiko. Kleine Motorboote, die die meiste Zeit auf einem Trailer liegen, bekommen kaum Osmoseprobleme, es sei denn, sie konnten innen nicht abtrocknen oder es ist Regenwasser eingedrungen. Kreuzer, die im Wasser bleiben, sind stärker gefährdet, aber wenn sie jedes Jahr über den Winter an Land geholt werden und austrocknen können, verringert sich das Risiko auf ein Mindestmaß. Die Tendenz, Motorboote das ganze Jahr über im Wasser zu lassen, beschleunigt bei manchen Booten die Osmose.

Osmoseblasen können klein wie ein Kolibri, aber auch größer als eine Hand sein. Generell gilt, dass je

Die leichten Verfärbungen an diesem Rumpf haben auf die Behandlung gemäß Kapitel 11 reagiert, und die Originalfarbe des Gelcoats konnte wiederhergestellt werden.

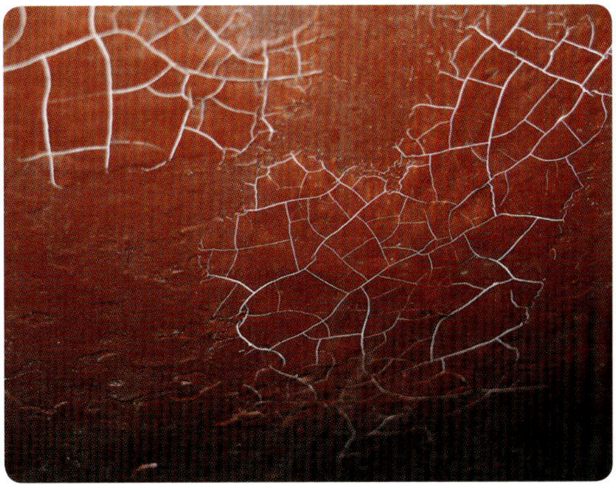

Die Risse im Anstrich dieses Rumpfes zeugen von schlechter Qualität.

länger bei einem Boot keine Blasen aufgetreten sind, desto geringer die Gefahr ist, dass in der Zukunft Osmose zu einem schwerwiegenden Problem heranwächst. Wenn beispielsweise ein über fünfzehn Jahre altes Boot nur einige wenige, weit verteilte Blasen aufweist, die jeweils nicht größer als eine 2-Euro-Münze sind, ist es unwahrscheinlich, dass in den nächsten zehn Jahren ein ernsthaftes Osmoseproblem auftritt – eine Garantie gibt es dafür allerdings nicht.

Große Blasen andererseits könnten auf Delaminierung und Schwächung der Rumpfstruktur hindeuten. Wenn Hunderte von Blasen wie ein Ausschlag den Rumpf eines Motorboots bedecken, spricht man oft von »Bootspocken«. Zur Reparatur, die nicht billig ist, muss das Gelcoat vom gesamten Rumpf abgeschliffen und neu aufgebracht werden. Diese Arbeit ist nichts für den Laien.

Am besten untersucht man das Boot auf Osmose, sobald es aus dem Wasser genommen wurde, denn manche Blasen schrumpfen und verschwinden, wenn der Rumpf trocknet.

Manchmal befinden sich die Blasen auch in einer Farbschicht statt in der Rumpfoberfläche selbst. Das Problem sollte sich mit einem Neuanstrich lösen lassen.

Es ist wichtig, bei der genauen Inspektion von Blasen eine Schutzbrille und Handschuhe zu tragen. Gelegentlich wird eine Blase aufgedrückt, um zu sehen, wie tief das Problem geht. Dadurch kann die unter Druck stehende ätzende Flüssigkeit herausspritzen und zu Verletzungen an Augen und Händen führen.

Wenn ein Boot nur wenige kleine Blasen aufweist, kann sich der Kauf trotzdem lohnen, wenn es in anderer Hinsicht seinen Preis wert ist. Solche Blasen bieten in der Praxis sogar einen Grund, den Preis zu drücken. Man muss sich dann nur entscheiden, ob man die Blasen ein paar Jahre lang daraufhin beobachten will, ob sie mehr oder größer werden, oder ob man sie gleich entfernt und die Stellen mit Bootsbauspachtel behandelt. Bootspocken und große Blasen, die auf eine Delaminierung hindeuten, sind gute Gründe, sich nach einem anderen Boot ohne derartige Probleme umzusehen.

Schließlich sollte man immer im Auge behalten, dass Anzeichen für Osmose später den Wiederverkaufspreis drücken.

Lack auf GFK

Die Oberfläche eines GFK-Bootes kann viele Jahre in gutem Zustand bleiben, sodass man durchaus ein Gebrauchtboot mit glänzendem, gut poliertem

Bei Stahlbooten wird der Rumpf mit der Zeit dünner, und zwar besonders, wenn er nicht ordnungsgemäß gegen Rost geschützt ist.

Original-Gelcoat finden kann. Verkäufer bieten solche Boote oft als »unlackiert« an. Glasfaserverstärkter Kunststoff, der stark beansprucht und nicht mit Schutzmitteln gepflegt worden ist, zeigt aufgrund von Oxidation Verfärbungen. Dabei wird der weiße Rumpf gelblich, und das Gelcoat zeigt wolkige, kreideartige Verfärbungen. Möglicherweise lässt sich eine derartige Oberfläche mit den in Kapitel 11 beschriebenen Maßnahmen wieder in einen weitaus attraktiveren Zustand versetzen; falls das aber nicht funktioniert, kommt eine Lackierung infrage. Viele Bootseigner haben diese Option schon gewählt, sodass bei älteren Gebrauchtbooten oft lackiertes Gelcoat anzutreffen ist.

Lackierter GFK ist unproblematisch, wenn der Lack sorgfältig auf eine unbeschädigte oder ordnungsgemäß reparierte Oberfläche aufgebracht worden ist. Aber genau hier kann auch ein Problem liegen: Gelegentlich wird Lack dazu verwendet, beschädigte oder schlecht reparierte Stellen an Rumpf und Deck zu überstreichen und damit zu verstecken. Lackierte Stellen sind daher ein Grund, bei den in diesem Kapitel besprochenen Untersuchungen besonders genau hinzusehen.

Natürlich muss ein einmal lackierter Rumpf alle paar Jahre nachlackiert werden, und wenn die Farbschichten zu dick geworden sind, muss man sie völlig entfernen und wieder von vorn beginnen. Diese Aufgabe muss man abwägen gegen die Arbeit, die erforderlich ist, unlackiertes Gelcoat jedes Jahr zu polieren, um es in gutem Zustand zu erhalten.

Boote, die normalerweise ganzjährig im Wasser bleiben, haben unterhalb der Wasserlinie einen Antifouling-Anstrich. Auch darunter können sich Schad- und Reparaturstellen befinden, sodass man sich auch hier die Außen- und Innenflächen genau ansehen muss. Viele Arten von Antifouling-Farbe lassen sich – natürlich mit Genehmigung des Eigners – ganz leicht abreiben oder abkratzen, wenn man sich eine Stelle genauer ansehen will. Da Antifouling-Farbe giftig ist, darf man sie nur in nassem Zustand abkratzen und muss dabei entsprechende Schutzkleidung tragen.

Stahl

Stahl ist widerstandsfähiger gegen Abrieb und Stöße als GFK, kann aber rosten. Bei Kanalbooten aus Stahl wird das Unterwasserschiff alle paar Jahre mit Bitumenmastix, einer schwarzen, teerartigen Masse, gestrichen. Die Flächen oberhalb der Wasserlinie erhalten stattdessen einen Anstrich mit entsprechender Rostschutzfarbe und Lack. Leider setzen manche Bootseigner den dicken teerigen Anstrich auch oberhalb der Wasserlinie ein, um Beulen und Kratzer zu verdecken. Damit macht sich der betreffende Eigner dann äußerst unbeliebt, wenn die schwarze Farbe beispielsweise in einer Schleuse auf die weißen Bootsrümpfe anderer Eigner abfärbt.

Bei aus dem Wasser geholten Stahlbooten muss man auf Roststellen und Lochfraß achten. Ältere Boote besitzen zunächst ausreichend dicke Stahlplatten, die dann aber mit der Zeit dünner werden. Um sicherzustellen, dass sie noch dick genug sind, braucht man einen Sachverständigen.

Wasser, das sich im Bootsinnern ansammelt, kann Rost hervorrufen und damit eine Schwächung der Rumpfstruktur. Rost verursachende Wasserpfützen finden sich oft an den Stellen, an den die Spanten, die die Stahlplatten stützen, in der Bilge befestigt sind.

Unterhalb der Wasserlinie sollten sich Opferanoden befinden, Stücke aus Zink oder silberfarbenem Magnesium. Diese Opferanoden rosten anstelle des Rumpfes und schützen sonstige metallene Fittings durch elektrolytische Prozesse vor Korrosion.

Aluminium

Stahl ist als Rumpfmaterial zwar viel gebräuchlicher, aber auch Aluminium wird gelegentlich verwendet. Oxidiertes Aluminium zeigt sich als weißes Pulver. Wenn Aluminium eingebeult worden ist, muss es auf eine mögliche Schwächung geprüft werden. Wie Stahl muss Aluminium durch entsprechende Anoden am Rumpf gegen Elektrolyse geschützt werden.

Deck und Decksbeschläge

Bootsdecks müssen einiges an Abnutzung ertragen. Die Crew klettert an Deck herum und hält sich oft an Fittings fest, von denen sie annimmt, dass sie ihr Gewicht aushalten. Deshalb muss alles stabil gebaut und sicher sein.

Die Verbindung zwischen den Rumpfseiten und dem Deck muss von innen und außen überprüft werden. Dabei ist besonders darauf zu achten, ob die Befestigungsmittel wie Bolzen, Nieten und Schrauben Anzeichen von Korrosion zeigen oder gar fehlen. Wenn zwischen Deck und Seiten Lücken klaffen, müssen möglicherweise nur die Bolzen fest angezogen und die Verbindungsstelle neu abgedichtet werden. Verwindungen stellen ein ernsteres Problem dar.

Wenn durch die Decksfuge oder an einer anderen Stelle Regenwasser in die Kabine eingedrungen ist, zeigt sich das möglicherweise als Flecken im Rumpfinneren. Dann muss man draußen nach Rissen Ausschau halten, die abzudichten sind.

Scheuerleisten sind dafür vorgesehen, Stöße zu absorbieren und Abrieb an anderen Stellen zu verhindern. Bei einem Gebrauchtboot muss man damit rechnen, dass sie einen gewissen Verschleiß zeigen. In der Regel kann man problemlos eine neue Scheuerleiste anschrauben oder in eine eventuell vorhandene Nut schieben.

Im Deck eines Motorkreuzers geformte rutschfeste Oberflächen sollten noch so rau sein, dass sie ein Ausrutschen bei Nässe verhindern – sie können abgetragen werden und an Griff verlieren.

Lukendeckel aus Holz neigen dazu, an den Ecken aus dem Leim zu gehen, während bei Luken aus dem nicht so stabilen GFK leicht die Ecken abbrechen. Durch Öffnen und Schließen der Luke stellt man fest, ob die Angeln in Ordnung sind oder die Deckel sich verzogen haben. Auf dieselbe Art und Weise prüft man Beschläge und Betrieb von Schapps und Türen.

Alle Decksfittings werden fest angefasst und gerüttelt, um zu sehen, ob sie locker sind. Risse im Gelcoat, die strahlenförmig von Bolzen oder Schrauben ausgehen, zeigen, dass solche Fittings wie etwa an Relingsstützen sich unter Belastung bewegt haben. Die Bolzen von Decksfittings sollten durch das Deck geführt sein und innen in einer Stützplatte enden, damit Schäden am GFK verhindert werden. Sämtliche Fittings mitsamt den Fenstern müssen in eine dünne Schicht Dichtmittel eingebettet sein oder in einer passenden Dichtung sitzen. Dichtungen und Dichtmittel halten nicht ewig und lassen Wasser durch, wenn sie hart geworden sind. Hinweise auf Undichtigkeiten findet man innen: Im Strahl einer kräftigen Taschenlampe entdeckt man Wasserflecken, Korrosion, Schmutz- oder Roststreifen und Ansammlungen von Schimmelflecken an den Stellen, an denen die Abdichtung nicht in Ordnung ist. Das entsprechende Teil muss dann ausgebaut und wieder in frische Dichtmasse eingesetzt werden.

Zwischen Stützpfosten, den sogenannten Relingsstützen, gespannte Relingsdrähte oder »Ret-

Alle Decksfittings müssen sicher befestigt sein.

Diese hölzerne Scheuerleiste kann man leicht ersetzen, indem man eine neue anschraubt.

Diese Fenster wurden mit neuen Gummidichtungen wieder wasserdicht.

Relingsstützen und Fittings müssen so stabil sein, dass sie das Gewicht eines dagegen fallenden Körpers aushalten.

tungsleinen« bieten der an Deck befindlichen Crew eine gewisse Sicherheit, aber nur dann, wenn die Stützen das Gewicht aushalten und die Leinen oder Drähte nicht ausgefranst sind und kurz vor dem Brechen stehen.

Cockpitdach

Bei vielen Motorbooten ist das Cockpit von einem Dach überdeckt. Dessen Stoff ist nach fünf Jahren im Gebrauch oft steif, verblichen und rissig. Noch vor dem Stoff selbst reißen meistens die Nähte und Reißverschlüsse aus. Die Befestigungen können fehlen oder geschwächt sein, und die Fensterpaneele könnten an Durchsichtigkeit und Festigkeit verlieren. Die Kosten für den Austausch eines Daches können erdrückend sein, wenn das Boot erst einmal gekauft ist.

Innenraum

Wie das Kabineninnere aussieht, ist letztlich viel weniger wichtig als alle anderen bereits besprochenen Aspekte. Attraktive und gute ausgestattete Kojen, Schränke und Schapps mit seidig glänzender Oberfläche sind gut anzusehen und für das eine oder andere Familienmitglied vielleicht ein wesentlicher Anziehungspunkt, können aber davon abhalten, das Boot sorgfältig im Hinblick auf Struktur und Fittings zu inspizieren. Bestimmte Einrichtungsgegenstände und Holzarbeiten können es sogar erschweren, einen Blick auf das Rumpfinnere zu werfen.

Andererseits bietet eine schäbige Inneneinrichtung einen guten Ansatzpunkt für Preisverhandlungen, wenn man daran denkt, dass Kissen und Polster ersetzt und Holz neu lackiert werden können.

Ein wichtiger Aspekt ist, wie die Möbel angebracht sind und ob sich unter Umständen die Halterungen lösen. Dies gilt auch für die Trennwände (die in Booten als Schotten bezeichnet werden). Manchmal lösen sie sich vom Rumpf oder verwinden sich, wenn es zu einer Kollision gekommen ist.

Bei der Inspektion der Kajüte ist die Nase genauso wichtig wie die Augen. In einem Boot, das längere Zeit ohne ausreichende Belüftung verschlossen war, entwickelt sich zwangsläufig ein gewisser Modergeruch, aber ist der auch noch vorhanden, wenn das Boot eine Zeit lang gelüftet wurde?

Quelle solcher Gerüche sind die Toilette und undichte Fäkalien- und Kraftstofftanks. Tanks einschließlich der Behälter für Abwasser sollten nach außen belüftet werden, damit Methan und andere Gase entweichen können. Indem man die Rohre mit einem feuchten Tuch abwischt und dann daran

Man darf sich von einer tollen Innenausstattung nicht vom Rest des Bootes ablenken lassen.

riecht, findet man unter Umständen undichte Stellen, die dem Auge verborgen bleiben. Unbedingt prüfen muss man, ob die Toilette ordnungsgemäß funktioniert und den Inhalt entsorgt.

Durch Aufnehmen der Bodenbretter schaut man nach, ob die Bilge trocken oder etwa dreckig, verölt und eine Quelle des vorher festgestellten Geruchs ist.

Sind die Kajütfenster zerkratzt oder rissig? Perspexfenster bekommen mit der Zeit Mikrorisse und zersplittern schließlich. Der Austausch von Fenstern wird in Kapitel 15 behandelt.

Der Eigner sollte vorführen, dass Ausstattung und Gerät einschließlich Kocher, Kühlschrank, Wasseranlage und Navigationsgerät einwandfrei und sicher funktionieren. Gasgeräte sollten regelmäßig von einem qualifizierten Techniker geprüft werden – wenn dafür aus der letzten Zeit keine Nachweise vorliegen, sorgt man selbst für die Inspektion durch einen qualifizierten Gas- und Wasserinstallateur.

Das Boot sollte sowohl im Wasser als auch an Land inspiziert werden. Dann kann man sich nicht nur den Rumpf genau ansehen, sondern auch den Motor ausprobieren. Alles andere relevante Gerät kann dann unterwegs getestet werden, und wenn die Versicherung des Eigners es zulässt, bekommt man vielleicht selbst die Chance, das Ruder zu übernehmen und festzustellen, wie das Boot sich macht.

Elektrik

Vorhandene 12-V-Batterien sollten auf Alter und Zustand überprüft werden. Das sind wahrscheinlich eine tief entladbare Batterie für den allgemeinen Bordstrom und eine Hochleistungsbatterie zum Anlassen des Motors. Der Zustand der Stromanschlüsse und -verbindungen muss geprüft und alle Elektrogeräte einschließlich Positionsleuchten müssen eingeschaltet werden. Wenn das Boot nicht im Wasser liegt, darf man keinesfalls den Motor oder sonstiges Gerät einschalten, das – wie etwa die Lenzpumpe – beim Trockenlaufen beschädigt werden könnte.

Außen- und Innenbordmotoren

Die meisten kleinen Motorboote besitzen einen Außenbordmotor. Zur Inspektion des Motors nimmt man den Deckel ab und schaut sich den Allgemeinzustand an. Salzkorrosion um den Zylinderkopf herum deutet auf Lecks und Dichtungsprobleme hin.

Die gesamte Ausstattung mitsamt Gaskocher und Wasserversorgung an der Spüle muss geprüft werden.

Mit am Spiegel angeklemmtem Motor prüft man, ob die Halterungen abgenutzt und locker sind, und testet den Dreharm, indem man ihn zu schütteln versucht.

Am unteren Ende des Schafts befindet sich eine spitze Flosse, genannt »Skeg«. Wenn das Unterteil beschädigt ist, hat der Motor wahrscheinlich einen Schlag bekommen. Das könnte weitere Schäden und Verwindungen mit sich gebracht haben. Wie ist der Zustand des Propellers? Wenn man im Leerlauf

Die spitze Leitflosse unter dem Propeller muss auf Beschädigungen geprüft werden, die auf eine Kollision hindeuten könnten, die weitere Schäden oder Verwindungen hervorgerufen hat.

Lager und Halterungen des Ruders müssen auf Abnutzung untersucht werden.

Eine Stevenrohrbuchse schützt an der Stelle, an der die Propellerwelle durch den Rumpf führt, vor eindringendem Wasser und lässt gleichzeitig die Welle rotieren.

und bei ausgeschalteter Zündung den Propeller langsam dreht, zeigt sich, ob die Welle verbogen ist.

Wenn der Außenborder nicht mit dem Boot im Wasser getestet werden kann, gibt es die Alternative, ihn sicher befestigt in einem Wassertank laufen zu lassen. Der Betrieb ohne Wasser ist gefährlich und führt zur sofortigen Beschädigung, weil das Kühlsystem zur Eigenschmierung und zur Motorkühlung Wasser benötigt.

Viele Außenborder besitzen eine sogenannte Stoppschnur, die den Motor sofort ausstellt. Auch die sollte wie vorgesehen funktionieren. Wenn der Außenborder leicht anspringt und läuft und Kühlwasser austritt, ist er wahrscheinlich so gut wie jeder andere gebrauchte Motor.

Der Eigner sollte befragt werden, wann der Motor zuletzt gewartet wurde und ob ein Handbuch mitgeliefert wird. Bei Zweifeln hinsichtlich des Motors tätigt man den Kauf unter dem Vorbehalt, dass die Überprüfung durch einen Fachmann zufriedenstellend ausfällt.

Ein Großteil der obigen Anmerkungen gilt auch für den Z-Antrieb. Bei Ölaustritt aus einem Z-Antrieb kann es sehr teuer werden, wenn wegen Ölmangels die Dichtungen und verschlissene Teile ersetzt werden müssen.

Bootsmotoren werden generell weitaus weniger genutzt als Automotoren und unterliegen kaum einmal völligem Verschleiß. Aber Vernachlässigung und mangelnde Wartung führen in feuchter Umgebung zu Korrosion und Abnutzung. Das zeigt sich möglicherweise ganz deutlich bei einem Blick in den Motorraum. Er sollte sauber sein und keinerlei Salzablagerungen, Rost oder ausgetretenes Öl aufweisen. In der Bilge darunter darf sich kein Öl befinden. Wenn der Motor neu lackiert ist, sollte man nach dem Grund dafür fragen.

Das Kühlwasser wird durch ein Seeventil angesaugt, einen Hahn mit zwei Stellungen. Dieser muss frei beweglich sein, damit er im Notfall geschlossen werden kann.

Motorölpeilstab: Das Öl daran sollte braun oder schwarz sein, es sei denn, es ist gerade gewechselt worden. Außerdem sollte es leicht abtropfen: Wenn es sehr dickflüssig ist, ist es möglicherweise seit langer Zeit nicht mehr gewechselt worden, und eine solche Vernachlässigung könnte sich zum Problem entwickeln. Wenn es milchig aussieht, hat es sich mit Wasser vermischt, und das könnte aufwendige Reparaturen bedeuten. Getriebeöl sollte sauber und klar sein.

Manche Kraftstofffilter haben ein durchsichtiges Glas, durch das man Verschmutzungen erkennen kann, beispielsweise schwarzen Schleim oder geleeartige Ablagerungen, die darauf hindeuten, dass der Diesel durch Biomasse verunreinigt ist.

Innenborder sollten problemlos anspringen. Den Motor am Liegeplatz laufen zu lassen, reicht nicht aus, um ihn ordnungsgemäß zu testen. Ein Motor kann am Liegeplatz perfekt laufen und zeigt dann plötzlich Mängel oder Defekte, wenn er das Boot draußen auf dem Wasser antreiben muss. Wenn die Maschine schon warm gelaufen ist, wenn man zu einer See-Erprobung eintrifft, könnte das darauf hindeuten, dass der Eigner etwa zu verbergen hat, z. B. schlechtes Startverhalten.

An der Stelle, an der eine Welle durch den Rumpf zum Propeller führt, verhindert eine Stevenrohrbuchse, dass Wasser in das Boot eindringt. Ein leichtes Tröpfeln ist bei laufendem Motor zu erwarten, da sie Buchse nicht zu fest auf der Welle sitzen darf. Dauerndes Tropfen bei stillstehendem Motor bedeutet hingegen, dass die Bilge schließlich vollläuft, wenn die Buchse nicht festgezogen oder nachgefüllt bzw. ersetzt wird. Im Boot sollte sich mindestens eine elektrische Lenzpumpe befinden, die natürlich ordnungsgemäß funktionieren muss.

Weiteres zu Außen- und Innenbordern ist in Kapitel 17 zu finden.

Steuerung

Bei einem Boot mit Wellenantrieb durch einen Innenborder müssen die Ruderlager auf Spiel und das Ruder selbst auf Beschädigungen geprüft werden. Im Falle eines Außenborders sind die Halterungen für Steuerung und Bedienelemente zu prüfen.

Alle Steuer- und Bedienzüge müssen frei beweglich sein, weil sie sich auf einem Boot, das eine Zeit lang nicht benutzt worden ist, festsetzen können. Die Bowdenzüge für ein Ruderrad dürfen nicht zu viel Spiel aufweisen. Bei einer hydraulischen Steuerung ist der Ölstand zu prüfen und auf Öllachen zu achten.

Schlauch- und Festrumpfschlauchboote prüfen

Ein Großteil des bislang Gesagten gilt auch für Festrumpfschlauchboote, und zwar insbesondere in Bezug auf den GFK-Rumpf und den Außenborder. Im Folgenden werden noch ein paar zusätzliche Punkte angesprochen im Hinblick auf Festrumpfschlauchboote und die normalen Schlauchboote, die oft als Dinghi zur Überfahrt zu einem Boot an einer Muringboje oder – mit Außenborder – als Motorboot verwendet werden.

Auch wenn das nur schwer zu arrangieren ist, sollten sie im Idealfall ein paar Tage aufgeblasen bleiben, um sicher zu sein, dass die Schläuche keine Luft verlieren.

Die Auftriebskammern müssen sorgfältig auf Lecks hin geprüft werden, die an Ventilen, aber auch an den Schläuchen selbst auftreten können. Zu beachten sind auch Reparaturstellen. Wenn ein Flicken aufgebogene Kanten hat oder nur zur Hälfte festklebt, handelt es sich wahrscheinlich um das

Bei einem Schlauchboot gilt es besonders an den Verbindungen zwischen den Schläuchen und Rumpf und Spiegel sowie an den kegelförmigen Schlauchenden auf schwache Nähte oder Anzeichen für Reparaturen zu achten.

Wer ein Boot mit eigenem Trailer kauft, kann direkt damit losfahren – nachdem er den Trailer sorgfältig inspiziert hat.

Dieser Kreuzer hat eine kleine Jolle als Beiboot – eine interessante Kombination für größtmöglichen Spaß auf dem Wasser.

Werk eines Laien, das gleich wieder nachbearbeitet werden muss. Wo ein Schlauch am Rumpf eines Festrumpfschlauchboots befestigt ist, muss er rundum Kontakt damit haben; besonders zu beachten sind hier die Verbindungen an Spiegel, Bug und Unterseite. Bei vielen Booten enden die Schläuche in einem Kegel. Hier muss die Naht auf Hinweise auf Reparaturen oder Abnutzung untersucht werden. Reparaturen erkennt man oft an Flecken von überschüssigem Kleber in direkter Nähe. Derartige Reparaturen an Nähten prüft man auf Festigkeit, indem man am Gewebe zieht.

Viele Nähte sind mit Klebeband überdeckt. Bei manchen Booten dient das Band nur als Schutz für die Hauptnaht und kann bei Bedarf einfach wieder festgeklebt werden. Wenn hingegen das Klebeband selbst als Naht dient, wiegt das Problem schwerer und ist ggf. auch teurer in der Reparatur.

Schlauchboote sollten mehrere getrennte Luftkammern haben, sodass noch genügend Auftrieb verbleibt, wenn eine Kammer ein Loch bekommt. Die Trennwände zwischen den Kammern müssen dicht sein. Um das zu überprüfen, lässt man aus einem Abschnitt nach dem anderen die Luft heraus und horcht jeweils, ob aus dem nächsten Luft nachströmt.

Bei einem Festrumpfschlauchboot müssen die Haltepunkte der Steuerkonsole auf Festigkeit geprüft werden. Weiterhin sollte man nachsehen, ob Wasser in die Stauräume eindringen kann.

Ausrüstung und Zubehör

Wie schon gesagt, besteht ein Vorteil beim Kauf eines Gebrauchtbootes in der Ausrüstung, die wahrscheinlich schon im Preis enthalten ist.

Wenn dazu auch ein Trailer gehört, sollte er auf das Boot zugeschnitten sein und muss vor Nutzung natürlich sorgfältig überprüft werden. Im Idealfall ist der Trailer voll verzinkt und rostfrei. Die Roller laufen frei, und es ist eine kräftige Winsch montiert, um das Boot auf den Trailer zu ziehen. Ein Problem mit Bootstrailern ist, dass die Radlager noch warm von der Fahrt sind, wenn sie in Salzwasser eintauchen, und wenn sie dann abkühlen, dringt Wasser in die Lager ein und führt schnell zu Rostbildung. Deshalb gebührt den Lagern besondere Aufmerksamkeit. Drehen die Räder frei? Sind mahlende Geräusche von den Radlagern zu hören? Funktionieren ggf. vorhandene Bremsen einwandfrei? Ist die Beleuchtung in Ordnung? Sind die Reifen zugelassen und in gutem Zustand?

Ein Slipwagen, wie er manchmal für kleine Boote verwendet wird, die in Wassernähe lagern, ist etwas ganz anderes als ein Trailer. Der Slipwagen dient einzig und allein dazu, das Boot über eine kurze Strecke ins Wasser zu bringen und wieder an Land abzustellen – und definitiv nicht dazu, es hinter einem Auto über die Straße zu schleppen.

Zu einem Motorkreuzer mag durchaus ein kleines Ruderboot gehören, das dazu dient, zu einem Liegeplatz vor dem Ufer zu kommen. Beim Kreuzen und Ankern für eine Nacht kann man das Dinghi schleppen, um damit an Land zu kommen. Kinder sehen die Hauptanziehungskraft eines eigenen Boots in der Familie häufig in dem Spaß, den sie mit dem Dinghi veranstalten können. Natürlich braucht man dazu Riemen und Ruderdollen.

Bei sonstigem Zubehör muss man dessen Zustand prüfen und in einer gemeinsam abgezeichneten Liste festhalten, was alles mitgeliefert wird. Vorzugsweise macht man auch ein paar Fotos – es soll vorkommen, dass Dinge auf unerklärliche Weise verschwinden, bevor der Kauf abgeschlossen ist, und da sind ein paar Beweisfotos ganz hilfreich.

Informationen zu Sicherheitsausrüstung, Ankern usw. finden sich in späteren Kapiteln.

Preisverhandlung und Kauf

Wie gern man das Boot auch haben möchte, man darf keinesfalls zu viel Begeisterung oder Aufregung zeigen. Der Verkäufer eines Gebrauchtboots erwartet in den seltensten Fällen den zuerst verlangten Preis, es sei denn, die potenziellen Käufer stehen Schlange und winken mit Barem.

Die oben aufgeführten Checks und Untersuchungen lassen aller Wahrscheinlichkeit nach Mängel zutage treten, die eine gute Ausgangsbasis für Verhandlungen bieten. Man muss dem Verkäufer nur klar machen, dass die Beseitigung der gefundenen Defekte Geld kostet, und um Preisminderung bitten. Auch wenn man bar zahlen kann, trägt das zu einer Preisminderung bei. In der Regel erreicht man in aller Freundschaft einen Kompromiss.

Kleine bis mittlere Boote sind nicht notwendigerweise wie Autos registriert; die entsprechenden Aspekte wurden bereits unter der Überschrift »Risikominimierung« beschrieben. Der Verkäufer könnte jedoch über nützliche Dokumente wie ein freiwilliges Zertifikat, Quittungen von Vorbesitzern, Versicherungsunterlagen, Papiere nach der EU-Sportbootrichtlinie o.ä. verfügen. Nach all dem sollte man fragen. Dann vergleicht man ein eventuell vorhandenes Kennzeichen am Boot mit den anderen Nummern in den Papieren und lässt sich diese auf der Quittung eintragen. Außenborder besitzen Seriennummern, die ebenfalls eingetragen werden sollten.

Alle Unterlagen sollte man dann sorgfältig aufbewahren für den Fall, dass man das Boot irgendwann später wieder verkaufen will.

Weitere Hinweise zum Kauf und Verkauf von Booten sind beim DMYC zu finden.

Sicherheitstechnische Prüfung

Auf einigen deutschen (und ausländischen) Wasserstraßen gelten bestimmte Sicherheitsvorschriften. Teilweise ist für Motorkreuzer ein gültiger Inspektionsbericht erforderlich. Der Verkäufer sollte diesen Bericht vorlegen können, wenn das Boot gegenwärtig auf diesen Wasserstraßen genutzt wird.

5 NEUE BOOTE

Boote an Land bieten eine Gelegenheit, die Rumpfform zu betrachten.

Neukauf

Wenn es das Budget erlaubt, kann man sich durch den Kauf eines neuen Motorboots mit seiner glänzenden äußeren Erscheinung und seiner modernen Ausstattung sofort als stolzer Eigner präsentieren. Man vermeidet damit die meisten Inspektionen und Prüfungen, die bei einem Gebrauchtboot anfallen, und spart sich die Zeit, die Arbeit und das Geld für die Beseitigung von Mängeln. Wenn dann doch Mängel auftreten, sollten sie von der Gewährleistung abgedeckt sein.

Andererseits kommt es im Vergleich zu Gebrauchtbooten in den ersten Jahren zu einem hohen Wertverlust. Gebrauchtboote behalten ihren Wert und können ihn sogar steigern, wenn sie gut instand gehalten und gepflegt werden. Deshalb muss man sich sicher sein, dass man das neue Boot auch einige Jahre behalten will.

Viele Motorboote gibt es in einer Standardausführung oft sogar direkt ab Lager. Es kann aber auch passieren, dass das bestellte Boot eigens gebaut werden muss. So offensichtlich es auch sein mag, aber unter diesen Umständen sollte man sich ganz genau darüber im Klaren sein, was man in Auftrag gibt. Es gibt durchaus Verkäufer, die dazu neigen, ein Boot nach ihren eigenen Vorstellungen zu verkaufen, statt darauf einzugehen, was der Käufer will und sich tatsächlich leisten kann.

Man sollte schon wissen, ob die Firma, bei der man bestellt, das Boot auch selbst baut oder nur als Händler agiert. Wichtig ist auch, dass diese Firma die Gewährleistung übernimmt und jederzeit erreichbar ist – wer möchte schon Probleme bekommen, wenn es um die Durchsetzung von Gewährleistungsansprüchen geht? Bei Neubooten können lästige Mängel auftreten, und dann möchte man es schließlich mit einer Firma zu tun haben, die bereitwillig und prompt reagiert und ihren Sitz vorzugsweise nicht zu weit vom Liegeplatz des Bootes entfernt hat.

Im Falle eines Neubaus sollte man nicht zu viel anzahlen – bei einem Boot, das erst noch gebaut werden muss, möglichst weniger als ein Viertel des Endpreises. Der Kaufvertrag muss vernünftige Regelungen für Baufortschrittszahlungen enthalten und sollte vorsehen, dass vor der Auslieferung und Schlusszahlung ausreichende See-Erprobungen möglich sind.

Weiterhin muss der Liefertermin festgeschrieben werden, und nach Möglichkeit sollten Strafklauseln für den Fall des Lieferverzugs vorgesehen sein.

Als Eigner eines neuen Motorboots fühlt man sich besonders stolz.

Bootsausstellungen

Bootsausstellungen haben eine nahezu magische Anziehungskraft für jeden, der auch nur das kleinste Interesse am Wassersport hat. Ob man ein neues oder gebrauchtes Boot kaufen will oder einfach nur fasziniert ist von dem riesigen Angebot an Zubehör – Bootsausstellungen bieten eine großartige Gelegenheit zu erfahren, was man auf und im Wasser alles machen kann.

Als kleiner Junge war die jährliche Bootsausstellung am Londoner Earls Court das Glanzlicht des Jahres für mich. Mein Onkel Maurice hatte mit de-

Bei Bootsausstellungen hat man oft die Gelegenheit, neue Boote auf dem Wasser auszuprobieren.

ren Organisation zu tun und kannte alle Aussteller. Er besorgte Freikarten für mich und ein paar Freunde und führte uns über das ganze Gelände. Wir staunten ehrfurchtsvoll angesichts der riesigen und farbenprächtigen Palette großartiger Boote und Ausstattungen, ausgestellt in einer Umgebung, die selbst im dunkelsten Winter die Freuden eines Sommers auf dem Wasser wach werden ließ.

Die Zahl der Bootsausstellungen und Wassersportmessen wächst nahezu jedes Jahr und belegt das steigende Interesse an diesem Sport und dieser Freizeitbeschäftigung. Einige große Veranstaltungen in Deutschland sind (in zeitlicher Reihenfolge):

- »boot« im Januar in Düsseldorf: *www.boot.de*
- »f.re.e« im Februar in München: *www.free-muenchen.de*
- »BOATFIT« im Februar in Bremen: *www.boatfit.de*
- »Beach & Boat« im Februar in Leipzig: *www.beach-and-boat.de*
- »Magdeboot« im März in Mageburg: *www.mageboot.de*
- »Interboot« im September in Friedrichshafen: *www.interboot.de*
- »Hanseboot« im November in Hamburg: *www.hanseboot.de*

Ausstellungen bieten die ideale Gelegenheit, um viele neue Motorboote direkt nebeneinander miteinander zu vergleichen. Man bekommt an Ort und Stelle den Preis genannt und alle Ausrüstungsdetails, die darin enthalten sind. Achten muss man dabei darauf, dass die Mehrwertsteuer ausgewiesen

Sogar auf Bootsausstellungen im Binnenland sind manche Boote in ihrem natürlichen Element zu sehen.

ist, um nicht später den großen Schock zu erleben. Anschließend weiß man genau, was an zusätzlicher Ausrüstung erforderlich ist, sucht diese Ausrüstung am Stand des entsprechenden Ausstellers und bezieht den Preis in seine Kalkulation ein.

Boote, die nicht im Wasser liegen, bieten die Gelegenheit, Rumpfform, Ruder und Kiel anzusehen. Bei manchen Ausstellungen liegt eine Menge neuer Boote im Wasser, sodass man gleich sieht, wie sie sich in ihrem ureigensten Element machen. Vielleicht ergibt sich sogar die Möglichkeit einer Probefahrt.

Wegen der vielen Besucher gibt es bei vielen Firmen, die die größeren Motorkreuzer verkaufen, ein Reservierungssystem für Besichtigungen. Das ist möglicherweise von entscheidender Bedeutung, wenn Probefahrten angeboten werden. Einen Termin vereinbaren zu müssen, mag zwar frustrierend sein, bietet aber die Garantie, dass man sich das Boot genau anschauen und mit dem Verkäufer über Details sprechen kann. Natürlich ist die Besichti-

Bootsausstellungen bieten jede erdenkliche Gelegenheit, die Kosten der zusätzlichen Ausstattung für ein neues Boot zu ermitteln.

gung bei kleineren Motorbooten und den meisten kleinen bis mittleren Motorkreuzern einfacher, und deshalb gilt dort meistens: Einfach hingehen und anschauen!

Die ausgestellten Boote werden oft zum Sonderpreis angeboten, sodass man sich vor dem Besuch einer Ausstellung schon einmal im Hinblick auf den bevorzugten Typ informieren sollte. Dann kann man vor Ort schneller eine Entscheidung treffen und gegebenenfalls bei einem speziellen Ausstellungspreis zugreifen.

Wenn man noch nicht so weit ist, auf der Ausstellung tatsächlich ein Boot zu kaufen oder zu bestellen, nimmt man die Prospekte aller Boote mit, die infrage kommen, und notiert sich auch die Daten der Verkäufer, mit denen man gesprochen hat. Das macht die Sache einfacher, wenn man später noch weitere Informationen einholen möchte, und bietet vielleicht sogar größere Erfolgsaussichten für das Aushandeln eines Nachlasses.

Wenn der Preis eines bestimmten neuen Bootes jenseits aller eigenen Möglichkeiten liegt, könnte es sich zu fragen lohnen, ob fast neue Ausstellungsexemplare oder teilfertige Boote (zum Selbstausbau) zu einem günstigeren Preis verfügbar sind.

Man findet auf einer Ausstellung nicht notwendigerweise jeden neuen Motorboottyp, d.h., eine Suche in Bootszeitschriften und im Internet könnte sich immer noch auszahlen. Manche Werften bauen bestimmte Boote immer noch auf Bestellung und zeigen sie nicht auf Ausstellungen.

Bei Bootsausstellungen gibt es oft Sonderangebote.

Größere Werften zeigen und verkaufen möglicherweise eine Vielzahl neuer Boote, von denen einige vielleicht sogar für Demonstrationsfahrten zur Verfügung stehen.

Mindeststandards für neue Boote

Im Juni 1998 erließ die Europäische Union die sogenannte Sportbootrichtlinie, in der Mindeststandards für alle neuen Sportboote mit einer Rumpflänge zwischen 2,5 m und 24 m festgeschrieben sind. Weiterhin unterteilt die Richtlinie neue Boote je nach Eignung in vier Kategorien. Wie bereits in Kapitel 4 erwähnt, ändern sich die Bestimmungen von Zeit zu Zeit; eine konsolidierte Fassung von 2008 ist zu finden unter *http://www.bootsbau-recht.de/fileadmin/dokumente/PDF/Boot/94-25-EU-konsolidiert2008.pdf.*

Aus den von der Werft vorgelegten Dokumenten und der Kennzeichnung am Boot selbst sollte hervorgehen, dass die für Konstruktion und Ausrüstung geltenden Normen eingehalten wurden (Konformitätserklärung). Falls in dieser Hinsicht Zweifel bestehen, sollte man die Werft oder den Händler um vollständige Aufklärung bitten.

Eigenbau

Eine Alternative zum Kauf eines neuen Boots ist der Eigenbau. Es gibt detaillierte Pläne für Eigenbauprojekte aus Stahl, Aluminium oder Bootsbausperrholz und Epoxidharz. Auch Teilesätze zur Selbstmontage sind verfügbar. Dieses Thema wird in Kapitel 10 behandelt.

6

LAUFENDE KOSTEN

Ein Liegeplatz in einer Flussmündung ist in der Regel viel billiger als in einer Marina.

Vor dem Kauf eines Bootes müssen die laufenden Kosten kalkuliert werden. Diese können sich im Jahr von wenigen hundert Euro bei einem kleinen offenen Motorboot bis zu ein paar tausend Euro bei einem Motorkreuzer mit Liegeplatz in einer Marina belaufen.

Die Ausgaben, die der Besitz und die Benutzung eines Motorbootes mit sich bringen, sind größtenteils abhängig von seiner Größe sowie der Art der Benutzung und dem Revier. Am billigsten ist ein Boot, das zu Hause gelagert und gelegentlich mit dem Trailer zum nächsten Gewässer transportiert wird. Bei häufiger Nutzung von Sliprampen können sich die Gebühren für das Slippen und das Abstellen von Auto und Trailer zu einer beachtlichen Summe addieren. In diesem Fall dürfte es Geld und Zeit sparen, einen Liegeplatz in direkter Wassernähe zu mieten. Größere Motorboote brauchen einen Liegeplatz im Wasser.

Unabhängig von allen Vorkehrungen zur Reduzierung der Lager- und Slipkosten gibt es bestimmte Ausgaben, die sich nicht vermeiden lassen. Dazu gehören beispielsweise die Kosten für Versicherung, Fahrgenehmigungen, Instandhaltung, Wartung, Kraftstoff, Ersatz von Ausrüstungsteilen und – in manchen Revieren – technische Inspektionen. Möglicherweise kommen auch noch die Mitgliedsgebuhren eines Vereins hinzu.

Ein abgesicherter Lagerbereich für das Boot erleichtert den Abschluss einer Versicherung.

Versicherung

Als Bootseigner braucht man eine angemessene Versicherung. Anders als beim Auto ist es in manchen Revieren möglich – aber äußerst unklug –, ein Boot zu besitzen und ohne Versicherung zu benutzen. Aber es gibt gute Gründe, eine Bootsversicherung gesetzlich vorzuschreiben, und genau das wird über kurz oder lang passieren.

In vielen Revieren ist eine Versicherung bereits zwingend erforderlich, sodass man die entsprechenden Unterlagen immer dabei haben sollte. Motorbootclubs verlangen von ihren Mitgliedern unweigerlich, dass sie versichert sind. Das liegt aber auch in aller Interesse. Bootsunfälle sind selten im Vergleich zu Unfällen im Straßenverkehr, aber wenn sie passieren, dann freut man sich, wenn der Gegner versichert ist, und andererseits ist man selbst als Schädiger froh, eine Versicherung zu haben, wenn von anderer Seite vielleicht Hunderttausende Euros für Personen- und Sachschäden geltend gemacht werden.

Manche Organisationen wie Eignerverbände oder Clubs haben Abmachungen mit bestimmten Versicherern, die ihren Mitgliedern Prämiennachlässe gewähren. Das hat zudem den Vorteil, dass die Organisation im seltenen Fall eines Disputs über einen Versicherungsanspruch bei den Verhandlungen mit dem betreffenden Unternehmen behilflich sein kann, weil der Versicherer kaum das Risiko eingehen wird, bei den Mitgliedern der Organisation seinen Ruf zu verlieren.

Man kann auch seine Auto- oder Hausversicherung fragen, ob sie Bootsversicherungen anbietet. Manchmal gewähren Versicherungen, mit denen man schon im Geschäft ist, Nachlässe.

Schadensfreiheitsrabatte reduzieren die Versicherungsprämien beträchtlich.

Hier wird beträchtliches Geschick auf engstem Raum demonstriert, aber dafür muss vorher eine zusätzliche Versicherung abgeschlossen werden.

Die meisten Versicherungsgesellschaften verlangen einen Nachweis, dass das Boot in gutem, sicherem Zustand ist. Das kann bei älteren Booten wie über 15 oder 20 Jahre alten Motorkreuzern bedeuten, dass ein Gutachten vorgelegt werden muss. Möglicherweise kann man dem durch geschicktes Verhandeln entgehen – vielleicht, indem man bei einer bekannten Werft eine Inspektion durchführen lässt oder eine billigere Haftpflichtversicherung abschließt. Das Problem bei einer reinen Haftpflichtversicherung liegt in den Eventualitäten, die dabei nicht abgedeckt sind, beispielsweise das Beseitigen eines Wracks, falls es zu einer solchen Katastrophe kommen sollte, sowie natürlich die Schäden am eigenen Boot.

Die Versicherungsprämie wird weiterhin beeinflusst durch Ort und Absicherung des Liege- oder Lagerplatzes und die Gefahr von Stürmen, Vandalismus, Überflutung und anderen Schäden. Die Versicherungsgesellschaft muss übrigens immer informiert werden, wenn das Boot einen anderen ständigen Liegeplatz bekommt.

Wenn man sich jemals an Veranstaltungen beteiligen sollte, bei denen zusätzliche Risiken auftreten könnten, z. B. an einer Regatta oder einer längeren Fahrt außerhalb des normalen Reviers, muss die Deckung in Absprache mit der Versicherung darauf erweitert werden. Verständlicherweise wird die Versicherung für das erhöhte Risiko eine Zusatzzahlung verlangen. Die Versicherungspolice muss auch Fahrten ins Ausland abdecken oder entsprechend erweitert werden.

Manche Policen sind speziell auf die Nutzung des Motorboots auf Binnengewässern ausgelegt. Wenn geplant ist, auf See hinauszugehen oder eine große Flussmündung zu befahren, um vielleicht eine andere Binnenwasserstraße zu erreichen, sollte man unbedingt die Bedingungen der Versicherung erfragen, damit die Deckungszusage nicht erlischt.

Das Internet hat es viel leichter gemacht, eine passende Versicherung zu finden; am besten nutzt man eine Suchmaschine, um zu sehen, was auf dem sich schnell ändernden Versicherungsmarkt verfügbar ist. Bei manchen Gesellschaften erhält man nach Ausfüllen eines Online-Formulars sofort ein Angebot. Bevor man jedoch die erste Prämie zahlt, muss man sich entweder auf der Webseite oder in den per Post übersandten Unterlagen genau über alle Details und Bestimmungen informieren.

Bestimmungen der Police zur Instandhaltung genau lesen

In der Vergangenheit benutzten Versicherungsgesellschaften Ausdrücke wie »gebührende Sorgfalt«, um zu beschreiben, was sie von Bootseignern an angemessenen Vorkehrungen erwarteten, damit das Boot und sein Liegeplatz in sicherem, einwandfreiem und zuverlässigem Zustand blieben. In letzter Zeit sind sie zu spezifischeren und strengeren Forderungen übergegangen, darunter auch die, dass Festmacheeinrichtungen professionell ausgebracht, inspiziert und in regelmäßigen Abständen gewartet werden müssen. Weiterhin geben manche Versicherungen neuerdings vor, dass das Boot zusammen mit Ausrüstung und Reparaturmaterial gemäß den Empfehlungen der Hersteller zu nutzen und zu warten ist. Deshalb umfassen die folgenden Kapitel über praktische Arbeiten häufig Hinweise darauf, die Anweisungen der Produkthersteller zu befolgen, damit den Versicherungsbestimmungen genüge getan ist. Manche Versicherer fordern möglicherweise sogar, dass selbst durchgeführte Arbeiten von einem entsprechenden Fachmann überprüft werden, bevor das Boot benutzt wird.

Fahrtgenehmigungen

In manchen Revieren ist es vorgeschrieben, das Boot für die Fahrt auf Binnenwasserstraßen registrieren und lizenzieren zu lassen. Für jedes Revier und jeden Fluss ist jeweils eine bestimmte Behörde zuständig. Auskünfte erteilen die jeweiligen Wasser- und Schifffahrtsdirektionen bzw. Bezirksregierungen oder Landratsämter.

Auch durch eine Anfrage bei den lokalen Behörden oder dem Fremdenverkehrsbüro kann man sich über das zu befolgende Verfahren informieren und erfahren, wann und wo eine eventuell erforderliche Fahrtgenehmigung zu bekommen ist.

Falls eine Genehmigung erforderlich ist, sollte man auf keinen Fall das Risiko eingehen, ohne diese auf Törn zu gehen. Das könnte nämlich eine beträchtliche Geldstrafe zur Folge haben.

Liegekosten

Die Liegegebühren für einen Motorkreuzer sind in hohem Maße abhängig von Gebiet und Einrichtungen; sie können von 100–200 Euro im Jahr für eine Muringboje in einem abgelegenen Bereich in Ostfriesland bis zu mehreren tausend Euro in einer Luxusmarina an der Ostsee reichen.

Viele Boote werden für den Winter aus dem Wasser geholt und an Land abgestellt. Das kann bei einem Verein billiger sein als in einer Werft oder Marina. Solche Lagerkosten lassen sich natürlich vermeiden, wenn man das Boot auf dem Trailer mit nach Hause nehmen kann. Mehr zu gemieteten Liegeplätzen ist in Kapitel 7 zu finden.

In manchen Gegenden wird das Besitz- oder Pachtrecht an Liegeplätzen verkauft. Die Preise haben sich auf ähnliche Weise entwickelt wie bei Immobilien und nach dem Prinzip von Angebot und Nachfrage, aber wenn genügend Geld zur Verfügung steht, könnte man sich eine solche Investition

Eine Marina kostet vielleicht mehr, bietet dafür aber die Annehmlichkeiten ihrer Einrichtungen an Land.

Motorkreuzer an festen Liegeplätzen an einem Flusslauf.

durchaus überlegen, wenn man sich sicher ist, diese Gegend zum Ausgangspunkt seiner wassersportlichen Aktivitäten machen zu wollen. Obgleich man mit einem direkten Kauf die Mietkosten für einen Liegeplatz spart, muss man noch prüfen, ob vielleicht noch jährliche Gebühren für Raten, Pacht oder Instandhaltung anfallen. Außerdem ist zu beachten, dass möglicherweise Kosten für Reparaturen am Anleger oder an der Zufahrt zu tragen sind, die allerdings im Laufe der Zeit durch den Wertzuwachs gedeckt sind.

Sicherheitstechnische Prüfung für Boote auf Binnengewässern

Eine sicherheitstechnische Untersuchung wie die Hauptuntersuchung beim Auto ist in Deutschland bisher nicht überall vorgeschrieben. Es gibt aber immer mal wieder die Möglichkeit, sein Boot im Rahmen einer so genannten »Aktion Sportbootsicherheit« von der Wasserschutzpolizei überprüfen zu lassen. Eine Checkliste dessen, was dabei geprüft wird, ist zu finden unter *http://www.wycev.de/CheckListeSicherheit.pdf.*

Selbst reparieren oder professionelle Hilfe in Anspruch nehmen?

Ein wesentlicher Zweck dieses Buches ist es, Tipps und Ratschläge zu Eigenarbeiten zu geben, mit denen sich die Instandhaltungs- und Reparaturkosten niedrig halten lassen. Ein Großteil dieser Arbeiten ist relativ einfach, aber wie immer, wenn man selbst Hand anlegt, muss die Sicherheit an erster Stelle stehen. Im Falle von Booten bedeutet das mehr, als nur dafür zu sorgen, sich selbst und andere bei der Arbeit nicht in Gefahr zu bringen: Man muss sich auch sicher sein, dass die Reparaturen den Belastungen im Betrieb gewachsen sind. Nachdem das gesagt werden musste, liegt nun der wesentliche Vorteil eigenhändiger Reparaturarbeiten in der Tatsache, dass man sich die anfallenden Lohnkosten erspart, die oft genug mit 50 Euro und mehr pro Stunde zu Buche schlagen.

Wie hoch man den Wert seiner eigenen Zeit veranschlagt, muss man selbst entscheiden. Die benötigte Zeit richtet sich stark an den beim Bau des Bootes verwendeten Materialien aus. Für Holz braucht man wahrscheinlich immer mehr Zeit als für GFK. Wie oft und wie stark das Boot genutzt wird, wirkt sich unweigerlich auf Abnutzung und Schäden aus, aber auch ungenutzte Boote bleiben nicht im Neuzustand.

Wer sich gern als Heimwerker betätigt, wird die Arbeit am eigenen Boot in einer anderen Umgebung und als Vorbereitung auf die Freuden des Bootssports genießen. Dadurch wird der Aspekt des Geldsparens noch positiv verstärkt.

Das Material für die Instandhaltung und Reparatur von Booten ist eher teurer als das übliche Heimwerkermaterial. Das liegt oft einfach daran, dass das Boot in einem rauen und sehr feuchten Umfeld »lebt« und durch Wasser, Wetter und Betrieb beträchtlichen Belastungen ausgesetzt ist. Deshalb braucht man qualitativ bessere Farben, Füller und Geräte, die schon in der Herstellung mehr kosten. Früher wurden mit diesem Argument teilweise ungerechtfertigt hohe Preise verlangt, aber die Möglichkeit, im Internet und per E-Mail einzukaufen, hat den Wettbewerb verstärkt, sodass die Preise heute fairer sind.

Es wird gelegentlich behauptet, dass bestimmte Heimwerkermaterialien wie Reiniger, Farben usw. verwendet werden könnten, um die Kosten niedrig zu halten. Das mag zwar funktionieren, wenn man die qualitativ besten Produkte bei einem Boot verwendet, das nur auf Binnengewässern genutzt und zu keiner Zeit den schlimmsten Seebedingungen ausgesetzt wird, aber trotzdem könnte es passieren, dass man letztendlich doch die richtigen Bootsbauprodukte kaufen muss, weil der Versuch mit den anderen Produkten gescheitert ist.

Wenn eine Arbeit zu umfangreich ist, die Sicherheit beeinträchtigt oder den Laien zwingt, zu viel Zeit aufzuwenden, um sich die erforderlichen Fertigkeiten anzueignen, müssen Profis an die Arbeit. Wie in allen Lagen, in denen man andere für sich arbeiten lässt, fragt man andere, die entsprechende Dienste schon in Anspruch genommen haben, ob sie einen Fachmann empfehlen können, und erkundigt sich bei mehreren Werften nach Kostenvoranschlägen und den Stundenlöhnen. Im Internet gibt es einige Foren, in denen diese Themen behandelt und diskutiert werden.

Bei Schiffsausrüstern gibt es Spezialprodukte für den Bootsbereich.

Kraftstoff und andere Verbrauchsgüter

Die Kraftstoffkosten schwanken beträchtlich je nach Größe des Bootes, Größe und Typ des Motors und Art des Betriebs. Beim Kauf eines Bootes sollte man sich auch danach erkundigen, wie hoch der Kraftstoffverbrauch unter den verschiedenen Betriebsbedingungen ist. Es dürfte klar sein, dass starke Motoren generell einen höheren Verbrauch haben als schwächere, langsamer laufende Maschinen.

Bei Zweitakt-Außenbordern müssen außerdem die Kosten für das dem Benzin zuzusetzende Öl berücksichtigt werden.

Bei allen Verbrennungsmotoren muss regelmäßig Motor- und Getriebeöl nachgefüllt werden; dazu müssen Ersatzteile gekauft werden für den Motor und andere Teile des Bootes wie Glühlampen für die Positionslichter und die Kabinenbeleuchtung. 12-V-Batterien, Feuerlöscher und Notsignalraketen haben nur eine begrenzte Lebensdauer und müssen auch irgendwann ersetzt werden. In Kapitel 18 finden sich weitere Hinweise zur Instandhaltung der Ausrüstung.

Die Ausgaben für Verbesserungen und Zubehör lassen sich am besten im Zaum halten, wenn man beim Besuch eines Schiffsausrüsters oder beim Lesen von Katalogen seine ganze Willenskraft einsetzt, um nichts zu kaufen.

7

LIEGEPLATZ, LAGERUNG UND TRANSPORT

Die Lagerung zu Hause auf einem Trailer reduziert die laufenden Kosten.

Die Verfügbarkeit von Liege- und Lagerplätzen variiert von Ort zu Ort. In manchen Gegenden muss man sich erst einmal auf eine Warteliste setzen lassen, um einen Platz zu bekommen. In anderen muss man sich möglicherweise zunächst mit einem der unbeliebtesten Liegeplätze begnügen und warten, bis ein besserer frei wird. An wieder anderen Stellen sind Liegeplätze sofort verfügbar, weil eine Marina, eine Werft oder ein Verein neue geschaffen haben.

Angebote finden sich oft an den gleichen Stellen wie Bootsangebote.

Beim Kauf eines Gebrauchtbootes besteht eventuell die Möglichkeit, den Liegeplatz mit zu übernehmen, wenn der Besitzer zustimmt. Dann sollte man natürlich danach fragen, ob eine Übernahmegebühr fällig wird und wie hoch die regelmäßigen Abgaben und die Kosten für Strom, Wasser und Parken sind. Wer den Kauf eines neuen Bootes plant, sollte den Verkäufer vorher fragen, ob und wie er bei der Suche nach einem Liegeplatz behilflich sein kann.

Trailern

Die meisten kleineren Motorboote können auf einem Trailer transportiert werden, sodass man sie zu Hause, im Lagerbereich eines Vereins oder auf einem angemieteten Lagerplatz an Land abstellen kann. Das setzt natürlich voraus, dass ein geeignetes Schleppfahrzeug vorhanden ist.

Zu berücksichtigen ist dabei, dass das Gewicht von Boot und Trailer nicht die vom Autohersteller angegebene zulässige Anhängelast überschreitet

Ein Trailer kann sowohl zum Lagern als auch zum Slippen dienen.

und das zulässige Aufliegegewicht eingehalten wird. Möglicherweise fallen natürlich noch Kosten für eine Anhängerkupplung an.

Ein Trailer muss voll straßentauglich sein und die Bestimmungen der Straßenverkehrszulassungsordnung erfüllen. Bei Zweifeln hinsichtlich des Trailers oder der eigenen Fertigkeit, ihn vorschriftsmäßig herzurichten, fragt man am besten einen Fachmann oder eine Werkstatt und lässt die nötigen Arbeiten dort durchführen.

Beim Schleppen eines Trailers mit Boot muss man langsamer als normal fahren und vor allem in Kurven vorsichtig sein. Sobald man sich jedoch da-

Zu Hause einen passenden Platz zu finden mag schwierig sein, aber die Eigner dieser Boote haben es geschafft.

Die Benutzung dieser Sliprampe ist in den Parkgebühren für Auto und Trailer enthalten.

In der Regel finden sich an einer Sliprampe Hinweise zur Benutzung, zum Abstellen des Autos usw.

ran gewöhnt hat, ist das Trailern relativ unkompliziert und einfacher als der Umgang mit einem Wohnwagen, weil man die Räder und einen Großteil des Bootes sieht, während ein Wohnwagen den Blick nach hinten stark behindert.

Die empfindlichsten Teile eines Trailers sind die Radlager. Wenn sie beim Slippen ins Wasser eintauchen, sollten sie vorher vollkommen abkühlen. Wie bereits erwähnt, dringt Salzwasser in heiße Radlager ein, wenn sie plötzlich abgekühlt werden, und richtet beträchtlichen Schaden an.

Wo das Boot auch gelagert wird, muss es gegen Diebstahl gesichert werden. Deichselschlösser, Radklampen und Ketten mit Vorhängeschlössern tragen dazu bei, Diebe abzuschrecken. Gegenstände wie den Außenborder baut man natürlich selbst ab, bevor ein Dieb es tut.

Günstige Sliprampen

Das Trailern eines Bootes stellt eine effiziente Einsparmöglichkeit dar, weil man dadurch Liegegebühren vermeidet; allerdings muss man dafür in Häfen und an überwachten Sliprampen Slipgebühren bezahlen. Schlüssel für Absperrungen und wertvolle Tipps zum sicheren Fahren in den lokalen Gewässern gibt es beim Hafenmeister oder beim Betreiber der jeweiligen Sliprampe. Es gibt auch ei-

Oben/Links: **Die meisten Sliprampen bieten Zugang zu geschützten Gewässern, aber man sollte trotzdem vor Ort nach Gezeiten und Strömungen fragen.**

Rechts: **Bootsclubs erteilen Mitgliedern anderer Vereine oft die Erlaubnis, ihre Sliprampe zu benutzen.**

Liegeplätze am Ufer von Binnenwasserstraßen können bei Schifffahrtsbehörden, Bootsclubs oder Landbesitzern angemietet werden.

Eine Marina bietet eine Vielzahl von Einrichtungen, darunter Strom- und Wasseranschlüsse für jedes Boot.

nige öffentliche Slipanlagen, die kostenlos zu benutzen sind. Vor dem Einwassern des Bootes sollte man immer vor Ort Informationen über Gezeiten, Wetter und Sicherheit einholen.

Manche Slipanlagen sind zwar problemlos erreichbar, aber dann braucht man noch Platz für das Auto und den Trailer. Darum sollte man sich vorher kümmern, denn wenn man später am Wochenende bei warmem Sommerwetter eintrifft, könnte schon alles überfüllt sein.

Ein Überblick über Slipanlagen an der Ostsee ist hier zu finden: *http://www.bootsanglerclub.de/PDF/Slipanlagenfuehrer.pdf*. Örtliche Fremdenverkehrsämter und Schifffahrtsbehörden können ebenfalls mit Tipps behilflich sein.

Vereinsmitglieder dürfen oft bei anderen Vereinen slippen, bei denen Gäste aus anderen Landesteilen willkommen sind und alle Anlagen nutzen dürfen. Man sollte aber vorher nachfragen, ob man auch mit einem Motorboot anreisen darf – manche Vereine nehmen nur Segelboote auf.

Liegeplätze an Binnengewässern

Viele Liegeplätze an den Ufern von Binnengewässern werden von den zuständigen Wasser- und Schifffahrtsbehörden vermietet. Auch Bootsclubs, Bauern und andere Landbesitzer kommen als Vermieter infrage. Diese sind teilweise nur schwer aufzufinden, wenn man mit der betreffenden Gegend nicht vertraut ist, aber hier können unter Umständen Webseiten mit Luftaufnahmen und detaillierten Karten wie etwa Google Earth hilfreich sein.

Diese Marina an der Küste bietet geschützte Liegeplätze und viele Einrichtungen, darunter eine Tankstelle an einem Schwimmsteg.

Liegeplätze an einer Muringboje sind in der Regel viel billiger als in einer Marina, aber nicht so leicht zu erreichen.

Man braucht ein Beiboot, um einen Liegeplatz wie diesen zu erreichen.

Ein Liegeplatz am Ufer eines Kanals oder Flusses ist möglicherweise recht günstig zu bekommen. Ein derartiger Ort mag zwar abgeschieden und ruhig sein, aber man sollte sich im Hinblick auf die fehlenden Sicherheitsmaßnahmen erkundigen. Die örtliche Polizeidienststelle ist der richtige Ansprechpartner dafür.

Webseiten, auf denen Boote zum Verkauf angeboten werden, haben zum Teil auch freie Liegeplätze zur Anmietung oder zum Verkauf im Angebot.

Liegeplätze in Häfen und Marinas

Statt ein Boot im Wasser zu lassen, wenn es nicht benutzt wird, könne man sein Geld auch gleich im Kamin verbrennen, wird gelegentlich behauptet. Das ist die sehr negative Einstellung einer Minderheit, die nicht versteht, was es bedeutet, jederzeit ein Boot bereitzuhaben, wenn man gerade Lust auf einen kleinen Trip verspürt. Wie viel man tatsächlich zahlt, ist mit den Einrichtungen verbunden, die dieser Kamin zum Geldverbrennen bietet.

Marinas stellen eine Menge Anlagen und Einrichtungen zur Verfügung – vom problemlosen Zugang zum Boot über Gehwege und Schwimmstege, bis hin zu Parkplätzen, Toiletten, Wasserhähnen, Stromanschlüssen und Bewachung. Natürlich muss man für diesen Luxus bezahlen. Die teuersten Liegeplätze können je nach Bootslänge mehrere Tausend Euro im Jahr kosten, wobei allgemein nach Metern pro Monat oder Jahr abgerechnet wird. Dabei stellt sich dann noch die Frage, ob die Mehrwertsteuer bereits enthalten ist und ob noch Zusatzkosten entstehen, beispielsweise für Stromverbrauch.

Im Vergleich dazu ist ein einfacher Liegeplatz mit nur wenigen Einrichtungen am Anleger einer klei-

Auflegen mit Kranhilfe.

Diese Muringboje hatte sich durch Verschleiß und Korrosion der Kette gelöst – ein guter Beweis für die Bedeutung regelmäßiger Wartung und Instandsetzung.

Boote auf Anforderung abstellen und einwassern.

nen Werft oder an einer Muringboje vielleicht schon für ein paar Hundert Euro im Jahr zu haben. Um sein an einer Muringboje liegendes Boot zu erreichen, braucht man allerdings schon wieder ein Ruderboot, und auch dafür braucht man einen Lagerplatz an Land. Als Alternative käme ein Schlauchboot im Kofferraum des Autos infrage.

Viele Boote werden am Ende der Saison an Land geholt und den Winter über auf Abstellplätzen bei Werften, Marinas oder Vereinen gelagert. Je nachdem, wie der jeweilige Besitzer seine Gebühren kalkuliert, sind die Kosten dafür schon in der normalen Liegeplatzgebühr enthalten oder werden zusätzlich berechnet. Billiger ist es, das Boot auf dem Trailer mit nach Hause zu nehmen. Wenn man das Boot im Winter auflegt, kann man es besser vor Wind- und Wetterschäden schützen und hat die Gelegenheit, es zu warten, zu streichen und einen neuen Antifoulinganstrich aufzubringen, bevor man es im Frühjahr wieder einwassert.

Instandhaltung von Liegeplatzeinrichtungen

Die Versicherungsgesellschaften wollen genau wissen, wo das Boot liegt oder gelagert wird, weil das Schadensrisiko die jährliche Prämie bestimmt. Bei Muringbojen verlangen sie oft einen Nachweis, dass sie regelmäßig und ordnungsgemäß gewartet werden. Mehr dazu ist in Kapitel 14 zu finden.

Lagerung an Land in Wassernähe

Bootswerften und Marinas besitzen Abstellflächen, auf denen Boote gegen eine Monats- oder Jahresgebühr eingelagert werden können. In Großbritannien z. B. entstehen im Kampf gegen die Knappheit an Liegeplätzen zunehmend sogenannte »Park & Launch«-Anlagen, in denen man sein Boot abstellen kann, um dann bei Bedarf anzurufen, wenn das Boot zu Wasser gelassen werden soll. Nach der Ausfahrt wird das Boot dann von den Anlagenbetreibern wieder aus dem Wasser geholt und abgestellt. Natürlich muss man dafür bezahlen, aber letztendlich könnte es ähnlich viel oder gar weniger kosten, als wenn das Boot in einer Marina liegt.

Auch auf Campingplätzen und in Wohnwagenanlagen kann man oft Boote auf Trailern abstellen. Das kann eine billigere Alternative sein, wenn sich der betreffende Platz in der Nähe einer Slipanlage befindet. Auch wenn zu Hause kein Platz ist, bietet sich diese Option an. Dabei sollte man allerdings

Werbung für Kranen und Einlagerung auf einer Bootsmesse.

Oben, rechts und unten: **Der »Rochester Cruising Club« liegt idyllisch zwischen dem Schloss und dem Tidefluss mit den Liegeplätzen für die Mitglieder.**

darauf achten, dass das Boot außer Reichweite von Kindern abgestellt ist, die es vielleicht als Spielwiese betrachten könnten.

Gelegentlich findet sich in Wassernähe auch ein Bauer, der bereit ist, ein Boot gegen eine kleine Gebühr in seiner Scheune unterzustellen. Landwirte können heutzutage doch jede zusätzliche Einnahme gebrauchen …

Vereine – billiger als Marinas

Wassersportvereine bieten eine viel billigere Möglichkeit, ein Boot in Wassernähe zu lagern. Vereine sind im Allgemeinen gemeinnützige Organisationen, die von einem gewählten Vorstand geleitet werden. Diejenigen mit den niedrigsten Mitglieds- und Einlagerungsgebühren können ihre Einrichtungen nur durch die freiwillige Arbeit ihrer Mitglieder unterhalten.

Eine beträchtliche Zahl von Vereinen nimmt nur Segler auf. Das geht in der Regel aus dem Vereinsnamen hervor. Sie haben sich oft auf Regatten mit Rennjollen und -kreuzern spezialisiert und keinen Platz oder keine Anlagen für Motorboote. Trotzdem lohnt es sich anzufragen, ob nicht doch ein paar Motorboote aufgenommen werden. Schließlich sind auch die Rettungsboote bei den Segelregatten Motorboote.

Schon eher willkommen sind Motorboote bei Vereinen, die sich als »Yachtclub«, »Wassersportclub« oder, natürlich, »Motorbootclub« bezeichnen. Manche Vereine, bei denen alle Bootstypen willkommen sind, stehen in Verbindung mit Marinas oder Häfen.

Wenn man einem Verein beitritt und seine Anlagen häufig nutzt, muss man auch bereit sein, die bereits erwähnte freiwillige Arbeit zu leisten. Das muss man nicht unbedingt als lästige Aufgabe betrachten. Die Arbeit in einem Verein wird für viele Menschen zu einem erfreulichen Teil des Lebens.

Neben dem Gemeinschaftsgeist bietet ein Verein die ach so wichtigen Parkplätze, eine Vereinsgaststätte, Liegeplätze am Ufer oder am Steg und Ruderboote oder bemannte Barkassen für das Übersetzen zu abseits liegenden Booten. Vielleicht stellt der Verein auch günstige Liegeplätze für Tourenyachten zur Verfügung, wobei man aber damit rechnen muss, auf eine Warteliste gesetzt zu werden.

Die Mitgliedsgebühren vieler Vereine bieten im Vergleich zu den kommerziellen Alternativen einen bemerkenswert hohen Gegenwert.

8

EINFÜHRUNG IN DAS MOTOR-BOOTFAHREN

Der Motor muss stark genug sein, um das Boot gegen Strom und Wind vorwärts zu treiben, sofern mit diesen Variablen zu rechnen ist.

Oft kann man bei Bootsmessen ein Boot zur Probe fahren und bekommt dabei ein paar wertvolle Tipps zum Umgang mit dem Boot.

Diese kurze Einführung soll als Starthilfe für alle dienen, die noch keine Erfahrung mit Motorbooten haben.

Vorbereitung

Ein Buch zu lesen hilft sicherlich als Vorbereitung, aber man braucht auch praktische Hilfe, sodass man versuchen sollte, als Crewmitglied auf dem gewünschten Motorboottyp Erfahrungen zu sammeln. Bootsclubs bieten dazu entsprechende Gelegenheiten, und Bootsmakler nehmen potenzielle Kunden oft zu Demonstrationsfahrten in neuen oder gebrauchten Booten mit, um ihnen die Handhabung zu erklären. Auch bei Bootsausstellungen ergibt sich manchmal die Gelegenheit, mitzufahren und erste Hinweise zu bekommen.

Auf bestimmten Landesgewässern besteht die Möglichkeit, mit einem gecharterten Hausboot erste Erfahrungen zu sammeln. Dazu sollte man sich aber vom Vercharterer gründlich einweisen lassen.

Im Geltungsbereich der Binnenschifffahrtsstraßen-Ordnung herrscht auf den Bundeswasserstraßen Führerscheinpflicht für Motorboote mit einer Leistung von 3,68 kW (5 PS) und einer Länge unter

Einige der Boote für Mitglieder eines Vereins.

15 m. Hier ist der so genannte »Sportbootführerschein Binnen« vorgeschrieben.

Im Geltungsbereich der Seeschifffahrtsstraßen-Ordnung, d.h., 3-Seemeilen-Zone und Fahrwasser in der 12-Seemeilen-Zone, braucht man ab einer Motorleistung von 3,68 kW an der Schraube den »Sportbootführerschein See«. Eine Beschränkung der Rumpflänge gibt es hier nicht.

Wer seine eventuell schon vorhandenen Kenntnisse erweitern will, kann das im Rahmen sogenannter Flottillentörns machen, die von Vereinen und Motorbootschulen angeboten werden.

Das ist natürlich nicht umsonst zu haben, aber die Kenntnisse, die man dabei erwirbt, sind für spätere Fahrten mit dem eigenen Boot unersetzlich und verhindern es unter Umständen, die Reparatur von Schäden bezahlen zu müssen, die man aus Mangel an den nötigen Fertigkeiten selbst verursacht hat. Außerdem kann man auf so einem Törn das Angenehme mit dem Nützlichen verbinden, nämlich einen Urlaub auf dem Wasser und das Erlernen des Umgangs mit einem Boot.

Andere dabei zu beobachten, wie sie mit ihrem Boot umgehen, ist zudem eine gute Vorbereitung auf den eigenen Umgang mit dem Boot. Man erlebt dabei viele Beispiele dafür, wie es gemacht wird, und möglicherweise auch, wie man es nicht machen sollte.

Anders als Auto fahren

Manche Leute glauben, dass ein Motorboot wie ein Auto gefahren werden kann, weil es ja schließlich auch ein Lenkrad, einen Ganghebel und einen Gashebel hat. Aber während ein Auto mit den Vorderrädern auf festem Boden lenkt, steuert ein Boot, als wenn die »Räder« zum Steuern sich hinten befänden. Außerdem bewegt es sich wie auf Eis, statt fest mit dem Boden verbunden zu sein. Es hat kein Bremspedal und wird vom Wind abgetrieben, während gleichzeitig Strömungen das Wasser unter ihm bewegen. Aber davon darf man sich nicht abschrecken lassen – man hat schließlich einen Motor, mit dem diese Kräfte überwunden und gemeistert werden können. Die erforderlichen Fähigkeiten effizient einzusetzen, ist Teil der Freude am Motorbootfahren.

Man muss sich nur jederzeit darüber im Klaren sein, welche Kräfte jeweils herrschen. Stärke und Richtung von Wind und Strom kann man erkennen und entsprechend darauf reagieren. Je mehr man

Besonders beim Durchfahren von Brücken und beim Passieren von Hindernissen und anderen Booten muss man sich der Auswirkungen von Wind und Strom bewusst sein.

Eine Rettungsweste oder Auftriebshilfe ist unerlässlich. Außerdem sollte man warme und wasserfeste Kleidung tragen – die Schaufensterpuppen hier sind kein gutes Beispiel.

sich an das Verhalten des Bootes gewöhnt, desto mehr werden die Reaktionen darauf praktisch zur zweiten Natur.

Ein weiterer Punkt, den es zu verstehen gilt, ist die Tatsache, dass es eine Zeit lang dauert, bis das Boot auf die Steuerung reagiert. Daraus entsteht immer wieder die Versuchung zu übersteuern, sodass man dauernd korrigieren muss und schließlich einen Zickzackkurs fährt. Stattdessen dreht man gerade bei niedriger Geschwindigkeit sanft am Steuerrad – immer nur ein kleines Stück zurzeit – und bringt das Rad wieder in Mittelstellung, bevor die Wende oder Kurve abgeschlossen ist. Bei höheren Geschwindigkeiten können plötzliche Lenkbewegungen gefährlich sein und Insassen und Ausrüstungsteile ins Wasser katapultieren.

Neben dem praktischen Geschick im Umgang mit dem Boot braucht man Kenntnisse über die Auswirkungen von Gezeiten, Strömen, Windrichtung, Wetter und anderen Gefahren im betreffenden Revier. Hinweise dazu bekommt man vom örtlichen Hafenmeister, Bootsclubs, erfahrenen Bootseignern und aus aktuellen Karten. Der Wind kann mehr Einfluss auf ein Motorboot ausüben, als manch ein Anfänger ahnt.

Wichtig ist die Wettervorhersage – die Windrichtung und besonders die Windstärke können sich schnell ändern oder es entwickelt sich Nebel. Wettervorhersagen erhält man aus den verschiedenen Medien wie Internet, Radio und Fernsehen. Insbesondere im Internet gibt es zahlreiche Quellen wie *www.wetter.de*, *www.daswetter.org* oder *www.wetteronline.de*. Für die Küste gibt es stündliche Seewettervorhersagen über UKW-Funk.

Natürlich braucht man angemessene Kleidung. Auf dem Wasser ist es fast immer beträchtlich kälter als an Land, und das Schuhwerk muss rutschfeste Sohlen haben. Das wichtigste Bekleidungsstück ist die Rettungsweste, die sich natürlich in gutem Zustand befinden muss.

Vor jedem Törn sollte eine zuverlässige Person über das Wo und Wann der Bootsfahrt sowie über die voraussichtliche Rückkehrzeit informiert werden. Sie kann dann entsprechende Maßnahmen einleiten, wenn die Rückkehr nicht zur vorgesehenen Zeit erfolgt ist und möglicherweise Probleme aufgetreten sind. Natürlich muss man diese Person dann auch wissen lassen, dass man zurückgekehrt ist. In Kapitel 18 finden sich Details zu Kommunikationsausrüstung und Notsignalen usw.

Mithilfe von Ruder und kurzen Gasstößen lässt sich ein Boot fast »auf dem Teller« drehen.

Das Boot kennen lernen

Neben den generellen Grundsätzen des Umgangs mit einem Boot muss man natürlich auch lernen, wie sich das eigene Boot oder der Typ, den man zu kaufen beabsichtigt, auf dem Wasser verhält. Das ist ein interessantes und spannendes Erlebnis, das man sich aber erst gönnen sollte, nachdem man das nötige Geschick im Umgang mit einem Boot erworben hat. Vorzugsweise geschieht das zusammen mit jemandem, der mit dem Bootstyp bereits vertraut ist.

Der beste Ort dafür ist ein ruhiges Fleckchen Wasser ohne Gefahrenstellen in einer Flussmündung, in einem Hafen oder auf einem Binnengewässer. Wichtig ist es, immer sorgfältig auf andere Boote zu achten. Falls jemand zuschaut – z. B. der Hafenmeister – sollte man ihn wissen lassen, dass man Manöver übt, damit er nicht glaubt, man habe Probleme.

Man beginnt mit Steuerversuchen bei niedriger Geschwindigkeit. Was passiert, wenn man in den Leerlauf schaltet und der Wind sich des Boots bemächtigt? Je nach Motor- und Antriebsart legt sich

Bevor man sich auf weitere Fahrten begibt, sucht man sich ein ruhiges Fleckchen, wo man in aller Ruhe den Umgang mit dem Boot üben kann.

Die Geschwindigkeit sollte verringert werden, damit andere Boote keine Probleme durch das Kielwasser bekommen.

das Boot durch den Wasserwiderstand von Propeller, Außenborder oder Z-Antrieb wahrscheinlich mit dem Heck in den Wind. Das Boot hat zwar keine Bremse, lässt sich aber ab- und aufstoppen, indem man den Bug in den Strom oder Wind dreht und die Geschwindigkeit verringert. Das Einlegen des Rückwärtsgangs bremst die Vorwärtsbewegung und kommt am ehesten einer Vollbremsung im Auto nahe, führt aber dazu, dass zunächst die Manövrierfähigkeit verloren geht. Viel besser ist es, mit wenig Gas langsam gegen den Wind oder Strom zu fahren.

Bei Langsamfahrt werden die meisten Bootstypen durch die Drehung des Propellers nicht nur vorwärtsgetrieben, sondern auch leicht seitwärts versetzt. Das kann sehr nützlich sein, wenn man in einem sehr schmalen Fahrwasser oder auf engem Raum in einer Marina manövrieren muss. Viele Boote kann man im Stehen um die eigene Hochachse drehen, indem man das Steuerrad hart einschlägt und einen sehr kurzen Gasstoß gibt. Dadurch wird das Heck seitwärts gedrückt, bevor eine Vorwärtsbewegung einsetzt. Wenn man dann das Rad hart in die andere Richtung legt und im Rückwärtsgang wieder kurz Gas gibt, wird jede Vorwärtsbewegung abgestoppt und erfolgt ein weiterer Druck zur Seite, der das Heck weiter in dieselbe Richtung dreht.

Umgang mit dem Boot

Die bereits besprochenen allgemeinen Punkte gelten auch für diesen Abschnitt, in dem es um die Vorbereitung auf praktische Übungsstunden zu-

In offenem Wasser ohne Beschränkungen kann die Geschwindigkeit erhöht werden.

Fender und Festmacheleinen müssen vorbereitet sein, bevor man das Ufer schräg gegen Strom oder Wind ansteuert.

sammen mit jemandem geht, der entsprechend qualifiziert ist oder ausreichende Erfahrung besitzt. Der Mitfahrer braucht ebenfalls eine entsprechende Vorbereitung und Einweisung. Es kommt vor, dass unerfahrene Skipper einer unvorbereiteten Crew Befehle oder Kommandos geben und dass diese Crew überhaupt nicht weiß, worum es geht – mit desaströsen Konsequenzen und zerbrochenen Beziehungen!

Das Ablegen

Das Vorbereiten und Anlassen des Motors wird in Kapitel 17 behandelt.

Bei warmem Motor im Leerlauf werden bis auf die Bug- und die Heckleine alle Festmacheleinen gelöst und eingeholt. Für den Fall kleinerer Kollisionen werden Fender ausgebracht. Wenn kein Strom oder Wind auf das Boot einwirkt, ist es oft möglich, die Leinen zu lösen, den Bug mit dem Bootshaken vom Ufer oder Steg abzudrücken und einfach langsam loszufahren. Oft muss man aber scharf zu einer Seite steuern, um Hindernissen wie anderen Booten auszuweichen. Wenn das zu schnell geschieht, schwingt das Heck herum und stößt gegen den Steg oder Kai. Sorgfältig platzierte Fender können in diesem Fall Kratzer verhindern.

Bei starker Strömung oder starkem Wind ist die Sache etwas schwieriger, aber diese Naturkräfte lassen sich auch zum Vorteil nutzen. Bei Wind oder Strom von vorn holt man zuerst die Heckleine ein und fährt dann langsam voraus, damit die Bugleine Lose bekommt. Dann löst ein Crewmitglied die Bugleine und drückt das Boot mit dem Bootshaken vom Ufer oder Steg ab. Sobald sich das Boot zu drehen beginnt, muss man damit rechnen, dass es sich durch Strom oder Wind schneller bewegt als erwartet.

Alternativ kann man die Bugleine lösen und das Boot durch Wind oder Strom herumschwingen lassen, während das Heck noch durch die Heckleine gehalten wird, bis man bereit ist loszufahren. Erst dann wird die Heckleine eingeholt.

Ähnliche Manöver, um das Boot je nach Stärke und Richtung von Strom und Wind kontrolliert herumzuschwingen, können sorgfältig im Voraus geplant werden. Wenn wenig Raum zur Verfügung steht, lässt man am besten die Bugleine fest und schwingt das Heck heraus, indem man das Steuerrad vom Anleger weg dreht und vorsichtig im Rückwärtsgang Gas gibt. Anschließend kann man die Bugleine lösen und in Vorausfahrt ablegen.

Wie man mit dem Boot unterwegs umgeht, ist in hohem Maße abhängig von Typ und Größe des Boots, Motor und Antrieb. Hier ist der Punkt gekommen, an dem die praktische Unterweisung durch einen erfahrenen Skipper wichtig wird. Für die meisten Binnengewässer, Flussmündungen und Häfen gelten Geschwindigkeitsbeschränkungen, und hier muss man auch darauf achten, dass das Kielwasser (die durch das Boot erzeugten Wellen) keine anderen Boote beeinträchtigt oder Schäden am Ufer anrichtet.

Auf Wasserstraßen gilt das Rechtsfahrgebot. Bei Gegenverkehr weichen beide Boote nach rechts aus. Aber es gibt auch Ausnahmen – große Fahrzeuge benötigen beispielsweise eine Tiefwasserrinne –, und Vorsicht und gesunder Menschenverstand müssen immer an erster Stelle stehen.

Für Fahrten auf See muss man einiges mehr wissen über Navigation, Kollisionsverhütung und Bootshandling. Diese Themen werden unter anderem in der Ausbildung für den Sportbootführerschein See und in den verschiedensten Lehrbüchern behandelt.

Das Anlegen

Zum Anlegen an Steg, Kai oder Ufer müssen immer die Fender ausgebracht sein und die Festmacheleinen bereitliegen. Dann prüft man die Richtung von Wind, Tide oder Strömung und die Bewegungen von in der Nähe befindlichen Booten.

Der wichtigste Punkt, an den man denken muss, ist der, den Bug *in* den Wind oder Strom – je nachdem, was stärker ist – zu drehen, damit das Boot abgebremst wird und gleichzeitig Vorwärtsbewegung und Lenkfähigkeit erhalten bleiben. Beim Ansteuern des Liegeplatzes *mit* Wind oder Strom macht das Boot viel zu viel Fahrt, um am vorgesehenen Punkt zum Stehen zu kommen, und wird wahrscheinlich mit irgendetwas kollidieren. Das ist der häufigste Fehler bei Leuten, die ohne ausreichende Einweisung ein Motorboot auf Binnengewässern mieten.

Der Anleger wird in einem Winkel von 45 Grad oder weniger angesteuert. Beim Erreichen des Anlegers geht man längsseits und stoppt im Rückwärtsgang auf, während die Crew schnell die Bugleine ausbringt, damit das Boot nicht durch Wind oder Strom wieder herumschwojt. Anschließend können die anderen Festmacheleinen ausgebracht und auf

Zu heftige Bewegungen eines festgemachten Bootes können mithilfe von »Springs« gestoppt werden. Das sind zusätzliche Festmacheleinen, die wie auf diesem Bild diagonal zum Bug und zum Heck führen.

Muringbojen sind nur mit einem Beiboot zu erreichen.

mögliche Änderungen der Wasserhöhe eingestellt werden. In Gezeitengewässern müssen die Festmacheleinen genügend Lose für den Tidenhub aufweisen, es sei denn, man liegt an einem Schwimmsteg, der den Unterschied zwischen Ebbe und Flut automatisch ausgleicht. Es ist durchaus schon vorgekommen, dass unerfahrene Bootseigner bei der Rückkehr von einem Ausflug erleben mussten, dass ihr Boot an zu kurzen Festmacheleinen von der Hafenmauer herabhing, weil Ebbe herrschte. Auch der Pegel von Flüssen steigt und fällt, d.h., man fragt am besten an Ort und Stelle, wie groß die Lose in den Festmacheleinen sein muss.

Weitere Informationen zu Leinen und Knoten sowie Anker- und Festmacheausrüstung finden sich in späteren Kapiteln.

Muringbojen

Im Falle eines Liegeplatzes an einer Muringboje braucht man ein Beiboot – ein Dinghi –, um rudernd oder mittels Außenborder sein Boot zu erreichen. Das kann sich als der gefährlichste Teil eines Törns erweisen. Nur zu oft sieht man Dinghis auf der Fahrt zu oder von einem an einer Boje liegenden Motorkreuzer, die gefährlich überladen sind. Es braucht nur eine unerwartet große Welle, das Kielwasser eines gedankenlos passierenden Bootseigners oder eine plötzliche Bewegung eines Insassen, um ein überladenes Dinghi volllaufen und sinken zu lassen.

Statt das Risiko einzugehen, das Beiboot zu überladen, fährt man lieber einmal mehr. Beim Dinghi muss man langsam an und von Bord gehen, und zwar besonders, wenn es vom Motorkreuzer aus erfolgt. Hier passieren die meisten Missgeschicke.

Das Dinghi muss vorn und achtern am Kreuzer gesichert werden; zusätzlich hält jemand es in stabiler Lage, und die Insassen bereiten sich auf die geänderte Gewichtsverteilung vor, weil das Boot in

Es gibt große und kleine Gefahren – also immer rundum Ausguck halten!

Dieser Motorsegler steuert mit Dinghi an Backbord eine Muringboje an. Ein Bootshaken dient dazu, die Leine an der Boje aufzunehmen.

eine gefährliche Schräglage kommt, wenn sich das gesamte verbleibende Gewicht an einem Ende konzentriert. Natürlich müssen alle ihre Rettungsweste tragen.

Wenn alle das Dinghi verlassen haben, wird es an der Muringboje befestigt, es sei denn, es soll auf der Weiterfahrt geschleppt werden. Alle Abdeckungen werden abgenommen oder das Cockpitverdeck geöffnet. Vor dem Losfahren sollte der Motor auf normale Betriebstemperatur gebracht werden. Vor dem Ablegen wirft man noch einmal einen Blick in die Runde und achtet dabei auf andere Boote und eventuelle Gefahren. Gut Ausguck zu halten ist zu jeder Zeit unerlässlich.

Das Anlegen

Wie vorher beschrieben, legt man am besten gegen Wind oder Strom an, je nachdem, was stärker ist. Auf diese Weise kann man langsam aufstoppen und bleibt gleichzeitig manövrierfähig.

Man könnte nun ein Crewmitglied mit einem Bootshaken nach vorn schicken, das die Muringleine aufnimmt und das Boot sichert, aber das kann auch aus dem sicheren Cockpit heraus geschehen. Vor dem Ansteuern der Muringboje *oder* vor dem Ablegen führt man eine Leine vom Bug außen an den Relingsstützen und anderen Hindernissen vorbei nach hinten ins Cockpit und belegt sie dort. Diese Leine kann dann im Vorbeifahren in den Ring der Boje eingefädelt werden. Wenn das Boot nun im Leerlauf achteraus treibt, gleitet die Boje an der Leine entlang zum Bug. Dort kann sie dann belegt werden, wenn alles klar ist. Auf diese Weise entgeht man den Problemen, die auftreten können, wenn die Crew mit dem Aufnehmen einer Muring keine Erfahrung hat.

Dieses Manöver übt man am besten unter ruhigen Bedingungen. Wenn man die Muringboje beim ersten Mal verpasst, spielt das keine Rolle – man versucht es einfach noch einmal. Eventuellen Zuschauern kann man immer erzählen, man übe das Ansteuern der Boje.

Sicherheit

Es ist wohl nicht übertrieben zu behaupten, dass die Fahrt mit dem Auto zum Liegeplatz des Bootes gefährlicher ist als jede Bootsfahrt unter geeigneten Bedingungen. In etwa 80 Prozent der Zeit, die mit Bootsfahrten in geschützten Binnen- und Küstenge-

Auf vielen Binnenwasserstraßen muss man schleusen.

Die fünf Sicherheitstipps

1. Rettungsweste tragen.
2. Motor und Ölstand prüfen.
3. Fahrtziel bekannt geben.
4. Notsignalmittel mitnehmen.
5. Auf Wetter und Gezeiten achten.

wässern bei geeignetem Wetter verbracht wird, ist die Unfallgefahr sehr klein. Aber man muss in vollem Umfang vorbereitet sein auf das Unerwartete wie einen plötzlichen Wetterumschwung, Unterwassergefahren, Fehler anderer und eigene Fehleinschätzungen.

Die Deutsche Gesellschaft zur Rettung Schiffbrüchiger und ihre ausländischen Schwesterorganisationen sind bekannt für ihre Rettungsaktionen, tun aber auch viel zur Förderung der Sicherheit. Ganz besonders aktiv ist hier das britische »Royal National Lifeboat Institute«, auf dessen Webseite *www.rnli.org.uk* unter dem Link »Sea and beach safety« viele interessante Empfehlungen zu finden sind, auf denen die folgenden Hinweise und Ratschläge basieren.

Der wichtigste Sicherheitstipp lautet, dass man immer eine Rettungsweste tragen sollte. Das ist nicht gesetzlich vorgeschrieben wie das Anlegen des Sicherheitsgurts im Auto, sodass letztlich jeder für sich selbst entscheiden muss, ob er in der Kabine oder im Cockpit eine Rettungsweste trägt. Wie auf einigen Fotos in diesem Buch zu sehen ist, gibt es durchaus Leute, die bei ruhigen Bedingungen oder auf Binnengewässern das Risiko eingehen, auf die Rettungsweste zu verzichten, und sie haben jedes Recht, sich so zu verhalten. Aber eine Rettungsweste kann ihre Aufgabe eben nur erfüllen, wenn man sie trägt – und es sind schon unter den ruhigsten Bedingungen Menschen über Bord gegangen.

Detaillierte Informationen über Auftriebshilfen und Rettungswesten finden sich in Kapitel 18.

Ausweichregeln

Unter Segeln:

- Backbordbug vor Steuerbordbug.
- Lee vor Luv.

Unter Motor:

- Eine Yacht unter Motor weicht einer Segelyacht aus.
- Bei Fahrzeugen im Gegenverkehr halten sich beide nach Steuerbord.

Allgemeine Regeln:

- Ein überholendes Boot hält sich frei.
- Der Skipper ist dafür verantwortlich, dass allzeit Ausguck gehalten wird, um den obigen Regeln nachzukommen und Gefahren zu meiden.
- Fahrzeuge unter 20 m Länge dürfen kein Fahrzeug behindern, das sich in einer schmalen Tiefwasserrinne halten oder sich nach einem Verkehrstrennungsgebiet richten muss.

Die vollständigen Kollisionsverhütungsregeln finden sich im Elektronischen Wasserstraßen-Informationssystem (ELWIS) unter *www.elwis.de/Schifffahrtsrecht/KVR/index.html.*

Natürlich muss der gesunde Menschenverstand an erster Stelle stehen. Es gibt genügend Bootseigner, die die Regeln nicht kennen, sodass man immer vorsichtig sein und im Notfall ausweichen sollte.

Unterwegs mit dem offenen Boot

Man braucht nicht notwendigerweise einen Kajütkreuzer, um bei gutem Wetter auch für längere Zeit auf dem Boot zu übernachten. Jedes einigermaßen

Linke Seite und oben: **Eine Überdachung oder Abdeckung bietet auch auf einem ansonsten offenen Boot Schutz wie auf diesen Elektrobooten. Dann kann man darauf sogar übernachten.**

große und stabile Boot kann die notwendige Campingausrüstung tragen. Damit hat man die Möglichkeit, entweder an einem abgelegenen Strand oder Flussufer zu campen oder im Boot unter einem Zelt oder Dach zu schlafen. Dafür muss dann aber möglicherweise der Boden des Boots mit Brettern belegt werden, um eine ebenere Fläche für die Luftmatratzen zu schaffen und den Rumpf zu schützen.

Kleine bis mittlere Kajütboote

Auf einem kleinen Kajütboot können es sich zwei Leute ganz gemütlich machen. Ein etwas längeres Boot bietet durch die zusätzliche Breite erstaunlich viel Platz, der sogar für eine vierköpfige Familie reicht.

Ob man kleine Kindern auf einen Bootsurlaub mitnehmen soll oder nicht, ist eine schwierige Entscheidung. Selbst gut erzogene Kinder können unberechenbar sein und langweilen sich schnell, sodass man viel mitnehmen muss, um sie zu beschäftigen, damit sie nicht in Versuchung geraten, Bereiche zu »erkunden«, in denen sie nichts zu suchen haben. Im Interesse der Sicherheit sollten sie nicht an Deck spielen dürfen; dazu müssen ein festes Cockpitdach und ein Relingsnetz um das gesamte Boot herum vorhanden sein. Es dürfte klar sein, dass sie genau passende Rettungswesten tragen müssen, die nicht über den Kopf rutschen können.

In der Kajüte ist es angesichts des begrenzten Platzangebots wichtig, den Stauraum zu organisieren und Kleidung und Ausrüstung ordentlich zu verstauen. Die Crew muss stets an den begrenzten Wasservorrat denken, und die 12-V-Stromversorgung darf unterwegs auch nicht zu sehr in Anspruch genommen werden. Jeder muss wissen, dass hinter den Wasserhähnen und Stromanschlüssen etwas anderes steckt als zu Hause.

Da unter Umständen Gischt und Wellen überkommen, ist es ratsam, Schlafsäcke und Kleidung in Plastikbeuteln oder Kunststoffboxen mit fest schließendem Deckel zu verstauen. Es ist erstaunlich, wie Gischt, Kondenswasser und Tropfen auch in die Kajüte des bestkonstruierten und -gewarteten Bootes eindringen.

Mehr zu Motorbooten und ihrer Ausrüstung ist in den Kapiteln über Instandhaltung und Reparaturen zu finden.

Ein Netz schafft zusätzliche Sicherheit, wenn Kinder an Bord sind.

Die Stauräume unter den Kojen in diesem Boot sind mit zurechtgeschnittenen Böden von Gemüsekisten aus Plastik ausgestattet. Dadurch ergibt sich eine ebene Fläche über dem eventuell anfallenden Wasser in der Bilge, die als Unterlage für Staubehälter mit fest schließendem Deckel dient.

9

EINFACHE UND GRUNDLEGENDE WARTUNGS-/ REPARATURARBEITEN

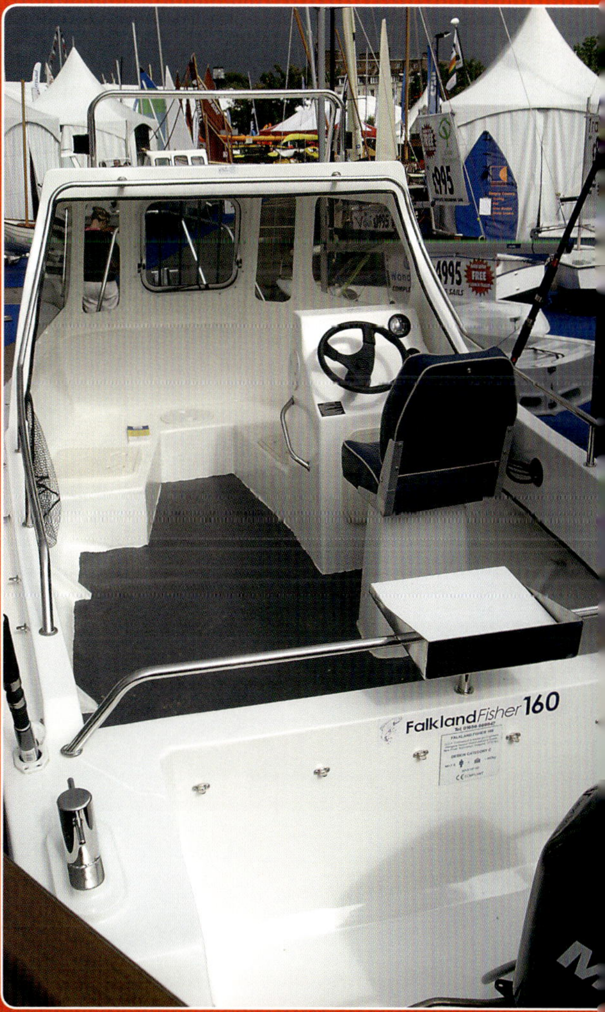

Ein neues GFK-Boot behält mit simplen Reinigungsmaßnahmen und grundlegenden Instandhaltungsarbeiten immer ein Aussehen wie im Ausstellungsraum.

Ein neues Boot lässt sich mit regelmäßigen Instandhaltungsarbeiten leicht in gutem Zustand erhalten. Ältere Boote machen mehr Arbeit und lassen sich realistischerweise nicht »auf neu trimmen«, wenn man auch noch Zeit zum Bootfahren haben möchte.

Jeder einigermaßen geschickte Heimwerker beherrscht viele von den Aufgaben, die erledigt werden müssen, um ein Motorboot in Schuss zu halten, und das Werkzeug, das er zu Hause benutzt, eignet sich großenteils auch für die Arbeit am Boot. Wie in Kapitel 1 erklärt, geht es bei den praktischen Tipps in diesem Buch überwiegend um einfache Wartungs- und Reparaturarbeiten und nicht um Modifizierungsmaßnahmen oder den Einbau zusätzlicher Ausrüstung.

Vernachlässigte Boote sinken irgendwann.

Perfektionist oder Pragmatiker

Unter Bootseignern gibt es drei Typen. Der erste ist der Perfektionist, der immer ein wunderbar sauberes und perfekt instand gehaltenes Boot hat. Bei all der Zeit, die er damit verbringt, sein Boot in diesem »Neuzustand« zu halten, kommt er kaum noch dazu, es tatsächlich zu nutzen. Aber wenn der Stolz darauf, das schönste Boot zu besitzen, für ihn das Größte ist, geht das ja in Ordnung – vorausgesetzt, er übt keine Kritik an denen, die ihr Boot lieber auch benutzen.

Der zweite Typ ist der Pragmatiker, der darauf abzielt, dass sein Boot gut instand gehalten und möglichst sicher ist und die meiste Zeit einigermaßen gut aussieht. Bei gutem Wetter macht er lieber eine Ausfahrt, als am Boot herumzupolieren.

Zur dritten Kategorie gehören diejenigen, die nur an ihrem Boot arbeiten, wenn sich die ersten Auflösungserscheinungen zeigen. Gesäubert wird nur selten, und Sicherheitsfragen verderben nur den Spaß am Bootsfahren. Es dürfte offensichtlich sein, dass man sich aus dieser dritten Kategorie am besten heraushält: Vernachlässigte Boote sinken nämlich irgendwann.

Die zweite Kategorie dürfte am ehesten anzustreben sein, und die weiter hinten beschriebenen Arbeiten sollen denn auch eine Art Gleichgewicht herstellen zwischen der möglichst perfekten Instandhaltung des Bootes und dem Ziel, auch möglichst oft damit zu fahren.

Sicherheitsaspekte

Die Sicherheitsregeln, die für das Heimwerken gelten, müssen auch – mit einigen zusätzlichen Erwägungen – bei der Arbeit am Boot angewandt werden. Wenn man auf einem schwimmenden Boot arbeitet, gilt es offensichtlich zu vermeiden, dass man sehr nass wird – entweder, weil man das Gleichgewicht verliert oder weil man unterhalb der Wasserlinie ein Loch in den Rumpf bohrt. Am wenigsten gefährdet ist man natürlich bei der Arbeit an Land, wenn das Boot fest aufgestellt ist, sodass es nicht umkippen kann. Leitern und Arbeitsbühnen müssen sicher befestigt sein.

Werkzeug, Ausrüstung und Material tragen Bedienungs- oder Gebrauchsanleitungen auf der Verpackung oder in einem beiliegenden Prospekt. Diese Anleitungen sollte man sorgfältig lesen, obwohl gerade die Hinweise zu Sicherheits- und Gesundheitsgefahren oft irritierend offensichtliche Banalitäten umfassen. Mitten zwischen wichtigtuerischen Anmerkungen wie »Achten Sie darauf, sich mit scharfen Gegenständen keine Schnittverletzungen zuzufügen« stehen weniger offensichtliche, aber wichtige Warnhinweise, die unbedingt zu beachten sind. Es geht nicht nur um die Sicherheit – manche Menschen handeln nach der Devise, »wenn alles andere nicht funktioniert, kann ich ja noch die Gebrauchsanweisung lesen« – sondern auch darum, dass die fehlerhafte Verwendung und Verschwendung teurer Reparaturmaterialien und das falsche Anbringen teurer Ausrüstungsgegenstände finanzielle und gesundheitliche Folgen haben können.

Wie bereits gesagt, wenden die Versicherungen strengere Bestimmungen für die Qualität von Instandhaltungsmaßnahmen an. Unter anderem wird in den Policen verstärkt darauf verwiesen, dass den von den Herstellern mitgelieferten Anweisungen zu Boot, Ausrüstung und Materialien Folge zu leisten ist. In den folgenden Kapiteln wird deshalb immer wieder darauf verwiesen.

Auf diesen Reinigungsmittelbehältern wird deutlich auf Gefahren hingewiesen, aber man muss auch die Gesundheits- und Sicherheitshinweise lesen, die sich oft im Kleingedruckten auf Etiketten, in Broschüren und auf den Webseiten der Hersteller finden.

Spezialchemikalien, wie sie in Produkten für Boote verwendet werden, können giftig sein; deshalb müssen die Anleitungen peinlich genau befolgt werden.

Geeignete Masken, Overalls, Schutzbrillen, Handschuhe und Gehörschutz sind zu tragen, so unbequem das auch sein mag. Die Chemikalien in Reparaturmitteln für Boote sind oft stärker und schädlicher als die in den entsprechenden Heimwerkerprodukten. Beispiele dafür sind giftige Dämpfe und der Staub beim Aufbringen und Schleifen von Epoxidharzen, und eine Antifoulingfarbe muss schon vom Verwendungszweck her schädliche Gifte enthalten, weil sie ja gegen lebende Organismen wirken soll.

Um die Umwelt vor solchen Schadstoffen zu schützen, gehört eine Plane oder Persenning unter das Boot, auf der sich alles sammelt, was bei der Arbeit herunterfällt oder -tropft. All das muss dann als Sondermüll entsorgt werden. Werften, Marinas und Vereine verfügen zunehmend über entsprechende Sammelstellen.

Manche Bootswerften erlauben auf ihrem Gelände Arbeiten am eigenen Boot; dann hat man Fachleute und Material schnell zur Hand.

Selbst Hand anlegen oder nicht?

Arbeiten an Strom-, Gas-, Kraftstoff- und Sicherheitsanlagen sollten von einem qualifizierten Fachmann durchgeführt oder abgenommen werden. Gasanlagen müssen von einem geprüften Gas- und Wasserinstallateur eingebaut werden und sollten regelmäßig überprüft werden.

Bei allen anderen, selbst durchgeführten Reparaturarbeiten muss sichergestellt sein, dass das Ergebnis den Belastungen durch Fahrt, Wellen, Strömungen und Crewaktivitäten standhält. Das könnte beispielsweise dadurch geschehen, dass man die Arbeiten von einem Fachmann überprüfen lässt. Wenn die Arbeiten in oder nahe einer Werft mit kooperativen Mitarbeitern stattfinden, ist das vielleicht problemlos zu arrangieren. Diese Mitarbeiter können möglicherweise auch einspringen, wenn die Arbeiten dann doch die eigenen Fähigkeiten übersteigen.

Ein Zelt über dem Boot sorgt für den erforderlichen Wetterschutz.

Wo arbeiten?

In manchen Bootswerften darf man selbst an seinem Boot arbeiten, wenn es auf dem Gelände abgestellt ist. Gegen entsprechende Gebühren stehen dann Strom, Wasser und möglicherweise eine Überdachung und Heizung zur Verfügung. Das hat, wie oben erwähnt, den Vorteil, dass stets Fachleute greifbar sind, die Tipps geben können und notfalls auch selbst Hand anlegen, wenn etwas zu schwierig ist. Ein solches ideales Arrangement ist sehr beruhigend und trägt trotzdem zur Kostenreduzierung bei, wenn man die meisten Arbeiten selbst erledigt.

Wenn man zu Hause den erforderlichen Platz hat und das Boot auf dem Trailer mitnimmt, kann man daran arbeiten, wann immer es passt – Ablenkungen sind allerdings nicht ausgeschlossen, wenn man sich beispielsweise nebenher auch um einen in der Saison vernachlässigten Garten kümmern muss. Wenn keine Garage oder Werkstatt vorhanden ist, kann man auch ein zeltartiges Dach über dem Boot errichten. Dann kann man nicht nur im Trockenen arbeiten, sondern auch ein geeignetes Heizgerät aufstellen.

Das ist nicht unwichtig, denn die meisten Lacke, Harze und Füller benötigen zum Aushärten eine

Mindesttemperatur von zehn Grad, und das kann im Winter im Freien ein Problem werden. Aber Heizgeräte mit offener Flamme müssen in ausreichendem Abstand zum Boot aufgestellt werden, weil viele Reparaturprodukte entflammbare Dämpfe abgeben. Mit heißem Wasser gefüllte Behälter können einen kleinen geschlossenen Raum um eine Reparaturstelle erwärmen, ohne dass Brandgefahr herrscht.

Material und Gerät für Instandhaltungsarbeiten, Reparaturen und Verbesserungen sind beim Schiffsausrüster zu bekommen – zusammen mit dem einen oder anderen Tipp. Viele Schiffsausrüster sind auch im Internet vertreten, sodass man per E-Mail bestellen kann.

Übung macht den Meister

Wer kein Fachmann ist im Umgang mit den ziemlich teuren Farben, Lacken, Füllern, Harzen und anderen Materialien für die Bootsreparatur, sollte die Tipps aus diesem Buch erst einmal an Stellen anwenden, an denen Fehler keine Rolle spielen. So könnte man beispielsweise ein Stück Abfallholz lackieren, das Innere eines Schapps streichen oder Füller, Leim, Harze und dergleichen an unsichtbaren Stellen aufbringen, an denen eine Verstärkung angebracht, aber nicht wichtig ist – etwa in einem Stauraum.

Bevor es nun im Detail um Instandhaltungsarbeiten und Reparaturen geht, folgt noch ein kurzer Überblick darüber, auf welche Weise viele Motorboottypen aus modernen Materialien gebaut werden.

10 MOTORBOOT-KONSTRUKTION, EIGENBAU UND MATERIALIEN

Oben: Der Kajütkreuzer Scintilla, der aus einem Teilesatz gebaut werden kann.

Links: Eine neu gebauter Kajütkreuzer des Typs Viking 20.

Jahrhunderte lang war Holz das traditionelle Bootsbaumaterial, und in der Zeit wurden viele Bücher über Bau, Instandhaltung und Restaurierung von Holzbooten geschrieben. Wir befassen uns hier aber mit neueren Materialien und Methoden sowie ein paar grundlegenden Aspekten des Bootsbaus.

Eine Grundform des Rumpfes wird gesäubert, poliert und mit Harz beschichtet. Anschließend werden Glasfasermatten aufgebracht und mit Harz getränkt.

GFK-Boote

GFK steht für »glasfaserverstärkter Kunststoff«. Der Bootsbau mit GFK erfordert spezielle Formen und kontrollierte Werkstattbedingungen sowie beträchtliche Kenntnisse und Erfahrungen, über die ein Laie kaum verfügen dürfte. Die folgenden Ausführungen sollten jedoch für ein grundlegendes Verständnis des GFK-Baus sorgen. Die Aufnahmen entstanden

Die zum Bau verwendeten Glasfasermatten.

Glasfasermatten werden innen auf die Rumpfform aufgebracht, mit Harz getränkt und mit der Rolle geglättet.

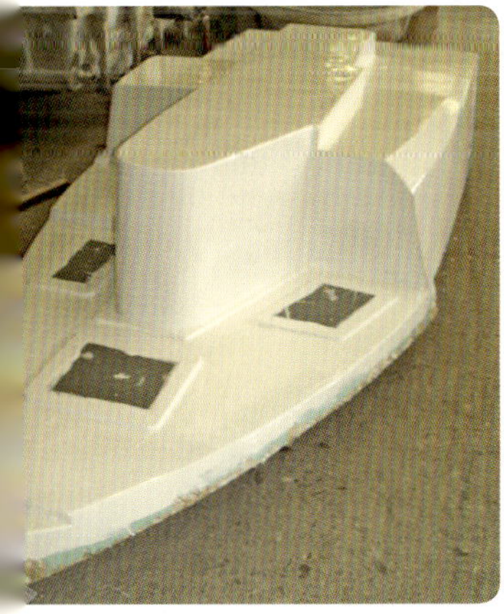

Das Deck und die Innenhaut werden auf dieselbe Weise mit entsprechenden Formen produziert.

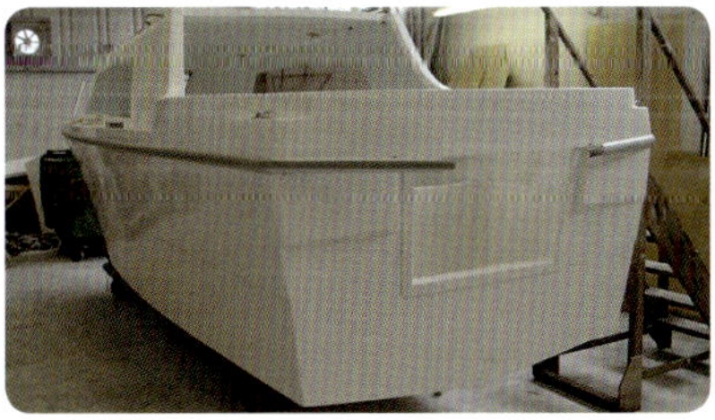

Das Deck und weitere Komponenten werden befestigt und wasserdicht miteinander verbunden, das Boot nimmt Form an.

Es werden Schotten aus Sperrholz und alle erforderlichen Beschläge installiert.

Das Cockpitdach mit Gestänge wird eingebaut.

In der Kabine werden Möbel, Polster und Ausrüstung montiert.

Ein komplett ausgebauter Viking-Kajütkreuzer liegt für einen neuen Eigner bereit.

beim Bau von Viking-Kajütkreuzern mit Hilfe von David Taylor von der Firma Riverside Marine and Leisure Ltd.

Die Europäische Sportbootrichtlinie und der Eigenbau

Die EU-Sportbootrichtlinie gilt auch für selbst gebaute Boote, wenn sie binnen fünf Jahren nach Fertigstellung verkauft werden. Da man ja vorher nicht weiß, ob man das Boot in dieser Zeit verkauft, muss man sich mit den Bestimmungen der Richtlinie vertraut machen.
Ein künftiger Käufer wird die erforderlichen Unterlagen sehen wollen, und man muss mit einer hohen Geldstrafe rechnen, wenn man ein ab Juni 1998 gebautes Boot, das der Richtlinie unterliegt, ohne entsprechenden Konformitätsnachweis verkauft. Wie erwähnt, ändern sich die Bestimmungen von Zeit zu Zeit; eine konsolidierte Fassung von 2008 ist zu finden unter *http://www.bootsbaurecht.de/fileadmin/dokumente/PDF/Boot/94-25-EU-konsolidiert2008.pdf.* Die Lieferanten von Bausätzen und Booten für den Selbstausbau können Hinweise zu den Bestimmungen geben und möglicherweise einen Großteil der Arbeit im Blick auf die Konformität erledigen. Auf jeden Fall sollte man vor einer Bestellung danach fragen.

Stahl, Aluminium, Holz und Eigenbau

Die Mehrheit aller Motorboote besteht zwar aus GFK, aber es wird auch eine beträchtliche Anzahl aus Stahl sowie Holz und Aluminium gebaut. Die folgenden Bilder zeigen verschiedene Phasen der Konstruktion von Motorbooten nach Plänen von Bruce Roberts, die auch für Eigenbauprojekte verwendet werden können. Die gesamte Palette von Roberts' Plänen und viele Informationen über Eigenbauprojekte sind auf seiner Webseite *http://www.bruceroberts.com* zu finden.

Wer geschickt ist im Umgang mit Metall und bereits oder willens ist, sich die entsprechenden Fä-

Wie viele Konstruktionen von Bruce Roberts kann das hier gezeigte Boot aus Stahl oder aus Aluminium gebaut werden. Die folgenden Aufnahmen des Typs Coastwalker stammen von Bruce Roberts und zeigen einige der Bauphasen.

Spanten und Stringer werden montiert und mit Aluminium- oder Stahlplatten beplankt.

Der Rumpf wird umgedreht, damit der Innenausbau beginnen kann.

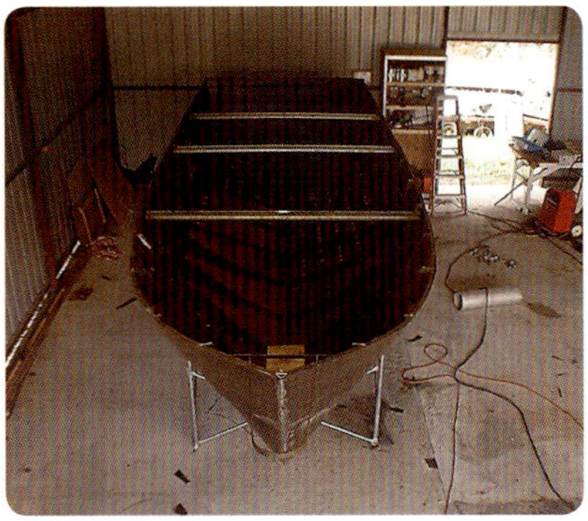

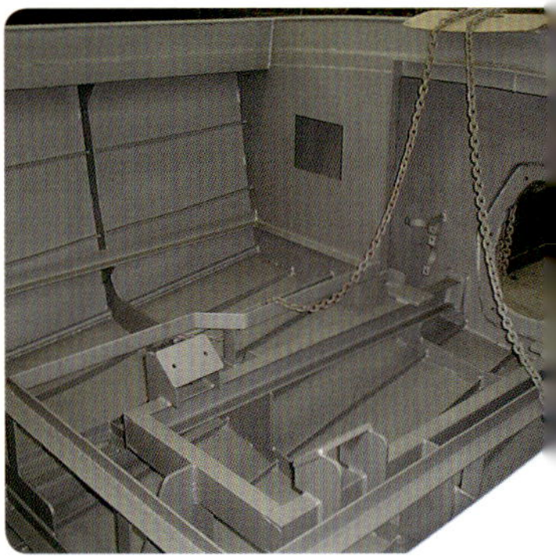

Diese fünf Fotos zeigen weitere Phasen im Bau des Rumpfes, diesmal aus Stahl.

higkeiten im Schweißen und anderen Techniken anzueignen, ist vielleicht an einem Eigenbau mit diesen Materialien interessiert, aber auch wenn das nicht der Fall sein sollte, erhält man mit den folgenden Bildern ein paar nützliche Einblicke in weitere Aspekte des Bootsbaus. Das wird sich als nützlich erweisen, wenn man ein Boot vor dem Kauf inspiziert oder wenn man mit der Reparatur und Instandhaltung derartiger Boote beschäftigt ist.

Eigenbau mit Bootsbausperrholz und Epoxidharz

Für Bootsbauprojekte mit Sperrholz gibt es jede Menge Pläne. Davon ist zwar eine große Zahl für Segelboote bestimmt, die aber natürlich auch mit Motor ausgerüstet werden können. Pläne, Spezifikationen, Bausätze und Anweisungen für den Bau solcher Holzboote können bei den entsprechenden Lieferanten erworben werden. Es gibt auch ein paar Pläne für den Bau kleiner Motorboote aus Bootsbausperrholz.

Bausätze

Im Vergleich zu den Kosten eines neuen Bootes kann man mit einem Eigenbau aus Bausätzen eine Menge Geld sparen. Zu den beim Bau von Holzbooten verwendeten Kunstharzen gehören Polyesterharz, wie es meistens für GFK-Boote verwendet wird, und Epoxidharz, das bessere Hafteigenschaften aufweist und wasserfester ist. Die grundlegende Anwendungsmethode besteht darin, das Harz und den mitgelieferten Härter nach den Angaben des Herstellers zu mischen. Wie schnell das Gemisch aushärtet, ist in der Regel abhängig von der Temperatur, der Luftfeuchtigkeit und dem Mischungsverhältnis. Bei den Harzen gibt es verschiedene Produkte mit einer breiten Palette an Klebern und Füllern.

Die folgende Bildreihe illustriert den Bau von Booten aus vorgefertigten Sperrholzteilen, Epoxidharz und verschiedenen Holzarten durch Simon Tomlinson und Max Campbell bei der Firma *Whisper Boats* (*www.whisperboats.co.uk*). Diese Firma stellt eine ganze Reihe von Bootsbausätzen her, darunter den Kajütkreuzer *Scintilla* und den Typ *Secret*, der als Motor- oder als Segelboot genutzt werden kann.

Fertigstellung von Teilkonstruktionen

Eine weitere Möglichkeit besteht darin, eine Teilkonstruktion zu kaufen, sie selbst auszubauen und damit die Lohnkosten zu sparen, die im Preis eines neuen Bootes enthalten sind. Das ist eine Alternative für alle, denen die Zeit oder die Lust fehlt, nach Plan zu bauen oder einen Bausatz zu kaufen. Außerdem bekommt man auf diese Weise möglicherweise ein Boot mit GFK-Rumpf!

Allerdings muss man bei vielen Bootsbauern anfragen, ob sie anstelle eines kompletten ein teilweise fertiggestelltes Boot liefern können. Vielleicht gibt es Boote in verschiedenen Ausbaustufen zu unterschiedlichsten Preisen.

Ausrüstung nicht enthalten

Bei der Kalkulation der Gesamtkosten von Bausatzbooten und Teilkonstruktionen muss man auch an den Preis der nicht enthaltenen Ausrüstung wie Außen- oder Innenbordmotor, Steueranlage, Anker, Tauwerk, Sitzkissen, Cockpitverdeck u.a. denken.

Diese Bilder wurden freundlicherweise bereitgestellt von Max Campbell und Simon Tomlinson.

Bootsbausätze umfassen eine große Zahl von Hartholzteilen, die passend zugeschnitten sind. Hier sind sie in der Transportkiste zu sehen.

Die Boote werden »von unten nach oben« aufgebaut, beginnend mit dem fertigen Kiel, der hier links zu sehen ist.

Die Sperrholzteile sind zugeschnitten und werden durch kleine Verbindungsstücke zusammengehalten, die der Bootsbauer nur herauszusägen braucht. Die hier gezeigte Platte umfasst zwei Vollspanten, einen Halbspant und die eine Seite des Bodens für den Ankerkasten.

In den Spanten befinden sich Schlitze, die zu den entsprechenden Schlitzen in den Längselementen passen. Die Spanten werden in fertige Schlitze im Kiel gesteckt, sodass das Boot schnell Form annimmt.

Hier treffen Deckstringer und Vordeckstütze zusammen. Überall wo zwei Sperrholzelemente verzahnt sind, werden sie mit Epoxidharz verklebt.

Wenn die oberen Teile der Außenhaut angebracht sind, wird das Boot umgedreht, damit die Bodenbeplankung montiert werden kann. Anschließend wird der Rumpf mit Epoxidspachtel überzogen. Glasfasermatten sorgen für zusätzliche strukturelle Verstärkungen und bessere Abriebfestigkeit, und das Epoxidharz ist immun gegen Osmoseprobleme, wie sie bei den meisten Harzen aus der GFK-Bootsproduktion auftreten.

Das Bausatzboot *Secret* kann als Motorbarkasse oder als Motorsegler verwendet werden.

Die Kajüte wurde mit Silky Oak, einer australischen Holzart, gebaut und furniert. Dieses Furnier ist 4–5 mm dick und verbessert die strukturelle Festigkeit.

11

RUMPF UND DECK

Reinigen, polieren und konservieren

Obgleich GFK-Boote manchmal als »wartungsfrei« bezeichnet werden, müssen sie gereinigt und poliert werden. Oberflächlicher Schmutz kann mit Wasser und Wischlappen beseitigt werden. Wasserschlauch und Hochdruckreiniger sind erlaubt, aber dabei muss man aufpassen, dass kein Wasser in Lüftungen oder durch andere Öffnungen wie Lukendeckel ins Boot eindringt. Außerdem können die Dichtungen an Fenstern und Beschlägen durch den Wasserstrahl aus Hochdruckreinigern beschädigt werden.

Bei hartnäckigerem Schmutz und bei Flecken muss man zu Reinigungsmitteln greifen. Auch dabei ist Vorsicht angebracht, und sie müssen nach Gebrauch sofort abgewaschen werden, weil bei manchen chemischen Mitteln die Gefahr besteht, dass sie das Gelcoat angreifen, wenn sie darauf eintrocknen.

Grünalgen wachsen auf GFK sehr schnell, wenn es warm und feucht ist. Von glatten Flächen kann man sie abwaschen, aber auf einem rutschfesten Belag hilft oft auch heftiges Schrubben kaum. Zum Beseitigen gibt es verschiedene Mittel, darunter auch »Simply Gone«, das die Algen tatsächlich abtötet, das Entfernen viel leichter macht und einen Neubewuchs zu verhindern hilft. Laut Werbung kann es auf Bootsoberflächen zurückbleiben, ohne Schaden anzurichten. Das Mittel wird als Konzent-

Die Oberflächen eines GFK-Bootes sind nicht völlig wartungsfrei. Sie müssen gereinigt und poliert werden, um in gutem Zustand zu bleiben.

»Simply Gone« beseitigt Algenbewuchs.

Unten: **Dicker Bewuchs auf einem vernachlässigten Boot kann mit »Simply Gone« beseitigt werden.**

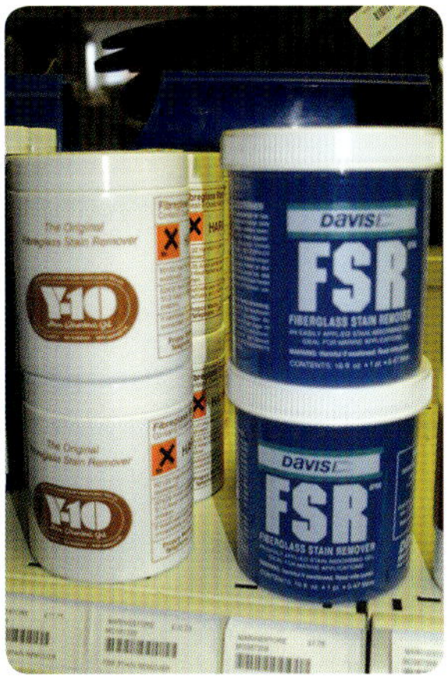

Spezialmittel zum Entfernen von Rostflecken und gelben Flecken entlang der Wasserlinie.

Y-10 auf den Fleck auftragen.

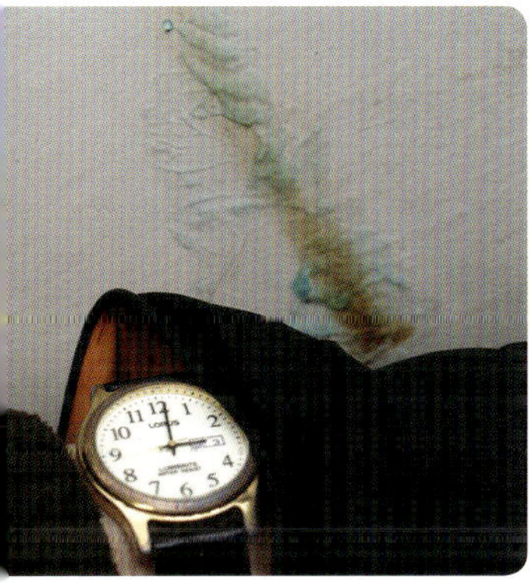
Ein paar Minuten einwirken lassen.

Gel mit dem Pinsel durcharbeiten.

Sorgfältig abspülen.

rat verkauft, das nach Anweisung zu verdünnen ist und dann per Sprühflasche oder Bürste auf die Algen aufgetragen wird. Nach einigen Tagen sterben die Algen ab und werden schwarz. Sie lassen sich dann leicht entfernen und werden möglicherweise sogar ohne jedes Schrubben vom Regen abgewaschen. Wer das Mittel vor Ort nicht bekommt, kann es über die Webseite *http://www.simplygone.com* bestellen.

Besonders hartnäckige Flecken treten an und unmittelbar über das Wasserlinie auf. Ein Produkt namens »Y-10 Stain Absorbent Gel« beseitigt diese Flecken und auch Roststellen an Deck. Es enthält giftige Oxalsäure, sodass man wie bei der Arbeit mit allen Chemikalien geeignete Handschuhe tragen muss. Das Mittel wird einfach mit einem breiten Pinsel aufgetragen und muss ein paar Minuten ein-

Reinigen und Polieren brachten den Glanz auf diesem 25 Jahre alten ehemaligen Boot des Autors zurück. Durch diese Arbeiten sieht das Boot nicht nur wieder gut auch, sondern ist auch an der Oberfläche gegen Oxidation geschützt.

Abspritzen und Wischen tragen dazu bei, das Gelcoat und die rutschfesten Flächen in gutem Zustand zu halten.

Oxidation und Kratzer an einem alten Boot.

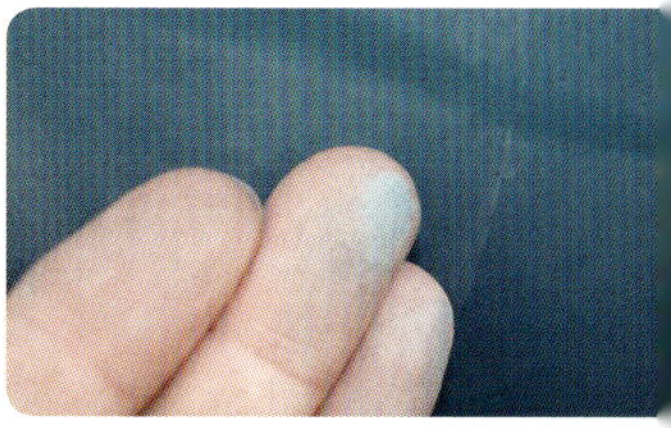

Bei Oxidation bildet sich ein kalkiges Pulver, das an den Fingern haften bleibt.

wirken; dann verschwinden die Flecken ohne jedes Schrubben wie von Zauberhand – möglicherweise muss man das Gel allerdings noch etwas verstreichen, um wirklich auch das letzte Fleckchen zu beseitigen. Anschließend werden die Stellen sorgfältig abgespült. Das Mittel soll aufgrund seiner Rezeptur zwar keine Schäden an GFK und lackierten Flächen hinterlassen, aber es ist generell nicht anzuraten, Säure auf dem Gelcoat zu belassen.

Oxidation

Der Rumpf über der Wasserlinie und die GFK-Decks verlieren ihren Glanz und verfärben sich, wenn das Boot älter wird. Neben dem Sonnenlicht als Hauptursache tragen Abrieb, Schmutz und Salzwasser dazu bei.

Ein kleines Motorboot, das auf einem Trailer transportiert wird, kann nach jeder Fahrt mit Frischwasser abgespült werden. Ein geeignetes Polierwachs schützt das Gelcoat und verleiht ihm Glanz. Gleichzeitig reduziert es den Wasserwiderstand und steigert die Fahrt durchs Wasser. Eine Persenning schützt das Boot auf dem Trailer vor der Sonne. Ein Kajütkreuzer an einem Liegeplatz im Wasser lässt sich natürlich nicht so einfach abspülen und abdecken und muss deshalb poliert werden, wenn die Oberflächen geschützt und ihr Glanz wieder hergestellt werden sollen.

Wenn das Boot langsam älter wird, führt der Prozess der Oxidation dazu, dass das Gelcoat etwas rauer wird und farbige Flächen Schlieren bekommen. Eine leichte bis mittlere Oxidation zeigt sich in einem stumpfen Aussehen, das sich mit Politur nicht mehr beseitigen lässt; die Fläche reflektiert in diesem Stadium nicht mehr. Schwere Oxidation macht sich als kalkiges Pulver bemerkbar, das man mit den Fingern abwischen kann.

Wenn sich der ursprüngliche Glanz mit Polieren nicht mehr wiederherstellen lässt, hilft möglicherweise ein Oxidationsentferner.

Diese Mittel sind in verschiedenen Stärken verfügbar. Da sie eine dünne Schicht vom Gelcoat abtragen, sollte man kein Mittel verwenden, das stärker als nötig ist. Aus den Hinweisen auf dem Entferner geht hervor, wie er anzuwenden ist und ob die betroffene Fläche einrieben werden muss, bis er verschwindet, oder ob sie trocknen muss, bevor er abgerieben wird. Das verwendete Tuch muss je nach Abrieb häufig gegen ein sauberes getauscht werden, damit die bearbeitete Fläche keine Kratzer bekommt.

Diese Arbeit kostet eine Menge Kraft und Energie, sodass man sich nur eine Bootsseite auf einmal vornehmen sollte, um mit der restlichen Energie das frisch restaurierte Gelcoat zu polieren. Das muss nämlich möglichst schnell geschehen, damit der neue Glanz konserviert wird. Bei Verwendung einer elektrischen Poliermaschine muss man darauf ach-

Schleifmittel gegen Oxidation mit kreisenden Bewegungen auftragen.

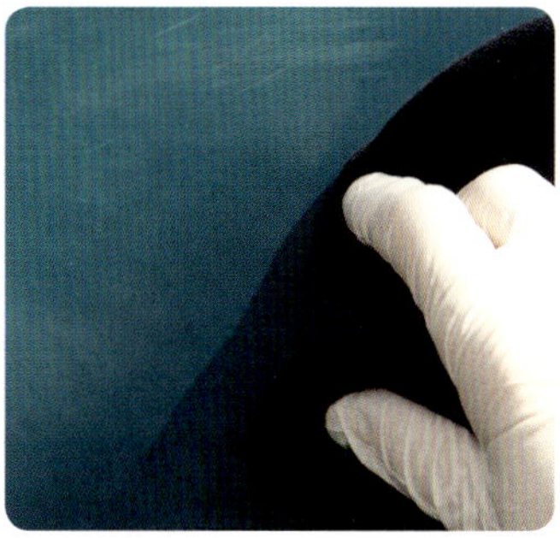

Die weißliche Schicht mit einem Tuch abtragen.

Abschließend mit Politurwachs behandeln.

ten, dass der rotierende Kopf in Bewegung bleibt, damit sich keine Reibungshitze bildet, die das Gelcoat schädigen könnte.

Das Beseitigen von Oxidation ist zwar harte Arbeit, lohnt sich aber mehr als vieles andere, weil das Boot anschließend wieder in seinem früheren Glanz erstrahlt.

Beim Polieren darf keine Politur auf die rutschfesten Flächen kommen, die begangen werden. Diese Flächen schrubbt man am besten mit Wasser und etwas Reinigungsmittel ab. Wenn sie mit Politur behandelt werden, gleiten anschließend die Füße schneller über das Boot als der Rest des Körpers – mit unangenehmen Folgen ...

Bootspolitur sollte eine erneute Oxidation hinauszögern oder sogar verhindern. Das ist ziemlich wichtig, weil mit jeder Verwendung eines schmirgelnden Mittels zur Oxidationsbeseitigung das Gelcoat etwas dünner wird. Da es aber von Anfang an nicht sehr dick ist, darf der Vorgang natürlich nicht zu oft wiederholt werden.

Politur schützt vor weiterer Oxidation.

Lackieren oder nicht lackieren?

Statt das Gelcoat zu restaurieren und zu polieren, kann man es auch lackieren. Bei einem alten Boot sollte man jedoch zunächst an einer kleinen Stelle ausprobieren, ob die oben beschriebene Restaurierungsmethode funktioniert, bevor man sich dazu entschließt, den ganzen Rumpf zu streichen. Es kann nämlich durchaus sein, dass das Gelcoat bei einem alten Boot nicht mehr darauf reagiert. Möglicherweise ist es schon an so vielen Stellen abgescheuert, zerkratzt und repariert worden, dass sich die Arbeit gar nicht mehr lohnt. Das muss das gealterte Gelcoat lackiert werden, um sein Aussehen zu verbessern und ihm wieder den nötigen Schutz zu verleihen.

GFK lackieren

Wie bei allen Malerarbeiten liegt der Schlüssel zum Erfolg in der sorgfältigen Vorbereitung und Grundierung des Untergrunds. Das kann bis zu achtzig Prozent der Gesamtzeit in Anspruch nehmen. Vor Beginn der Arbeiten sollte man die Sicherheitsdatenblätter lesen, die alle Lackhersteller herausgeben und meistens auch auf ihren Internetseiten veröffentlichen.

Wahl des Lacks

Die besten Ergebnisse im Rumpfbereich oberhalb der Wasserlinie erzielt man in der Regel mit einem

Oberfläche gründlich abwaschen und nachspülen.

Mit Terpentinersatz Fett und Schmutz beseitigen.

Zweikomponenten-Polyurethanlack. Bei der Farbe kann man sich natürlich nach dem eigenen Geschmack richten und sie passend oder komplementär zu anderen Farben auf dem Boot, z. B. bei Cockpitdach oder Polstern, wählen. In der Praxis muss man aber davon ausgehen, dass der Lack Kratzer bekommt. Diese Art von Lack ist zwar hart, wird aber nur in einer dünnen Schicht aufgetragen und kann sich mit der Zeit abnutzen. Die betroffenen Stellen lassen sich zwar ausbessern, aber wenn man eine Farbe verwendet, die sich deutlich von der des Gelcoats abhebt, sind Kratzer o. ä. immer sofort zu sehen.

Die folgenden Webseiten bieten Hilfen zur Wahl von Bootslacken:

- *http://www.yachtpaint.com/germany/*
- *http://www.sigmacoatings.de*

Vorbereitung

Alle Beschläge werden abgeklebt, Typenschilder abgeschraubt und Beschriftungen abgeschliffen oder -gezogen. Klebstoffreste müssen entfernt werden.

Spachtelmasse mit der entsprechenden Menge Härter mischen.

Diese Spachtelmasse wird gleichmäßig grau, wenn sie vollständig durchgemischt ist.

Kratzer ausspachteln und überschüssige Spachtelmasse abschleifen.

Die Oberfläche muss abgewaschen werden, wenn noch Schmutz oder Schleifstaub daran haftet. Bei großen Flächen kann man mit einem Hochdruckreiniger arbeiten.

An Stellen, die nicht lackiert werden sollen, kann man farblich passenden Gelcoatspachtel als Deckschicht auftragen.

Klebebeschriftungen oder -verzierungen müssen abgezogen oder vorsichtig abgekratzt werden.

Für das Schleifen der gesamten Fläche kann man einen Schwingschleifer nehmen, muss aber mit wenig Druck arbeiten, um das Gelcoat nicht zu beschädigen. Wenn das Gelcoat aber dünn ist und die Gefahr besteht, bis auf das Glasfasergewebe abzuschleifen, sollte man lieber von Hand schleifen.

Nacktes Gelcoat muss sorgfältig gesäubert und vorbehandelt werden, damit keinerlei Schmutz und Spuren von Wachs- oder Silikonpolitur mehr vorhanden sind. Dazu nimmt man einen handelsüblichen Bootsreiniger wie »International Super Cleaner«. Dieser wird mit einem Schwamm auf den ganzen Rumpf aufgetragen, der anschließend mit Frischwasser abgewaschen wird und trocknen muss.

Kratzer und andere Schäden können jetzt oder nach dem ersten Farbauftrag mit Epoxidspachtel ausgeglichen werden. Für den Umgang mit der Spachtelmasse sind geeignete Handschuhe zu empfehlen.

Bei Schleifarbeiten muss man eine Schutzbrille und eine geeignete Atemschutzmaske tragen, die dicht anliegt und alle giftigen Dämpfe und Stäube ausfiltert.

Die zu spachtelnden Bereiche werden mit 240er-Schleifpapier geschliffen. Den Schleifstaub abwischen. Die Spachtelmasse nach den Anweisungen auf der Verpackung anmischen und mit einem geeigneten Spachtel auftragen. Nach dem Aushärten glatt schleifen.

Als nächstes wird der gesamte Rumpf abgeschliffen. Dazu könnte man einen Schwingschleifer verwenden, aber das Abschleifen von Gelcoat ist etwas anderes, als Holz zu schleifen, wo es keine Rolle spielt, wenn man etwas zu tief gerät. Wenn man bei Gelcoat nämlich zu viel Druck ausübt, besteht die Gefahr, die darunter liegenden Glasfasermatten freizulegen. Daher ist es sicherer, wenn man alles leicht von Hand schleift.

Schleifstaub mit einer feinen Bürste entfernen und die Oberfläche wie vorher abwaschen und trocknen lassen. Wenn noch Kratzer vorhanden sind, werden sie jetzt wie beschrieben ausgespachtelt.

Nun wird der Rumpf entlang der Wasserlinie in Vorbereitung auf die Grundierung abgeklebt. Das Klebeband muss sorgsam ausgewählt werden. Die billigeren Sorten müssen schnell wieder entfernt werden, weil der Klebstoff sonst zu fest am Rumpf

Bei Zweikomponenten-Lacken wird die Farbe sorgfältig umgerührt und in passender Menge in einen Farbeimer gegeben.

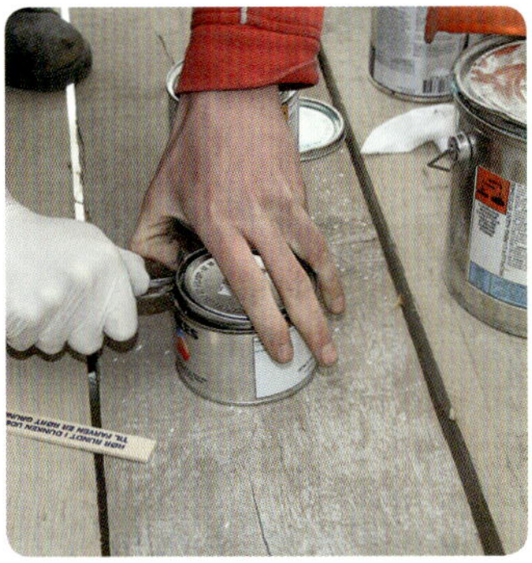

Dann öffnet man die Dose mit dem Härter …

… und gibt die passende Menge in die Farbe.

Beides wird gründlich durchgerührt.

Je nach Anweisungen auf der Dose kann man einen geeigneten Verdünner zusetzen.

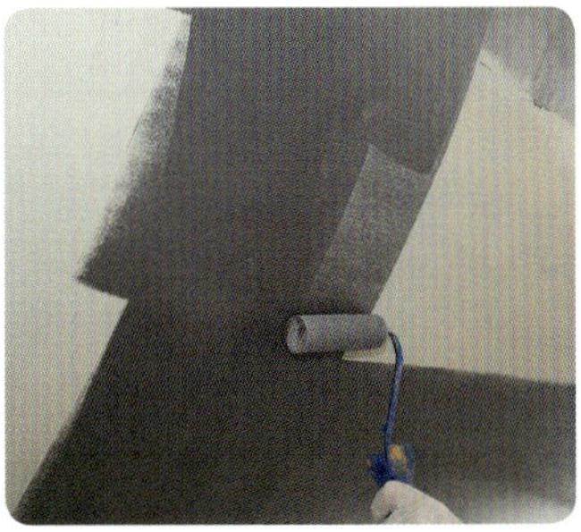

Je nach verwendetem Lacksystem kann vorher eine Grundierung aufgetragen werden.

haftet und das Band sich nur schwer glatt und sauber abziehen lässt. Am besten ist ein Band wie »Scotch® 2090 Malerabdeckband«, das kleben bleiben kann, bis die Arbeit erledigt ist. Für welche Anstricharbeiten ein bestimmtes Band geeignet ist, sollte auf der Verpackung stehen.

Die Grundierung

Die meisten Lacke lassen sich am besten verarbeiten bei einer Temperatur von 10–20°C, Windstille, relativer Luftfeuchtigkeit unter 70 Prozent und Aussicht auf trockenes Wetter in der Trocknungszeit. Wenn es nicht ganz windstill ist, sollte man den Bo-

Man beginnt mit dem Farbauftrag an Stellen, an denen der Übergang zu später aufgetragener Farbe nicht auffällt.

Mit dem Pinsel wird die Farbe zunächst schräg von links nach rechts und rechts nach links aufgetragen und dann von oben nach unten geglättet.

Pinsel in einen zum Lacktyp passenden Reiniger hängen.

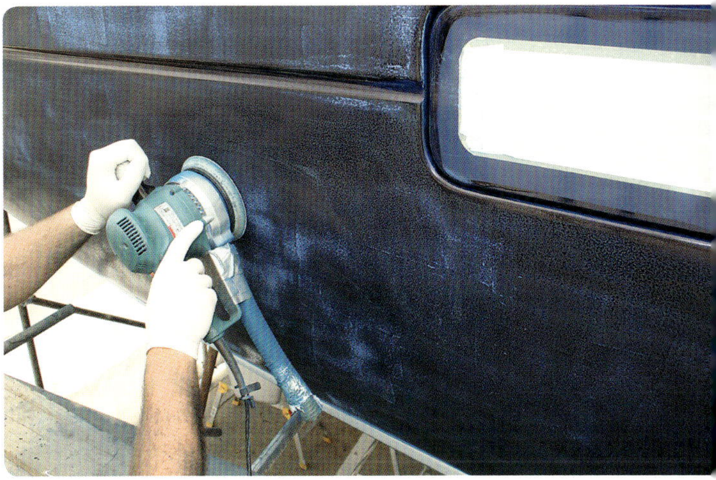

Die Oberfläche nach jedem Farbauftrag leicht anschleifen.

den um das Boot herum anfeuchten, damit kein Staub aufgewirbelt wird.

Man kann den Decklack direkt auf das vorbereitete Gelcoat auftragen, aber als Perfektionist, der das optimale Ergebnis erreichen will, grundiert man die Flächen vorher. Mit zwei Schichten Grundierung vermeidet man Unregelmäßigkeiten und erhält eine gute Farbtiefe. Wenn nach der Grundierung noch Kratzer zu sehen sind, muss man wieder spachteln und schleifen.

Bei einem Zweikomponenten-PU-Lack, der den haltbarsten Deckanstrich ergibt, muss die entsprechende Zweikomponenten-Grundierung nach den Anweisungen zusammengemischt werden. Man rührt die beiden Flüssigkeiten um, misst jeweils die entsprechende Menge ab und mischt sie in einem sauberen Farbtopf aus Metall oder einem Eimer. Der Lack sollte dann zehn Minuten abseits des Boots ruhen, damit eventuell vorhandene Blasen verschwinden. In dieser Zeit könnte man die Fläche noch einmal abwischen, um wirklich jedes Staubkörnchen zu beseitigen.

Es sind schon die reinsten Katastrophen passiert, wenn ein Helfer sich den Basislack geschnappt und aufgetragen hat, ohne vorher den Härter zuzugeben. Um das zu verhindern, muss jeder Helfer wissen, wie die verwendeten Lacke benutzt werden.

Man beginnt mit der Grundierung mit einem Farbroller an Stellen, an denen der Übergang zu später aufgetragener Farbe nicht auffällt – an der Kante des Spiegels oder am Bug. Nachdem ein Abschnitt des Rumpfes gestrichen ist, bearbeitet man die Stelle mit einem breiten Pinsel von oben nach unten nach, um die Farbe gleichmäßig zu verteilen. Läufer las-

Staub mit einem Lappen abwischen.

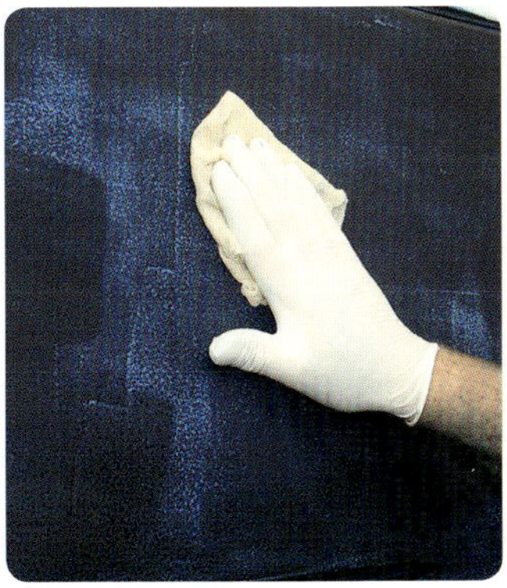

Auftragen der Deckschicht.

Wenn der Lack nach dem Aushärten poliert wird, behält er länger seinen Glanz.

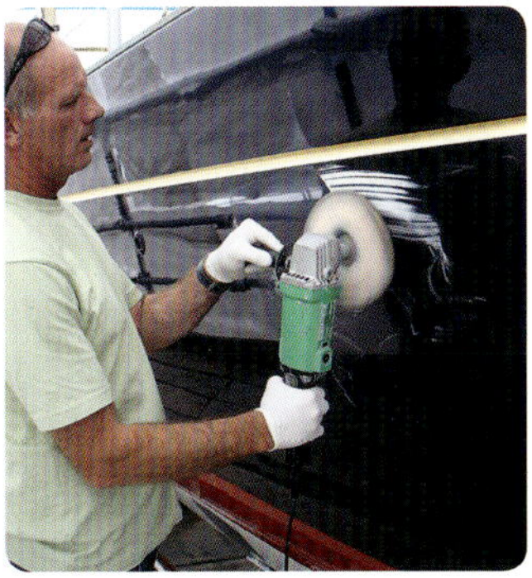

sen sich vermeiden, indem man den Lack nicht zu dick aufträgt, müssen aber, wenn sie doch auftreten, beseitigt werden, bevor sie fest werden.

Am nächsten Rumpfabschnitt wird der Vorgang wiederholt. Die unvermeidlichen Stellen, an denen sich der Farbauftrag mit dem Roller überlappt, werden von oben nach unten mit leichten Pinselstrichen geglättet. Wenn der gesamte Rumpf grundiert ist, muss die Farbe über Nacht trocknen. Die genaue Trocknungszeit ist von der Temperatur abhängig; in der Regel sind entsprechende Hinweise auf dem Farbtopf oder in einem Begleitheft zu finden. Dadurch, dass es nachts kälter wird, könnte sich die Trocknung verzögern.

Der Pinsel wird nach der Arbeit gereinigt und in einen Behälter mit dem für den Lacktyp empfohlenen Reiniger gehängt. Den Farbroller entsorgt man am besten, weil er kaum richtig sauber zu bekommen ist und wahrscheinlich hart wird.

Ein zweite Grundierung nach demselben Prinzip ist zu empfehlen. Nach dem Aushärten ist die Farbschicht dann dick genug, dass man sie leicht anschleifen und abstauben kann und so eine wirklich glatte Oberfläche für die Deckschicht erhält.

Die Deckschicht

Jetzt geht es an das letzte Fünftel der Arbeit. Man rührt erst die Basisfarbe um, gibt dann die erforderliche Menge Härter zu und mischt beides gut durch. Dabei muss man die Mengenangaben beachten – das Verhältnis entspricht nicht notwendigerweise dem der Grundierung. Die Mischung bleibt nun zehn Minuten abgedeckt in einem Metallgefäß stehen, damit eventuell vorhandene Bläschen verschwinden.

Geeigneter Verdünner sollte griffbereit sein für den Fall, dass der Lack verdünnt oder Verschüttetes aufgenommen werden muss. Der Rumpf wird ein letztes Mal abgestaubt.

Jetzt wird der Lack mit Rolle und Pinsel wie bei der Grundierung aufgetragen. Den Pinsel führt man dabei in einem Winkel von 45 Grad zur Oberfläche, damit möglichst wenige Pinselspuren entstehen.

Diese Art Lack trocknet schnell, sodass sich bei Verzögerungen harte Kanten bilden. Deshalb arbeitet man besser zu zweit, wobei einer den Lack mit dem Roller aufträgt, während der andere schnell mit dem Pinsel nacharbeitet, solange der Lack noch feucht ist.

Wenn der Pinsel »schwergängig« über die Fläche gleitet, muss der Lack etwas verdünnt werden, aber um höchstens zehn Prozent. Das kann passieren, wenn es trocken und warm ist.

Der Lack muss über Nacht trocknen. Nun werden mit 400er-Schleifpapier Läufer und Staubkörnchen entfernt und die gesamte Fläche angeschliffen. Der Schleifstaub wird sorgfältig beseitigt.

Anschließend wird die letzte Lackschicht wie vorher aufgebracht. Wenn sie ausgehärtet ist, zieht man vorsichtig das Klebeband ab und bringt die zu Beginn entfernten Beschriftungen wieder auf. Am besten lässt man den Lack eine Woche aushärten, bevor das Boot bewegt wird.

Der glänzende Decklack muss gelegentlich abgewaschen und poliert werden, wie weiter vorn beschrieben wurde.

Bilge streichen

In der Bilge, unten im tiefsten Teil des Rumpfes, sammelt sich unweigerlich Wasser an. Sie sollte zwar möglichst trocken gehalten werden, damit bei einem Holzboot keine Fäule und bei einem GFK-Boot keine Osmose auftritt, aber das ist auf Dauer nicht zu erreichen. Durch Streichen der Bilge hält man Wasser und weniger angenehme Flüssigkeiten von Holz und Kunststoff fern.

Zuerst muss man die Bilge gründlich säubern und alte abblätternde Farbe sowie alle Spuren von Öl und Fett beseitigen – diese Arbeit ist nicht gerade angenehm, trägt aber dazu bei, allen Gerüchen, die von unten aufsteigen, den Garaus zu machen, und wenn die Bilge erst einmal gestrichen ist, lässt sie sich auch leichter säubern.

Vor dem Anstrich muss die Bilge vollkommen trocken sein. Das erreicht man unter anderem mit Absorptionsmitteln oder saugfähigen Materialien. Fast genau so wirkungsvoll wie die teilweise sehr teuren Spezialmittel sind Einmalservietten. Zum Streichen der Bilge werden oft alte Lackreste verwendet, aber weil die Flüssigkeiten und Öle, die sich dort ansammeln, ziemlich schädliche Auswirkungen haben können, greift man besser zu einem speziellen Bilgenlack wie Danboline.

Antifouling-Anstrich

Bei kleinen Motorbooten und Kajütbooten, die an Land überwintert oder nach jeder Fahrt aus dem

Andere Oberflächen streichen

Das Prinzip beim Lackieren ist mit den meisten Lacken und auf den meisten Oberflächen das gleiche wie beim Lackieren von Gelcoat und wird deshalb hier nicht noch einmal aufgezeigt.
Beim Nachlackieren von lackiertem GFK darf man nicht den oben beschriebenen Zweikomponentenlack verwenden, weil es dann Haftungsprobleme gibt. Man nimmt stattdessen einen herkömmlichen Einkomponentenlack, geht aber ansonsten vor wie beschrieben – natürlich ohne das Mischen. Der vorhandene Lack muss fest sein und gründlich gereinigt und angeschliffen werden. Wenn er nicht fest ist, muss er entfernt werden, weil das Überstreichen sonst reine Zeitverschwendung wäre.
Einkomponentenlacke werden normalerweise auf Holz eingesetzt, da sie elastischer sind. Nacktes Holz sollte vor dem Auftragen des Vorlacks noch grundiert werden.
Im Bootsinneren können harte Klarlacke verwendet werden, die den unvermeidlichen Stößen und Kratzern besser widerstehen.
Kiele, Ruder oder Leitflossen aus Stahl können verzinkt sein und brauchen möglicherweise keine Behandlung. Möglicherweise müssen sie aber auch entrostet und mit einer geeigneten Rostschutzfarbe behandelt werden, bevor man sie mit einem speziell für Stahl unter der Wasserlinie vorgesehenen Anstrich überzieht.

Wasser geholt werden, kann man das Unterwasserschiff wie oben lackieren oder das unlackierte Gelcoat polieren und anschließend abspritzen. Bei Kajütkreuzern, die im Wasser bleiben, muss aber der Unterwasserbereich mit einem Antifouling-Mittel gestrichen werden, um zu verhindern, dass sich Algen, Schleim und Muscheln ansetzen, die den Rumpf sonst als ideales Wohngebiet betrachten würden. Ein Antifouling-Anstrich soll sie abschrecken, weil durch den Bewuchs die Rumpfoberfläche rauer und der Wasserwiderstand größer werden, sodass das Boot langsamer wird.

Holzboote werden durch den Antifouling-Anstrich außerdem vor Wasserlebewesen geschützt, die sich in Holz hineinfressen. Als Alternative müss-

Das Streichen der Bilge ist keine angenehme Arbeit, aber eine geeignete Farbe trägt dazu bei, dass sich nicht so schnell Schmutz und Öl oder andere Flüssigkeiten ansammeln.

Schleim, Algen und Muscheln sammeln sich am Rumpf und sollten entfernt werden, solange sie noch nicht getrocknet sind.

te der Rumpf regelmäßig abgeschrubbt werden, aber welcher Eigner will schon jeden Monat oder alle zwei Monate kostbare Fahrtzeit mit dieser mühseligen Arbeit verschwenden?

Ein vernachlässigtes Boot, an dem sich Bewuchs ansammeln konnte, ist mit einer dicken Schicht aus Schleim, Algen und Muscheln überzogen. Aber auch mit einem Antifouling-Anstrich setzt sich an manchen Stellen Bewuchs an. Die Menge ist abhängig von den jeweiligen Gegebenheiten, darunter Wassertemperatur, Lichteinfall und Geschwindigkeit des Wassers, das den Rumpf umfließt.

Bei der Arbeit mit Antifouling-Mitteln ist zu beachten, dass sie Gifte enthalten. Deshalb ist es besonders wichtig, jeden Kontakt damit zu vermeiden. Zu den Vorsichtsmaßnahmen gehört in jedem Fall, dass man Schutzbekleidung, Schutzbrille, Atemschutz und Handschuhe trägt. Unzureichender Schutz führt zu bleibenden Gesundheitsschäden.

Jeder Bewuchs, der sich zeigt, wenn das Boot aus dem Wasser genommen wird, sollte sofort be-

Mit einem Hochdruckreiniger bekommt man einen Großteil des Bewuchses weg.

seitigt werden, solange er noch nass ist. Mancher Bewuchs wird hart wie Beton, wenn er erst einmal getrocknet ist. Ihn mit Schlauch und Schrubber oder einem Hochdruckreiniger sofort zu entfernen, ist allemal besser, als ihn später mühsam abkratzen zu müssen. Wer sein Boot in Abwesenheit bei einer Werft aufslippen lässt, gibt am besten gleich den Auftrag, auch das Unterwasserschiff abzuwaschen.

Welches Antifouling-Mittel man wählt, hängt davon ab, wo das Boot genutzt wird. In Süßwasser wollen sich andere Lebewesen am Rumpf festsetzen als in Salzwasser. Das Mittel muss außerdem die gewünschte Wirkung zeigen. Die Gifte in der Antifouling-Farbe sind darauf ausgelegt, einen Bewuchs zu verhindern. Die »weicheren« Antifouling-Mittel lösen sich nach und nach in dünnen Schichten ab und nehmen dabei den Bewuchs mit ins Wasser.

Beim Umgang mit Antifouling-Anstrichen muss man ausreichende Schutzkleidung tragen.

Es gibt eine breite Palette von Antifouling-Mitteln für die verschiedensten Gegebenheiten

»Härtere« Mittel halten länger und können teilweise sauberpoliert werden. Bei kleinen Kajütbooten, die an Land überwintert werden, finden häufiger die weicheren erodierenden Mittel Anwendung. Diese Art ist billiger und im Frühjahr vor Saisonbeginn leichter aufzubringen.

In der Regel erfolgt der Antifouling-Anstrich nicht früher als eine oder zwei Wochen vor dem Abslippen. Die Farbe muss zwar trocken sein, wenn das Boot eingewassert wird, braucht vielfach aber auch binnen einer vom Hersteller angegebenen Zeit Kontakt mit dem Wasser, um wirken zu können.

Wenn sich mehrere Schichten Antifouling-Farbe angesammelt haben, müssen möglicherweise alle entfernt werden.

Eine neue Antifouling-Beschichtung ist bereit, ihre Aufgabe zu erfüllen.

Die Wasserlinie wird mit Klebeband abgeklebt. Opferanoden am Rumpf müssen überklebt werden, weil ein Anstrich ihre Wirkung zunichte machen würde.

Wenn man das Antifouling-Mittel vor der Verwendung bei Raumtemperatur aufbewahrt, ist es leichter zu verarbeiten. Diese Art von Farbe unterscheidet sich von anderen insofern, als sie schwere Bestandteile enthält. Leicht verdünnt – um höchstens zehn Prozent – lässt sie sich leichter auftragen. Verwenden sollte man den auf der Dose angegebenen Verdünner.

Die Farbe muss vor und während der Verarbeitung gründlich durchgerührt werden, weil sich sonst die schweren Substanzen am Boden absetzen. Sie wird normalerweise mit einem Farbroller aufgetragen, weil man damit die großen Flächen schnell schafft. Als Alternative kommt ein großer, breiter Pinsel infrage. Es werden in der Regel zwei Schichten empfohlen und eine zusätzliche Schicht an den Stellen, an denen die Farbe durch Turbulenzen abgetragen wird und sich am schnellsten Bewuchs bildet, beispielsweise an Kanten, entlang der Wasserlinie sowie an Kiel und Ruder.

Überstreichen mit Antifouling-Farbe

Die meisten dieser Farben können auf vorhandenes Antifouling aufgebracht werden, aber das sollte man vorsichtshalber in den Angaben der Hersteller nachprüfen. Wenn man gerade ein Boot gekauft hat, versucht man am besten herauszufinden, welches Mittel der Vorbesitzer verwendet hat. Wenn das nicht geht, trägt man zuerst die entsprechende Vorstreichfarbe auf. Natürlich muss der vorhandene Anstrich noch in Ordnung sein, damit man ihn überstreichen kann; falls das nicht der Fall ist, muss er vorher entfernt werden. Für das Entfernen von Antifouling-Farbe gelten die oben beschriebenen Vorsichtsmaßnahmen. *Auf keinen Fall* darf Antifouling trocken abgeschliffen werden – der Staub ist höchst giftig.

Alte Antifouling-Mittel lassen sich in einer kombinierten Aktion mit Schlauch, Hochdruckreiniger und Schaber entfernen, leichter geht es aber mit einem für GFK geeigneten Abbeizmittel wie »International Interstrip«. Möglicherweise muss man eine dicke Schicht Abbeizer auftragen und einige Zeit einwirken lassen, bevor sie abgewaschen wird und die Antifouling-Farbe dabei mitnimmt. Der giftige Schlamm, der beim Abbeizen entsteht, muss ordnungsgemäß entsorgt werden. Viele Marinas und Werften verfügen über entsprechende Sammeltanks mit Hinweisen zur richtigen Entsorgung.

Rutschfeste Flächen an Deck müssen abgeschrubbt werden, damit sie rutschfest bleiben.

Rutschfeste Decksfarbe.

Im Interesse der Sicherheit lässt man größere Schadstellen – besonders unter der Wasserlinie – am besten vom Fachmann reparieren.

Rutschfester Deckslack

Auch mit richtigen Bootsschuhen lebt man auf glänzenden Lackflächen gefährlich, wenn sie feucht sind. An Deck braucht man rutschfeste Flächen, wenn man nicht auf die Nase fallen will, und diese Flächen müssen gesäubert werden, damit sie ihre Wirkung behalten. Das Säubern rutschfester Beläge ist der schwerste Teil der Bootsreinigung, weil sie richtig abgeschrubbt werden müssen, damit sich der Schmutz aus der rauen Oberfläche löst. Es ist aber jede Anstrengung wert, damit die Rutschfestigkeit nicht verloren geht.

An Stellen, an denen rutschfeste Flächen ausgebessert oder erweitert werden sollen, kann man Lack in beliebiger Farbe mit dem Antislip-Additiv von International mischen. Ansonsten enthält das International-Produkt Interdeck, ein Einkomponenten-PU-Lack, bereits einen rutschhemmenden Zusatz.

Man kann dem Lack verschiedene abstumpfende Stoffe beimischen oder feinen Sand auf den noch frischen Lack streuen. Nach dem Trocknen überstreicht man den Sand noch einmal und erhält damit eine raue Oberfläche, die allerdings bei Kontakt ziemliche Hautschäden bewirkt.

Eine weniger raue Oberfläche erzielt man, indem man frischen Lack mit Salz oder Zucker bestreut. Wenn der Lack trocken ist, werden Zucker- oder Salzkörnchen mit Wasser aufgelöst, sodass nur eine leicht angeraute Oberfläche zurückbleibt.

Rutschfestigkeit erreicht man außerdem mit aufklebbaren Matten oder Folien. Die sind leider sehr teuer und lösen sich meistens nach ein paar Jahren.

Schadensbeseitigung an GFK

GFK ist je nach Qualität ein Material, das einiges aushält. Aber wie vorsichtig man mit dem Boot auch umgeht, es kommt bei normaler Nutzung immer mal zu Stößen und Kratzern.

Entscheidungen vor der Reparatur

Kratzer und kleine Löcher kann man als einigermaßen geschickter Heimwerker selbst reparieren. Das gilt auch für größere Schäden oberhalb der Wasserlinie, wenn sichergestellt wird, dass die betreffenden Stellen ausreichend verstärkt werden. Die Beseitigung von Schäden – insbesondere Löchern – unter der Wasserlinie ist eine andere Sache; hierbei muss man sich absolut sicher sein, dass die reparierte Stelle dicht ist und bleibt. Deshalb sollte man die Reparatur unbedingt von einer ausreichend qualifizierten Person überprüfen lassen oder gleich einem Fachmann überlassen.

Reparaturmaterial

Kratzer im Gelcoat können mit einem Zweikomponentenfüller mit passenden Farbpigmenten ausgespachtelt werden. Dabei darf man auf keinen Fall zu Spachtelmasse für Autokarosserien greifen: Es muss ein *Produkt für den Bootsbau* sein, wie es bei Schiffsausrüstern zu bekommen ist.

Tiefe Kratzer, Risse, Rillen und Löcher müssen mit festerem Material repariert werden, beispielsweise mit Expoxidspachtel oder Polyesterharz mit Glasfasern wie bei der ursprünglichen Konstruktion.

Die grundlegende Anwendungsmethode besteht darin, das Harz und den Härter nach den Angaben des Herstellers zu mischen, aufzutragen und nach dem Aushärten glattzuschleifen.

Vor jeder Reparatur müssen Salz und Schmutz entfernt werden und alle Arbeitsbereiche vollkommen trocken und sauber sein. Um keinen Staub einzuatmen, muss man Schutzbrille und -maske anlegen. Des Weiteren ist eine gute Entlüftung erforderlich, weil giftige Gase austreten. Die ideale Arbeitstemperatur beträgt 15–20° C.

Die aufgetragene Spachtelmasse kann mit Zellophan, Frischhaltefolie, Mylarband oder anderen, nicht haftenden Kunststofffolien überzogen werden, damit sie an der Oberfläche schon einigermaßen glatt ist und weniger Schleifarbeit erfordert.

Oberflächliche Kratzer sollten zunächst mit der weiter vorn beschriebenen Methode behandelt werden, statt sie gleich mit Spachtelmasse anzugehen. Wenn das nicht ausreicht, hilft die folgende Methode.

Kratzer und kleinere Makel

Passender Gelcoatspachtel wird angemischt und dünn aufgetragen, sodass er in alle Kratzer und unregelmäßigen Stellen eindringt. Man bringt weiteren Spachtel auf, bis die erforderliche Dicke erreicht ist, und lässt ihn aushärten.

Löcher im Deck reparieren

Die folgende Bildreihe illustriert, wie in einem GFK-Deck Löcher beseitigt werden, die beispielsweise durch die Demontage eines Beschlags entstanden sind. Die Arbeiten wurden von der Werft *Essex Boatyards Ltd.* ausgeführt.

Die Löcher befanden sich im rutschfesten Decksbereich.

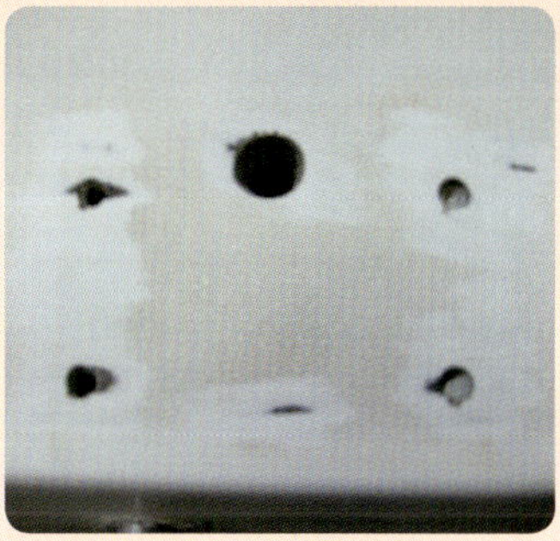

Der zu reparierende Bereich wird gründlich mit Aceton gesäubert. Dabei muss man Handschuhe tragen und beachten, dass Aceton hoch entflammbar ist.

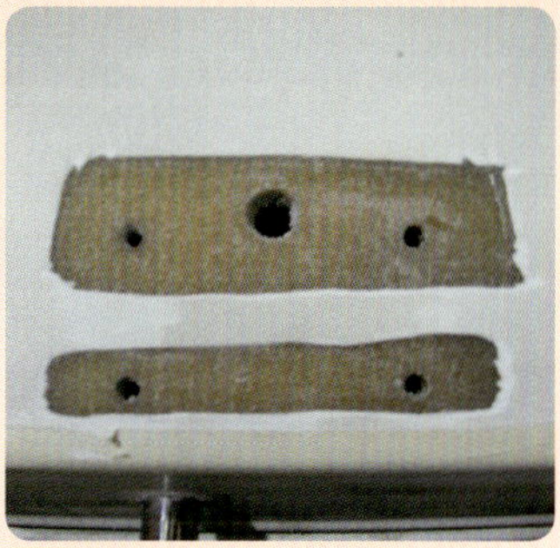

Der Bereich wird leicht mit einem Schleifblock und 40er-Schleifpapier bis auf das saubere GFK abgeschliffen.

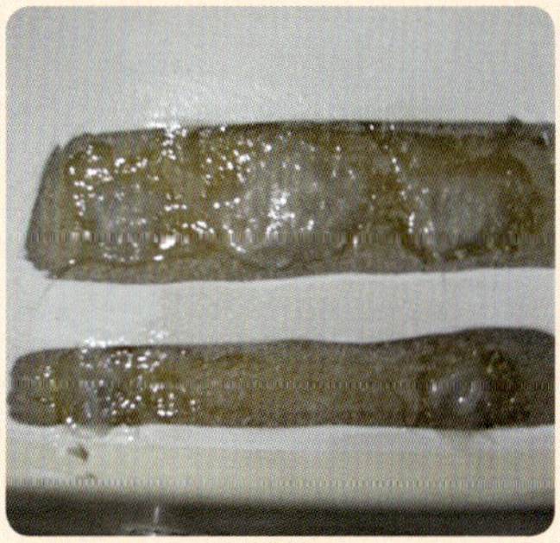

Die Löcher werden mit einer Mischung aus Polyesterharz und in sehr kleine Stücke geschnittenen Glasfasern gefüllt.

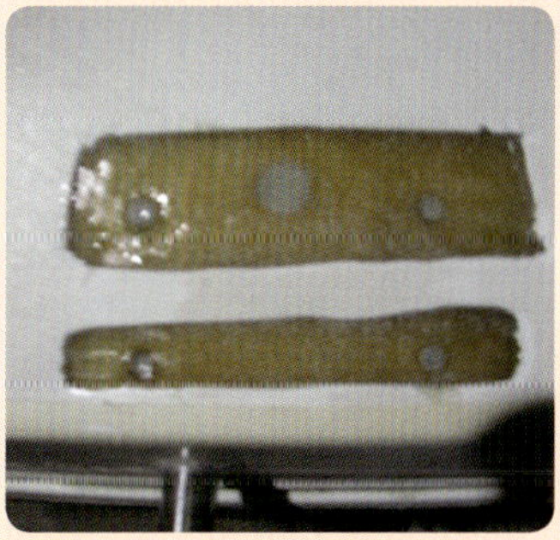

Nach dem Aushärten wird die Spachtelmasse bündig abgeschliffen.

Der Bereich wird mit einer, vorzugsweise aber zwei Lagen mit Harz getränkter Glasseidenmatte bedeckt. Das verhindert eine Rissbildung, wie sie später um alte Reparaturstellen im Gelcoat auftreten könnte. Nach dem Trocknen können die Matten glatt abgeschliffen werden.

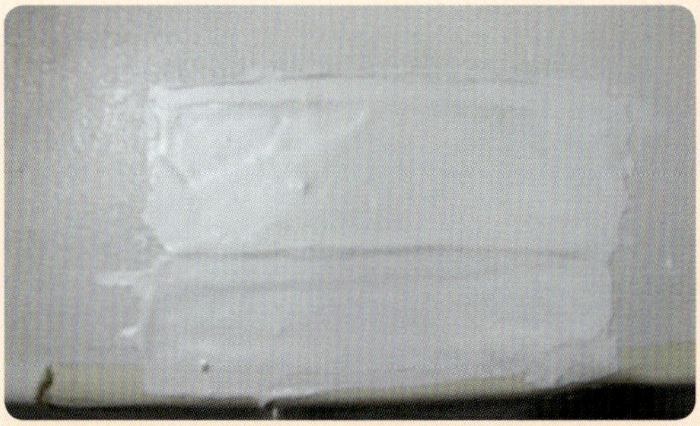

Mit Pinsel oder Spachtel werden zwei Schichten farblich passendes Gelcoat aufgetragen. Die Farbanpassung erreicht man durch Mischen gefärbter Gelpaste oder indem man sich Gel in der richtigen Farbe vom Hersteller besorgt.

Rutschfest wird die Fläche durch Betupfen mit einem harten Pinsel. Wenn die Fläche ein regelmäßiges Muster aufweisen soll, kann man sich in einem anderen Decksbereich eine Schablone anfertigen und in das nasse Gelcoat drücken.

Für Reparaturen muss Bootsbauspachtel verwendet werden.

Anschließend wird die Reparaturstelle mit Trocken- und Nassschleifpapier und viel Wasser glattgeschliffen. Dabei arbeitet man zunächst mit grobem und zuletzt mit feinem Schleifpapier. Wenn noch unregelmäßige Stellen vorhanden sind, werden sie noch einmal ausgespachtelt und nach dem Aushärten geschliffen. Wenn alles zur Zufriedenheit ausgefallen ist, bearbeitet man die Reparaturstelle mit Schleifpaste und anschließend mit Wachspolitur.

Bei solchen Reparaturen ist es meistens zu empfehlen, die betreffenden Stellen innen im Rumpf mit einer oder zwei Lagen mit Harz getränkter Glasseidenmatte zu verstärken. Bei mehreren größeren Löchern nebeneinander muss man den gesamten Bereich auf beiden Seiten mit gründlich mit Harz getränkten Glasseidenmatten verstärken.

Und noch einmal Osmose

Über Osmose und Blasenbildung ist schon in Kapitel 4 gesprochen worden, sodass hoffentlich niemand auf die Idee gekommen ist, ein Boot mit vielen Blasen im Gelcoat zu kaufen.

Die beste Möglichkeit, Blasenbildung bei einem GFK-Boot zu verhindern, besteht darin, es vom Wasser fernzuhalten! Aber angesichts der steigenden Tendenz, die Boote das ganze Jahr über in geschützten und sicheren Marinas im Wasser zu belassen, werden immer weniger Boote an Land überwintert. Dabei wäre es wichtig, dass der Rumpf von Zeit zu Zeit durchtrocknen kann. Bei den meisten kleinen Motorbooten, die nicht im Wasser liegen, wenn sie nicht benutzt werden, tritt keine Osmose auf, und unter der Voraussetzung, dass sich kein Regenwasser im Rumpf sammeln kann, sollten sie auch nicht unter Blasenbildung leiden.

Gelcoatspachtel im passenden Verhältnis anmischen.

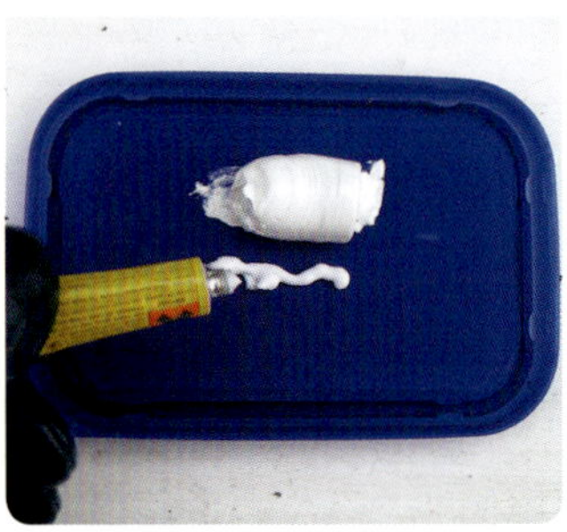

Nach dem Einarbeiten einer kleinen Menge weitere Spachtelmasse auftragen und glätten.

Gründlich mit Kunstharz getränkte Glasschnittmatten sind das gebräuchlichste Material zur Verstärkung von Reparaturstellen. Daneben gibt es auch Glasband und Glasgewebe.

Kajütkreuzer an Wasserliegeplätzen sind eine andere Sache. Bei ihnen können sich Blasen bilden, wenn Wasser in das – nicht vollkommen wasserdichte – Gelcoat eindringt. Es gibt mittlerweile Speziallacke, die den Rumpf vor Osmose schützen sollen, aber auch die bieten nicht notwendigerweise vollkommenen Schutz über die Lebensdauer des Bootes. Eine empfehlenswerte Vorsichtsmaßnahme besteht darin, die Bilge möglichst trocken zu halten, da Nässe in der Bilge das Risiko erhöht, dass Wasser eindringt.

Wie schon erläutert, bilden sich Blasen, wenn Wasser in die äußere Gelcoatschicht eindringt und sich mit Chemikalien verbindet, die es daran hindern, wieder auszutreten. Durch den dabei entstehenden Druck können sich Blasen bilden.

Bei der Untersuchung einer solchen Blase muss man unbedingt Augen und Haut schützen. Wenn die Blase angestochen wird, kann die darin enthaltene Säure wie eine Fontäne in die Augen schießen.

Die Tipps sogenannter Osmose-Experten unterscheiden sich wie Tag und Nacht. Eher zynisch raten diejenigen, die an der teuren Osmosebehandlung verdienen, dringend dazu, das gesamte Gelcoat abzutragen und neu aufzubringen. Andere, die mit dem Verkauf von Booten mit Anzeichen für eine Osmose zu tun haben, versuchen eher den Eindruck zu vermitteln, dass dieses Problem in gewissem Ausmaß alle Boote betreffe und nur kosmetischer Natur sei und daher ignoriert werden könne.

Wenn ein Boot einen Ausschlag mit Dutzenden von Blasen aufweist, könnte die drastische Behandlung mit vollständiger Entfernung und Erneuerung des Gelcoats durchaus erforderlich sein. Aber das kostet bei einem kleinen gebrauchten Kajütboot unter Umständen mehr, als das Boot überhaupt wert ist. Die Blasen mindern vielleicht den Wiederverkaufswert, müssen aber nicht notwendigerweise die Festigkeit des Rumpfes beeinträchtigen, wenn es sich um wenige und oberflächliche handelt. Am besten holt man den Rat eines unabhängigen Gutachters ein, was je nachdem, ob die strukturelle Integrität des Rumpfes gegeben ist oder nicht, zu tun ist.

Im Falle weniger kleiner Blasen, die jeweils nicht größer als eine Zweieuromünze sind, stehen mehrere Möglichkeiten zur Wahl. Die eine wäre, nichts zu tun, das Problem aber nicht zu ignorieren, d.h., von Zeit zu Zeit zu prüfen, ob die Blasen größer oder zahlreicher werden. An einem älteren, gut gebauten und soliden Boot entstehen vielleicht keine weiteren und größeren Blasen, während man es besitzt.

Eine andere Option besteht darin, die Blasen zu öffnen, die Chemikalien wiederholt mit heißem Wasser herauszuwaschen und den Bereich gründlich zu trocknen. Bei allen Arbeiten an GFK muss vorher die Feuchtigkeit vollkommen beseitigt werden, aber in diesem Fall ist das noch wichtiger, da mit sich keine neuen Blasen bilden. Es ist zu empfehlen, den betroffenen Bereich unter einer Abdeckung mehrere Monate lang gründlich austrocknen zu lassen. Anschließend können die Blasen mit einem geeigneten Füller ausgespachtelt werden. Dafür wird oft Epoxidspachtel empfohlen, der zum weiteren Schutz vor dem Eindringen von Wasser überlackiert wird. Das Spachteln erfolgt auf die gleiche Weise wie bei den oben beschriebenen Reparaturen.

Hugo du Plessis, ein anerkannter Fachmann für den GFK-Bootsbau, empfiehlt, bei milderen Fällen die Blasen auszuspachteln, statt für viel Geld das komplette Gelcoat zu ersetzen; diese Maßnahme sollte erst als letztes Mittel angewandt werden.

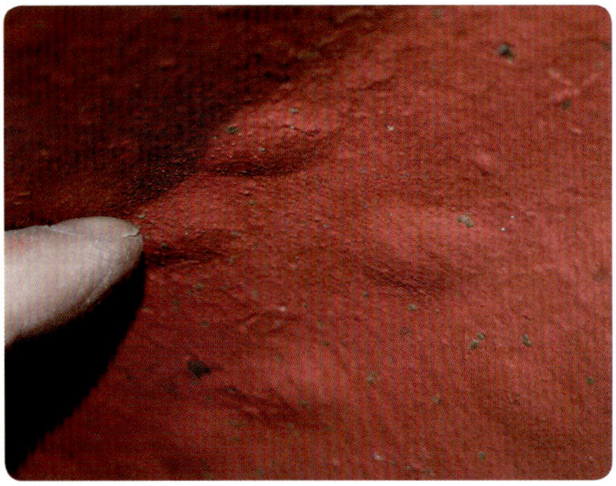

Die Blasen können geöffnet, gesäubert, gründlich getrocknet und dann mit Bootsspachtel überzogen werden. Auf den Spachtel kommt dann eine Deckschicht aus Lack oder passendem Gelcoat.

Instandhaltung von Holz und Sperrholz

An dieser Stelle geht es schwerpunktmäßig um Boote mit GFK-Rumpf. Aber die Pflege und Instandhaltung von Sperrholz und Holzarbeiten ist auch relevant für Motorboote, die zum Teil aus diesen Baustoffen konstruiert oder damit ausgestattet sind.

Obgleich Holz als wichtigstes Baumaterial für Sportboote bereits zur Mitte des 20. Jahrhunderts von GFK abgelöst wurde, werden immer noch Motorboote aus mit Expoxidharzen behandeltem Bootsbausperrholz und anderen Holzarten gebaut, wie bereits in Kapitel 10 angedeutet. Diese Epoxidharze machen das Holzboot langfristig viel wasserfester und können daher in gewissem Maß mit den Vorteilen von GFK mithalten. Ein mit Epoxid behandeltes Boot sollte theoretisch viel weniger Instandhaltungsaufwand erfordern als ein unbehandeltes, auf traditionelle Art gestrichenes und lackiertes Holzboot. Aber auch die Epoxidschicht muss durch Lack *oder* eine schützende Lasur vor dem Sonnenlicht geschützt werden.

Auf vielen GFK- und Stahlbooten finden sich auch Teile aus Holz wie Scheuerleisten, Handläufe, Schotten und Innenausstattung, die instand gehalten werden müssen.

Das Wichtigste ist, dass alle Holzarbeiten einschließlich der Holzteile auf einem GFK-Boot beständig mit einem schützenden Film aus Lack, Lasur *oder* einer anderen konservierenden Beschichtung überzogen sein müssen. Instandhaltung bedeutet in diesem Fall, dass beschädigte oder abgenutzte Stellen sofort mit dem entsprechenden Mittel ausgebessert werden. Ein vollständig neuer Schutz kann dann am Ende der Saison aufgetragen werden. Das Salz im Meerwasser wirkt in gewissem Maß antiseptisch, sodass es weniger wahrscheinlich zu Holzfäule kommt als in Süßwasser. Es ist sogar so, dass Regenwasser die größten Schäden

Ungeschütztes Holz verwittert durch Sonnenstrahlung und Regen. Hier ist es auch zur Delaminierung des Sperrholzes gekommen.

Eine vernachlässigte Lasur verdirbt das Aussehen von Holz.

anrichtet - zusammen mit der Verwitterung, d.h., den Auswirkungen des Sonnenlichts sowie der Ausdehnung und dem Zusammenziehen, das eine Folge von Erwärmung in der Sonne, Nasswerden und Trocknen ist.

Überall, wo sich über längere Zeit Wasser ansammeln kann, besteht die Wahrscheinlichkeit, dass Fäule auftritt. Bei ungeschütztem Sperrholz versagen außerdem die Harze, die die einzelnen Lagen miteinander verbinden, den Dienst. Die daraus resultierende Delaminierung ist auf einem Boot nur schwer in den Griff zu bekommen und erfordert in der Regel einen Austausch der betroffenen Partien, damit die Festigkeit gewahrt bleibt.

Holz streichen

Manche GFK-Boote haben Holzteile, die lackiert werden müssen, und auf vielen Kajütkreuzern finden sich Holzarbeiten, die lasiert oder versiegelt werden müssen. Die Vorbereitung von Holz auf das Lackieren und das Aufbringen traditioneller Lacke ähneln dem im nächsten Abschnitt beschriebenen Vorgehen beim Lasieren sehr stark.

Zweikomponenten-PU-Lacke, bei denen Grundlack und Härter gemischt werden müssen, sind nicht so elastisch wie herkömmliche Einkomponentenlacke. Sie eignen sich, wie bereits gesagt, gut für GFK, aber für Holz mit seiner elastischeren Oberfläche und seinem wechselnden Feuchtigkeitsgehalt sind Einkomponentenlacke besser. Zweikomponentenlacke sollten nicht zum Überstreichen vorhandener Einkomponentenlacke verwendet werden.

Lasierte horizontale Flächen leiden schneller, weil sie mehr intensive Sonnenstrahlung abbekommen.

Verwittertes Holz kann vorsichtig von Hand mit 120er-Papier abgeschliffen und dann mit Terpentinersatz gereinigt werden, bevor es versiegelt wird.

Auf Teakholz wirkt eine Versiegelung besser als eine Lasur. Sie glänzt nicht so schön, ist aber leichter instand zu halten.

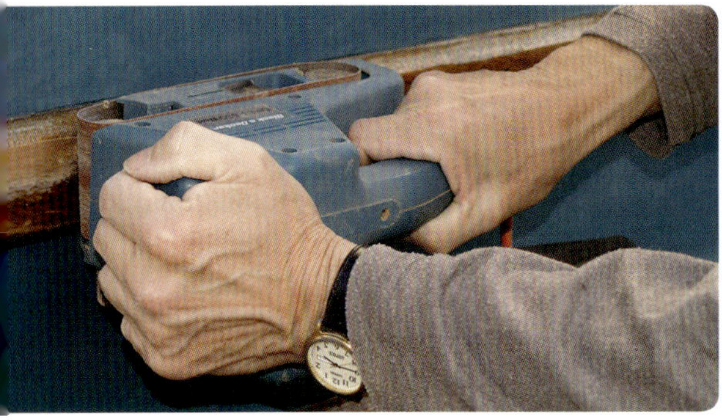

Von ebenem Massivholz entfernt man die Lasur schnell mit einem Bandschleifer.

Entfernen der Lasur an schwierigen Stellen.

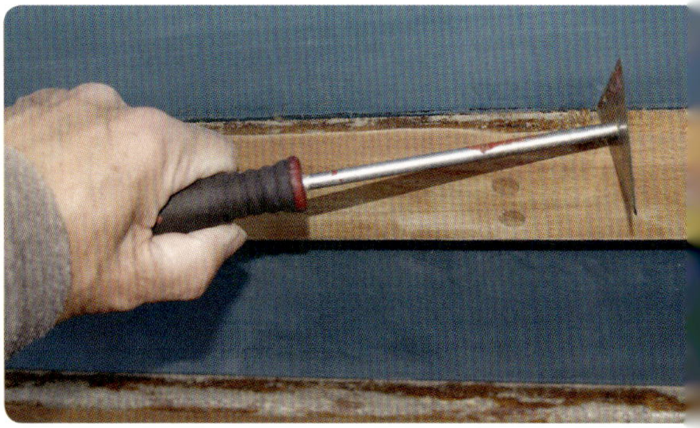

Für alle Lacke sind passende Grundierungen und Vorlacke erforderlich. Entsprechende Hinweise finden sich auf den Farbdosen und in den Prospekten der Hersteller.

Das Lackieren von Gelcoat wurde weiter oben beschrieben; dort finden sich weitere Tipps, die auch für das Lackieren von Holz gelten.

Lasur und Alternativen

Glänzend lasiertes Holz sieht in gutem Zustand wunderschön aus, aber diese Schönheit ist sehr fragil. Schon ein wenig lasiertes Holz kann ein ansonsten gewöhnliches Boot besser aussehen lassen, aber eine vernachlässigte Lasur hat genau die gegenteilige Wirkung.

Doch man kann leicht verhindern, dass die Lasur abblättert und das Holz sich verfärbt. Die wichtigste Präventivmaßnahme besteht darin, jeden kleinen Kratzer auszubessern, bevor an dieser Stelle Wasser eindringen kann und den Schaden noch vergrößert. Außerdem müssen die lasierten Stellen mindestens einmal im Jahr neu gestrichen werden. Das gilt für die meisten Lasurarten.

Wer sich das nicht antun will, muss die Lasur ablösen, wie unten beschrieben, und das Holz entweder lackieren oder versiegeln bzw. ein Holzschutzmittel auf Ölbasis auftragen. Dann ist es leicht, die Versiegelung jedes Jahr zu erneuern. Ölhaltiges Holz wie Teak wird oft besser versiegelt als lasiert.

Durch abschließendes vorsichtiges Schleifen erhält man eine glatte Oberfläche ohne Kratzer.

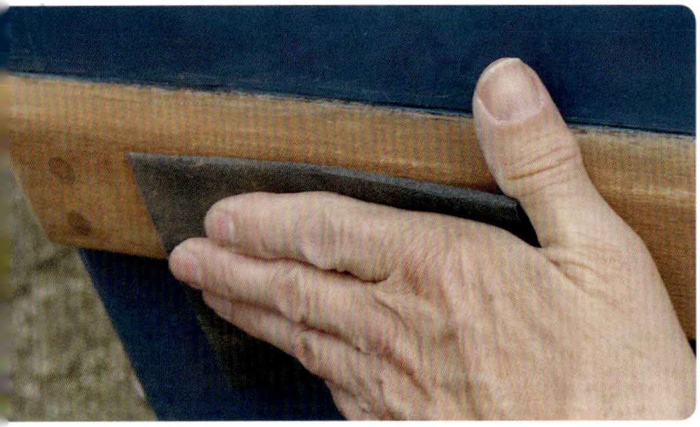

Darauf achten, dass die oberste Sperrholzschicht nicht mit entfernt wird.

Alle Staubspuren werden mit einem mit Terpentinersatz angefeuchteten Tuch entfernt.

Die Lasur darf nur vorsichtig umgerührt und keinesfalls geschüttelt werden.

Vor Arbeitsbeginn gibt man eine kleine Menge Lasur in einen Behälter.

Die folgenden Absätze sollen zeigen, wie man die Lasur bis auf das nackte Holz abzieht und die erforderliche Neubeschichtung vornimmt, damit Holzteile wie Scheuerleisten, Lukendeckel und Handläufe immer glänzen.

Bei allen Arbeiten muss eine geeignete Atemschutzmaske getragen werden, die eng anliegt und alle giftigen Dämpfe und Stäube ausfiltert.

Bei ebenem Massivholz lässt sich die Lasur schnell mit einem Elektrobandschleifer oder mit einem Schabeisen entfernen. Dabei muss man darauf achten, dass keine Rillen im Holz entstehen, und immer mit der Maserung – nicht dagegen – arbeiten, damit sich später in der Lasur keine Kratzer zeigen. Die abschließende Bearbeitung mit mittlerem und dann feinem Schleifpapier ergibt eine glatte Oberfläche.

Bei Sperrholz ist das Abziehen der Lasur nicht ganz so einfach. Die oberste Sperrholzschicht sorgt für die attraktive Holzmaserung. Leider ist sie in der Regel sehr dünn und wird durch zu enthusiastisches Vorgehen beim Schleifen oder Abkratzen schnell beschädigt, sodass die hässliche aussehende Schicht darunter zum Vorschein kommt.

Es gibt eine verwirrende Vielfalt an Lasuren. Manche sind härter als andere und halten länger. Viele sind für den Holzbootenthusiasten vorgesehen, der genau weiß, was er von seiner Lasur erwartet. Das Problem bei den härteren Lasuren liegt in der Schwierigkeit, sie auszubessern und irgendwann in der Zukunft komplett zu entfernen. Deshalb sollte man vielleicht mit den einfacheren Einkomponentenlasuren arbeiten, die sich ausbessern, überstreichen und später leichter entfernen lassen als viele härtere Lasuren. Da Sonnenlicht die Lasur schädigt, muss man darauf achten, dass die gewählte Lasur UV-Hemmstoffe enthält.

Staub wird mit einem Tuch oder einer Bürste entfernt. Man kann dazu auch einen Staubsauger

Vor Benutzung werden lose Haare aus dem Pinsel entfernt.

Beim Auftragen verdünnter Lasur ändert das Holz die Farbe, weil die Flüssigkeit eindringt.

Läufer und Tropfen müssen beseitigt werden, bevor die Lasur auszuhärten beginnt.

Mit genügend Lasurschichten lässt sich eine spiegelnde Oberfläche erzielen.

nehmen. Oft wird zu speziellen Staubtüchern geraten, die so imprägniert sind, dass sie den Staub anziehen. Man sollte damit jedoch nur leicht über das Holz wischen, da die Gefahr besteht, dass die Chemikalien im Tuch auf das Holz übergehen, sodass die Lasur nicht mehr richtig haftet.

Vor dem Lasieren im Freien sollte man sich die Wettervorhersage anhören: Man braucht trockenes Wetter, vorzugsweise ohne Wind, der Staub auf die frische Lasur blasen könnte. Wenn Nebel oder Tau in Aussicht stehen, sollte man auf das Lasieren verzichten, weil dadurch die Deckschicht ruiniert wird, während sie trocknet. Leider sind auch helles Sonnenlicht und Wärme problematisch, weil die Lasur dann schneller trocknet, als sie sollte, und dadurch Blasen wirft.

Die Dose mit der Lasur darf auf keinen Fall geschüttelt werden, weil sich dann Unmengen von Blasen bilden. Aus demselben Grund darf man nur vorsichtig umrühren. Die Lasur sollte nicht direkt aus der Dose verarbeitet werden. Man gibt jeweils eine kleine Menge in ein sauberes Gefäß und verschließt die Dose dann wieder, um den größeren Teil vor Verschmutzung zu schützen.

Als Versiegelung und Grundierung auf nacktem Holz wird die Lasur meist mit etwa fünfzehn Prozent Terpentinersatz oder dem auf der Dose angegebenen Mittel verdünnt. Alternativ trägt man vor dem Lasieren ein spezielles farbloses Versiegelungsmittel auf, aber das kann dreimal so viel kosten wie verdünnte Lasur, ohne dass damit bessere Ergebnisse garantiert wären.

Der Pinsel sollte von guter Qualität sein. Einen neuen Pinsel überprüft man vorher auf lose Haare – selbst die besten Pinsel verlieren anscheinend durch die sehr zähflüssige Lasur das eine oder andere Haar. Die verdünnte Lasur wird sparsam und schnell aufgetragen. Dabei ändert das Holz die Farbe, da es den Großteil der verdünnten Lasur aufnimmt.

Dieser erste Auftrag muss über Nacht trocknen und wird dann leicht angeschliffen, um raue Stellen für den nächsten Anstrich zu glätten. Nach dem Entfernen des Schleifstaubs wird nun unverdünnte Lasur aufgetragen. Dabei darf man nicht zu viel Lasur in den Pinsel nehmen und muss darauf achten, dass sich keine Läufer bilden. Falls das doch passiert, müssen sie sofort beseitigt werden, bevor die Lasur zu kleben beginnt.

Damit die Deckschicht schön glänzt und das Holz gut geschützt ist, sind mindestens zwei weitere Anstriche erforderlich, die jeweils über Nacht trocknen müssen. Wenn die Oberfläche spiegeln soll, braucht man möglicherweise bis zu sechs Lasurschichten – und die entsprechende Begeisterung und Geduld.

Nachdem man die Lasurdose wieder fest verschlossen hat, dreht man sie langsam auf den Kopf, damit sich auf dem Rest in der Dose keine Haut bildet.

Holzinstandsetzung mit Epoxidprodukten

Für schadhafte Stellen im Holzdeck eines GFK-Bootes und die Reparatur alter Holzboote gibt es mittlerweile Produkte auf Epoxidbasis, die die notwendigen Arbeiten viel leichter machen. Billigere Alternativen wie Spachtel für Karosseriereparaturen sollten keinesfalls verwendet werden, weil sie für die nasse Umgebung nicht geeignet sind und es zu katastrophalen Wassereinbrüchen kommen könnte, wenn damit der Rumpf repariert wird.

Schlauchbootreparatur

Vor einer Reparatur an einem Schlauchboot muss man sich vergewissern, aus welchem Material es besteht, weil man nur dann sicher sein kann, die richtigen Kleber und Ventile zu verwenden. Diese Angaben sollten im Bootshandbuch oder auch am Boot selbst zu finden sein. Gegebenenfalls muss man beim Händler oder Hersteller des Bootes nachfragen.

Synthetischer Kautschuk: Hypalon und Neopren

Die Beschichtungen aus synthetischem Kautschuk auf Polyester- oder Nylongewebe umfassen Hypalon für die äußeren und Neopren für die inneren Lagen. Sie besitzen eine lange Lebensdauer und sind praktisch gasdicht. Die geklebten Nähte sind in der Regel so stabil, dass sie länger halten als das Gewebe an sich. Hypalon wird beim Anschleifen matt und staubig, während Hart-PVC Kratzer und keine Farbänderung zeigt.

Kunststoffbeschichtungen: Hart-PVC

Dieses Material vergrößert die Stabilität und Reißfestigkeit von Polyester- oder Nylongewebe. Es ist in einer größeren Palette an Farben erhältlich als das überwiegend dunkelgraue oder schwarze Hypalon.

Die Verfahren zum Flicken, Kleben und Ersetzen von Ventilen sind von dem jeweiligen Boot und dem Reparaturmaterial abhängig. Im Interesse der Sicherheit und Zuverlässigkeit müssen die Anweisungen für die jeweiligen Produkte genau befolgt werden.

Reparaturmaterial, Notreparatursätze und Ersatzventile sind in der Regel bei einem Schiffsausrüster erhältlich. Weitere Quellen sind im Internet zu finden, z. B. *www.schlauchbootreparatur.de*.

Wenn Schlauchboote altern, wird das Material, aus dem sie konstruiert sind, möglicherweise porös und weist zahlreiche kleinste Löcher auf, die nur schwer zu finden und abzudichten sind. Das Leben eines alternden Schlauchboots lässt sich mit einem Produkt namens »Sealflex« verlängern. Das ist ein flexibles Acryl-Versiegelungsmittel, das über das Ventil in den Schlauch eingeführt wird. Anschließend bläst man das Boot auf und dreht es ein paar Mal um, damit sich das Mittel gleichmäßig an der Schlauchinnenseite verteilt; nach Trocknung bildet es eine wasserundurchlässige Membran.

12

BESCHLÄGE UND IHRE INSTANDHALTUNG

Edelstahlbeschläge auf einer Bootsausstellung.

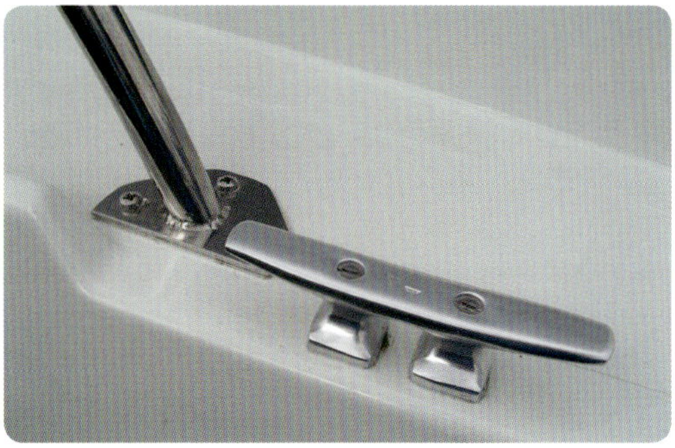

Wasserablauf

Spritzwasser, Regen und überkommende Seen sorgen bei einem offenen Motorboot unweigerlich dafür, dass sich im Rumpf Wasser ansammelt. Bei vielen Booten ist es auf die eine oder andere Weise möglich, dieses Wasser an Land abzulassen. Das kann beispielsweise über eine einfache Ablassschraube im Heck geschehen, die an Land herausgedreht wird. Eine derartige Schraube sollte mit einer kurzen Leine oder Kette am Boot befestigt werden, damit sie nicht verloren geht. Und vor allem muss man daran denken, sie wieder einzudrehen, damit das Boot beim Einwassern nicht plötzlich vollläuft! Weiterhin muss der Beschlag, in den die Schraube eingedreht wird, daraufhin geprüft werden, ob er festsitzt und zum Rumpf hin abgedichtet ist.

Selbstlenzventile sind Vorrichtungen, durch die das Wasser bei Vorwärtsfahrt abfließen kann. Sie sitzen bei offenen Booten wie Schlauchbooten und Festrumpfschlauchbooten oft im Spiegel (das ist die Platte im Heck, an der der Außenborder montiert wird).

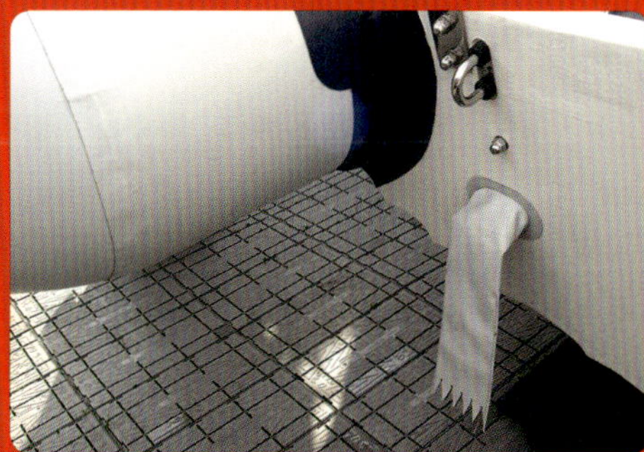

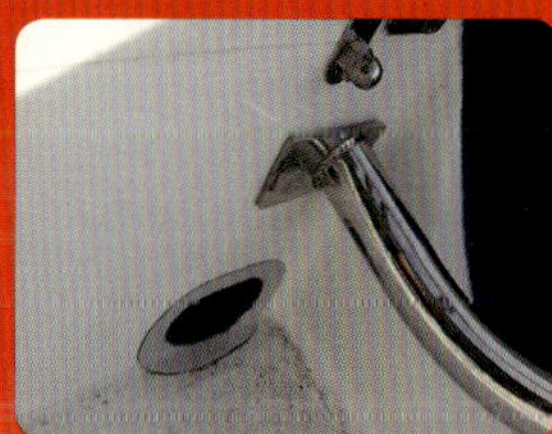

Über Selbstlenzer kann Wasser aus dem Cockpit ablaufen; sie dürfen daher nicht verstopft sein.

Selbstlenzer können durch Unkraut und Sand blockiert werden und erfordern daher regelmäßiges Säubern. Das geht mit einer alten Zahnbürste und Druckwasser aus dem Schlauch. Wenn der Selbst-

Zum Lenzen sollten besonders in offenen Booten, in die Spritzwasser und Regen eindringen können, Ösfass, Eimer und Schwamm griffbereit verstaut werden.

Das Gewinde am Schraubdeckel von Luftkammern sollte geschmiert werden.

Die Montagepunkte für den Außenborder müssen überprüft werden.

lenzer leckt, muss er abmontiert und mit Dichtmasse oder einer neuen Gummidichtung wieder angebracht werden. Dabei hält man am besten einige neue Schrauben bereit für den Fall, dass die alten ersetzt werden müssen. Bei Schiffsausrüstern gibt es komplette Austauschsätze mit Dichtungen, Unterlegscheiben und Schrauben.

Zur Sicherheit sollten irgendwo im Boot ein nicht zu kleiner Eimer, ein Ösfass und eine Handpumpe bereitliegen, damit auch größere Wassermengen schnell aus dem Boot befördert werden können. Die verbleibenden Lachen kann man dann mit einem Schwamm aufnehmen.

Auftrieb

Manche Boote verfügen über eingebaute Luftkammern, damit sie auch dann nicht sinken, wenn sie volllaufen. Offene Boote besitzen in der Regel Auftriebshilfen in der einen oder anderen Form. Bei Schlauchbooten sind das die aufgeblasenen Schläuche. Bei einigen GFK-Booten kommt man über Luken an die Luftkammern heran. Bei anderen sind Hohlräume unter dem Boden oder Deck mit Kunststoffschaum gefüllt.

Manche Luftkammern kann man auch als Stauraum nutzen, darf dabei aber nicht vergessen, dass dadurch der Auftrieb verringert wird.

Außenborderbefestigung

Ein Außenborder bedeutet eine beträchtliche Belastung für den Spiegel, der deshalb möglicherweise auf der Innenseite verstärkt werden muss. Wenn die

Verstellbare Außenborderhalterungen sollten geschmiert werden, damit der Motor reibungslos bewegt werden kann.

Scheuerleisten aus Holz nutzen sich ab und müssen bei diesem Bootstyp ersetzt und mit Schrauben und wasserfestem Kleber befestigt werden.

Sperrholzplatte, an der die Motorhalterung festgeschraubt wird, stark abgenutzt ist, muss sie verstärkt oder ersetzt werden. Viele Boote verfügen über verstellbare Außenborderhalterungen. Bei Booten mit Innenbordmotor sind solche Halterungen üblich, damit man für den Fall, dass die Hauptmaschine ausfällt, einen Hilfsmotor montieren kann. Sie müssen sicher befestigt sein und an den beweglichen Stellen regelmäßig geschmiert werden.

Scheuerleisten

Scheuerleisten und Wulste an Rumpf und Dollbord sind dazu da, die Kratzer und Stöße aufzunehmen, die sonst in Schäden am Rumpf resultieren würden. Das bedeutet, dass sie selbst von Zeit zu Zeit instand gesetzt werden müssen, damit sie ihrer Aufgabe weiterhin gerecht werden können. Möglicherweise kann man einen Teil der Scheuerleiste

Edelstahl kann verschleißen; deshalb müssen die Befestigungspunkte überprüft werden.

Viele Scheuerleisten bestehen aus Gummi. Beim Austausch werden sie meistens angeschraubt oder auf eine Trägerplatte aus Metall geschoben.

herausschneiden und ersetzen, ohne gleich die Leiste insgesamt austauschen zu müssen; bei einem viel und oft gefahrenen Boot wird man darum aber wahrscheinlich nicht herumkommen.

Viele Motorboote besitzen Scheuerleisten aus Gummi oder aus einer Kombination von Aluminium und Gummi. Genau passende Teile sind vor Ort oft nur schwer zu bekommen, können aber über Internetseiten wie *www.schiffszubehoer.eu* bestellt werden.

Decksbeschläge

Die meisten qualitativ guten Decksbeschläge halten jede Menge aus, wenn sie auf die entsprechende Belastung ausgelegt sind. Die Mehrheit besteht aus Edelstahl, der nicht rostanfällig ist, weil sich in Verbindung mit Sauerstoff eine Schutzschicht auf der Oberfläche bildet. Rost kann sich aber bilden an Stellen, an denen keine Luft an den Beschlag kommt; wenn dort noch Salzwasser hinzukommt, rostet der Edelstahl noch schneller. Edelstahlbeschläge halten also nicht ewig. Da sie auch einem

Neue Beschläge dürfen nicht einfach auf dem Gelcoat festgeschraubt werden, sondern benötigen auf der anderen Seite eine Verstärkung aus Bootsbausperrholz oder, besser noch, Metall.

Um maximale Stabilität zu gewährleisten, wurde diese Handleiste durch das Kajütdach mit einer darunter angebrachten Metallplatte verschraubt.

gewissen Verschleiß unterliegen, müssen sie irgendwann doch ersetzt werden. Der Schwachpunkt liegt jedoch an den Stellen, an denen sie an Rumpf oder Deck befestigt sind.

Die Beschläge lockern sich mit der Zeit, und das Dichtmittel wird hart, verliert die Haftung und reißt. Sie müssen daher regelmäßig daraufhin überprüft werden, ob sie noch festsitzen. Dazu greift man sie fest mit den Händen und versucht, sie zu drehen. Wenn sie sich bewegen lassen, müssen die Schrauben oder Bolzen angezogen werden. Wenn das nicht funktioniert, muss man die Beschläge abmontieren und entweder die Löcher füllen und neu bohren oder dickere Schrauben oder Bolzen verwenden.

Befestigungspunkte sollten bereits ausreichend verstärkt sein, um die auf den Beschlag wirkenden Kräfte aufzunehmen; wenn sich allerdings Anzeichen für Überbelastung oder Rissbildung zeigen, müssen sie möglicherweise auf der Rückseite mit Metallplatten verstärkt werden. Wenn sich um solche Beschläge herum bereits Risse gebildet haben, reicht es möglicherweise zunächst aus, wenn man sie mit Epoxidharzspachtel ausbessert.

Wenn das Abdichtmittel um den Beschlag seine Funktion nicht mehr erfüllt, muss in der Regel der Beschlag abmontiert und mit neuen Befestigungsmitteln – besser Bolzen als Schrauben – und neuer Dichtmasse wieder montiert werden.

Dabei sind ausreichend dimensionierte Stützplatten zu verwenden, die die Lasten verteilen; an diesen Stellen können sehr große Kräfte wirken, die die Beschläge – z. B. Klampen für Festmacheleinen – glatt herausreißen und gefährlich über das Deck schleudern können. In der Folge kann es dann zu

Beschläge für Leinen, Ketten und Anker müssen ohne Spiel fest mit dem Deck verbunden sein.

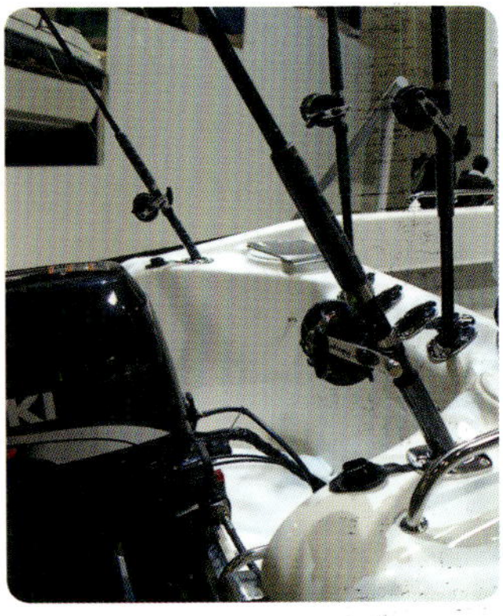

Zu den Beschlägen, die durch das Deck geführt sind, gehören unter anderem Einfüllstutzen für Kraftstoff und Wasser sowie Angelhalterungen. Diese Beschläge müssen fest sein und sicherstellen, dass kein Kraftstoff oder Wasser ins Boot eindringt.

Sikaflex® 291 ist ein weithin benutztes Klebe- und Dichtmittel.

weiteren Schäden kommen, wenn beispielsweise eine wichtige Festmacheleine auf der Klampe gelegen hat. Bei Relingsstützen und -drähten ist eine sichere Befestigung lebenswichtig, weil sie das Gewicht eines sonst möglicherweise über Bord gehenden Menschen auffangen müssen.

Dazu führt man Bolzen durch den Beschlag, das Deck und die dicke, möglichst metallene Stützplatte, bevor man innen im Boot Dichtmasse aufträgt und die Bolzen mit Unterlegscheiben und Muttern fest anzieht. Auf manchen Booten sind Stützplatten aus Sperrholz vorhanden. Diese können durch Wasser, das durch die Bohrlöcher eindringt, faulen, sodass sich der gesamte Beschlag gefährlich lockert. An Streifen auf der Rumpfinnenseite, die durch Wasser verursacht wurden, das durch winzige Lücken in der Dichtmasse lockerer Beschläge eingedrungen ist, erkennt man, dass der Beschlag repariert werden muss. Weiterhin können Spannungsrisse im Gelcoat entstehen, die ebenfalls anzeigen, dass der Beschlag neu eingesetzt und auf der Rückseite verstärkt werden muss.

Dichtmittel

Die Palette an verfügbaren Dichtmitteln ist ziemlich unübersichtlich. Polyurethan-Dichtmasse weist sehr gute Hafteigenschaften auf und ist daher eine gute Wahl, wenn eine Fuge geklebt und abgedichtet werden muss. Sikaflex® 291 ist ein besonders beliebter Mehrzweckdichtstoff dieser Gattung. Er hat allerdings den Nachteil, dass er sehr fest klebt, sodass es schwierig werden könnte, den Beschlag zu einem späteren Zeitpunkt wieder zu demontieren und alle Spuren zu beseitigen.

Silikon-Dichtmasse ergibt eine flexible Dichtung.

Silikon-Dichtmasse lässt sich leichter entfernen und zu einer flexiblen Dichtung verarbeiten, haftet aber nicht so gut wie Polyurethan-Dichtmittel. Silikon sollte nicht verwendet werden unterhalb der Wasserlinie und an Stellen, an denen eine feste Klebverbindung erforderlich ist. Es leistet jedoch gute Arbeit als Isolierstoff zwischen unterschiedlichen Metallen und ist resistent gegen die meisten Chemikalien.

»Captain Tolley's Creeping Crack Cure« – ein Dichtmittel für Haarrisse (zu beziehen u.a. über *www.yachticon.de*) – eignet sich gut für das Abdichten von Decks und Fenstern, wie in Kapitel 15 noch näher erläutert wird.

Ersetzen von Decks- oder Rumpfbeschlägen

Das im Folgenden beschriebene Verfahren gilt für die meisten Decksbeschläge wie Klampen, Stützen und Bugrollen. Diese Arbeiten sind natürlich leichter an Land durchzuführen, müssen aber möglicherweise auch auf dem schwimmenden Boot erledigt werden. Dabei weisen alle nicht befestigten Gegenstände die erstaunliche Neigung auf, irgendwie den Weg nach außenbords zu nehmen, d.h., man bindet den Beschlag am besten irgendwo an, wenn man die Schrauben oder Bolzen löst.

Mit Kriechöl eingesprüht, lassen sich festsitzende Muttern und Bolzen leichter lösen. Damit die Bolzen sich beim Lösen der Muttern unter Deck nicht einfach nur drehen, sollte ein Helfer an Deck mit einem Schraubenschlüssel oder einer Zange gegenhalten.

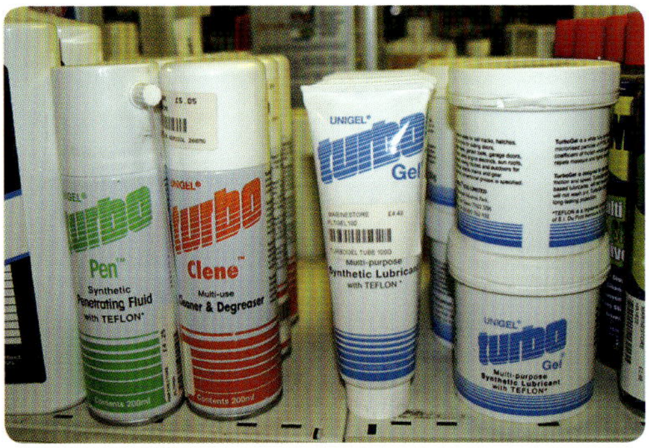

Es stehen spezielle wasserfeste und lang haltende Schmierstoffe zur Verfügung.

Nach dem Demontieren des Beschlags müssen Grundplatte, Bolzengewinde und Deck gründlich vom anhaftenden Dichtmittel gesäubert werden. Beide Flächen müssen vollkommen sauber und trocken sein. Das kann schwierig werden, weil das restliche Dichtmittel oft erstaunlich fest haftet, obwohl es sich ja schon teilweise gelöst hat. Die letzten Spuren beseitigt man mit Aceton oder einem für das Mittel geeigneten Verdünner. Dabei empfiehlt es sich, Handschuhe zu tragen, damit nicht außer dem alten Dichtmittel auch die eigene Haut in Mitleidenschaft gezogen wird. Außerdem ist daran zu denken, dass derartige Chemikalien äußerst entflammbar sind.

Wenn die Bolzen nicht dauerhaft am Beschlag befestigt sind, kauft man am besten neue Bolzen und Muttern in der passenden Größe.

Beim Austausch von Beschlägen wie etwa Klampen für Festmacheleinen ist eine Stützplatte aus dickem Aluminium erforderlich. Diese Platte sollte größer sein als die Grundplatte der Klampe – und zwar so groß, dass sie gerade noch an der entsprechenden Stelle unter Deck Platz findet. Die scharfen Ecken und Kanten müssen glattgefeilt werden.

Man setzt den Beschlag auf die Platte und zeichnet die Löcher an. Mit Hammer und Locheisen wird die Mitte eines der Löcher angekörnt und anschließend im Schraubstock vorgebohrt. Als Nächstes bohrt man das Loch auf die für den Bolzen passende Größe auf.

Undichte Rumpfbeschläge müssen demontiert und mit neuen Schrauben oder Bolzen in neues Dichtmittel gesetzt werden, das für den Unterwasserbereich geeignet ist.

Jetzt platziert man den Beschlag an Deck und steckt einen Bolzen durch das Loch. Ein Helfer unter Deck steckt die Stützplatte auf den Bolzen und schraubt die Mutter auf. Anschließend werden die anderen Löcher angezeichnet und gebohrt.

Vor der endgültigen Montage löst man den Beschlag noch einmal und trägt eine ausreichende Menge Dichtmittel auf Grundplatte, Löcher und Oberfläche der Stützplatte auf. Ausreichend bedeutet, dass das Dichtmittel unter der Grundplatte hervorquillt, wenn die Bolzen angezogen werden. In dieser Phase dürfen die Muttern noch nicht zu stark angezogen werden, damit nicht das gesamte Dichtmittel herausgedrückt wird. Erst wenn die Dichtmasse fest zu werden beginnt, werden die Bolzen voll angezogen und das überschüssige Dichtmittel an und unter Deck entfernt.

Reinigen und Schmieren

Alle beweglichen Teile wie die Bugrolle für das Ankergeschirr und die oben erwähnte verstellbare Außenborderhalterung sollten von Zeit zu Zeit mit Frischwasser und etwas Waschmittel von Salz und Schmutz gereinigt werden. Anschließend müssen sie getrocknet und geschmiert werden.

Zum Schmieren nimmt man ein Mittel auf Teflonbasis oder ein Trockenschmiermittel wie McLube Sailkote, das zwar vergleichsweise teuer ist, aber etwa zehn Mal länger halten soll als jedes andere. Diese Schmierstoffe werden nicht so schnell ausgewaschen und verhindern, dass Wasser eindringt. Trockenschmiermittel sind außerdem vorzuziehen, weil sie keinen Schmutz anziehen.

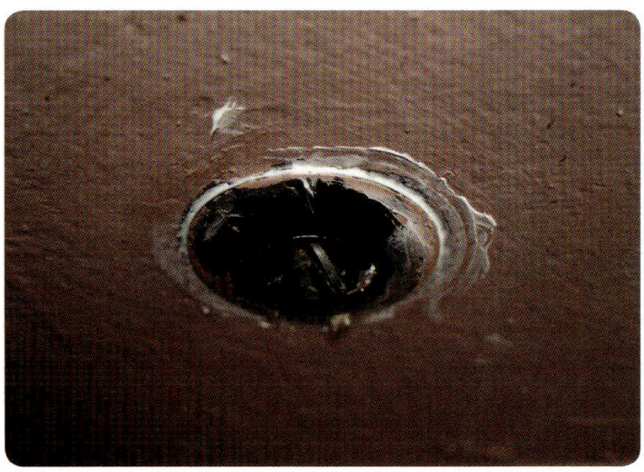

Eine halb abgenutzte Zinkanode, die ausgetauscht werden muss.

Ersatzanoden für die links abgebildete Zinkanode.

Rumpfbeschläge auf Motorkreuzern

Motorkreuzer sind ganz unterschiedlich ausgerüstet, und vieles von dem oben Gesagten trifft auf die meisten Boote zu. Aber je größer und luxuriöser ausgestattet der Motorkreuzer ist, desto mehr Beschläge finden sich am Rumpf, darunter Seeventile für Toilette, Dusche, Spüle und Kühlwasser.

Diese Öffnungen im Rumpf müssen häufig überprüft und gut gewartet werden, weil Defekte zu Lecks führen und ein wesentlicher Grund dafür sind, dass Boote sinken. Das wird durch die Tatsache unterstrichen, dass viele Versicherungen darauf bestehen, dass alle Einlassrohre unterhalb der Wasserlinie mit mindestens zwei Edelstahl-Schraubklemmen mit Schneckenschraube am Rumpfbeschlag befestigt sind.

Elektrolyse

Außenhautdurchführungen und Metallbeschläge unter der Wasserlinie werden oft durch einen Prozess mit der Bezeichnung Elektrolyse beschädigt. Wenn unterschiedliche Metalle in Wasser – insbesondere in Salzwasser – sich nahe beieinander befinden, bilden sie eine Zelle. Da in dieser Zelle Strom fließt, wird das nach der galvanischen Spannungsreihe unedlere Metall allmählich aufgezehrt.

Manche Boote haben Beschläge aus einer Vielzahl von Metallen unterhalb der Wasserlinie. Da Zink nach der galvanischen Spannungsreihe unedler ist als diese Metalle, werden sogenannte Opferanoden aus Zink am Rumpf in der Nähe dieser Beschläge, neben Propellerwellen und am Unterwassergehäuse von Außenbordern angebracht. Weil das Zink vor den »edleren« Metallen durch Elektrolyse aufgezehrt wird, schützt es Letztere vor Korrosion.

Zinkanoden sollten ausgetauscht werden, wenn sie etwa zur Hälfte aufgezehrt sind. Sie dürfen auf keinen Fall überstrichen werden, weil sie dadurch ihre Schutzfunktion verlieren würden. Eventuell vorhandene Kabel müssen nach dem Austausch wieder an die neue Anode angeschlossen werden, damit sie ihre volle Wirkung erzielt.

Überprüfen von Rumpfbeschlägen

Auch wenn die Anoden regelmäßig ersetzt werden, können die Schrauben und Bolzen der Beschläge korrodieren und müssen auf festen Sitz überprüft und gegebenenfalls ausgetauscht werden. Eindringendes Wasser zeigt an, dass das Dichtmittel oder die Dichtung zwischen Beschlag und Rumpf nicht mehr in Ordnung ist und erneuert werden muss. Wie immer am Unterwasserschiff sollte man einen Fachmann hinzuziehen, wenn der geringste Zweifel besteht, ob man diese Arbeiten selbst risikolos durchführen kann.

Im Rumpfinnern müssen die Leitungen, wie bereits gesagt, sehr fest an den Außenhautbeschlägen befestigt werden. Wenn es an diesen Stellen leckt, müssen vielleicht nur die beiden Schraubklemmen fester angezogen, eine nach der anderen ausgetauscht oder um eine dritte Schraubklemme erweitert werden.

Ventile für die Regelung des Wasserzuflusses können ausgetauscht werden – aber nur an Land!

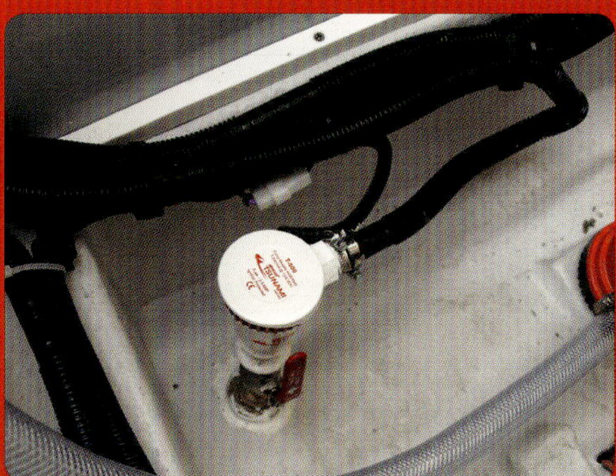

Korrosion und undichte Stellen am Kiel deuten darauf hin, dass der Beschlag abmontiert und mit neuen Bolzen wieder angebracht werden muss.

Seeventile dienen dazu, den Wasserzufluss von den Außenhautbeschlägen abzustellen. Sie müssen regelmäßig betätigt werden, damit sie sich nicht festsetzen. Auch gelegentliches Schmieren ist zu empfehlen.

Kiele

Kiel und Leitflossen, wie sie unter vielen Motorbooten und -seglern zu finden sind, verbessern die Richtungsstabilität und schützen Ruder und Propeller. Weiterhin sorgen sie für das nötige Gewicht, um das Boot möglichst aufrecht zu halten. Sie sind unterschiedlich aufgebaut: Bei vielen GFK-Booten ist Blei- oder Eisenballast direkt in den Rumpf eingegossen, während bei Holzbooten und teilweise auch GFK-Booten der Kiel mit Bolzen befestigt ist.

Korrosion und Lecks in der Umgebung des Kiels deuten auf Probleme an den Bolzen und an der Dichtung zwischen Kiel und Rumpf hin. Die Bolzen können mit der Zeit korrodieren. Bei sehr starker Rostbildung sind sie nur sehr schwer herauszudrehen, und das ist keine einfache Reparaturarbeit. Da hier das Unterwasserschiff betroffen ist, überlässt man die Arbeit an einem schweren Kiel am besten den Profis, die über das dafür erforderliche Werkzeug und Gerät verfügen. Sie nehmen den Kiel ab, betten ihn neues Dichtmittel und befestigen ihn mit neuen Bolzen.

13

INSTANDHALTUNG DER STEUERANLAGEN

Eine Auswahl an Steuerrädern.

Steuerstand eines typischen kleinen Kajütkreuzers.

Die Steueranlage gerät leicht in Vergessenheit, wenn sie funktioniert, sollte aber alle paar Monate oder bei jeder sich bietenden Gelegenheit überprüft werden, damit man sicher sein kann, dass sie in Ordnung ist.

Ruder

Die Ruderlager unterliegen beträchtlicher Beanspruchung, sodass sie unweigerlich verschleißen und schließlich ersetzt werden müssen. Der Propeller drückt ununterbrochen Wasser gegen das Ruder, und durch diese Belastung lockern sich die Fittings. Die Lager sollten jedes Jahr überprüft werden, indem man das Ruder an der Unterkante greift und versucht, es nach vorn und hinten sowie zur Seite zu bewegen. Wenn sich dabei ein gewisses Spiel zeigt, dreht man die entsprechenden Schrauben oder Bolzen heraus und ersetzt die Lager. Bei einem großen, massigen und schwer zu demontierenden Ruder überlässt man den Austausch der Lager besser einer Werft.

An der Stelle, an der das Ruder am Spiegel angebracht ist, dreht es sich um sogenannte Ruderzapfen, die in Ruderösen am Spiegel sitzen. Diese Beschläge sollten regelmäßig geschmiert werden. Bei starkem Spiel müssen sie ersetzt werden.

Möglicherweise bekommt man entsprechende Ersatzteile bei einem Schiffsausrüster; es kann aber durchaus sein, dass man sie in einer Schlosserei anfertigen lassen muss. Alternativ findet man sie vielleicht gebraucht auf einem Bootsflohmarkt oder bei einem Schiffsausrüster, der auch Gebrauchtbeschläge im Angebot hat. Es dürfte klar sein, dass sie für den gewünschten Zweck stabil genug sein müssen.

Viele Motorboote besitzen kein Ruder, weil mit dem Außenborder gesteuert wird. Dabei ergibt sich jedoch das Problem der geringen Ruderwirkung bei

Hier wird mit dem Außenborder und nicht mit einem Ruder gesteuert.

Verschiedene Rudertypen mit den entsprechenden Lagern, die einem gewissen Verschleiß unterliegen und ausgetauscht werden müssen, wenn sie zu viel Spiel aufweisen.

Beispiele für selbst gebaute Ruder für Außenborder zur Verbesserung der Steuerwirkung bei geringer Fahrt.

niedrigen Geschwindigkeiten. Diesem Problem entgeht man, indem ein Ruder am Schaft des Außenborders angebracht wird. Ein fertiges Ruder ist beispielsweise das RudderSafe von www.ruddersafe.com (auch zu finden als »Kursstabilisator« auf *www.compass24.de*).

Hier ist das Gestänge zu sehen, über das die Steuerbewegung auf den Außenborder übertragen wird.

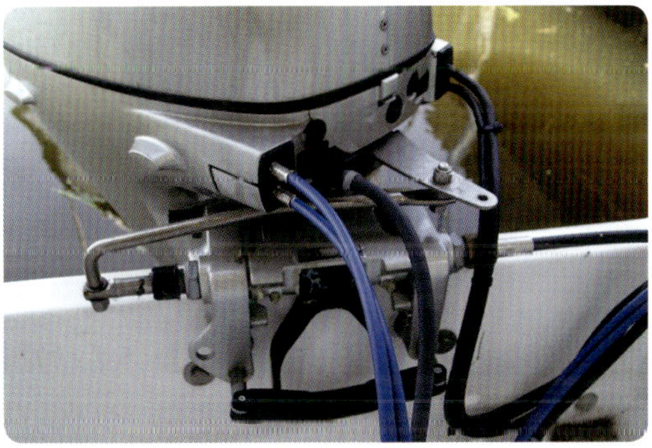

Viel billiger ist es, selbst aus Aluminiumblech ein Ruder anzufertigen und am Schaft des Außenborders anzubringen, wie in den Bildern gezeigt.

Steuerausrüstung

Jede Steueranlage besitzt bewegliche Teile, die regelmäßig geschmiert werden müssen. Schmiernippel oder Schmierfettkappen zum Ansetzen einer Fettpresse befinden sich an den Steuerseilen oder -stangen am Steuerradende und an der Verbindung zum Ruder. Andere Verbindungsstellen müssen mit einem wasserfesten Schmiermittel behandelt werden. Dazu muss man oft irgendwelche Verkleidungen abnehmen. Da bietet es sich natürlich an, gleich auch die Befestigungen einschließlich Muttern und Bolzen zu überprüfen und gegebenenfalls anzuziehen.

Bei hydraulischen Steueranlagen muss regelmäßig der Ölstand geprüft und gelegentlich Flüssigkeit

Dieses Kugelgelenk zwischen Steuerung und Motor muss regelmäßig gereinigt und geschmiert werden.

Auf diesem Bild sind deutlich die Teile einer Steueranlage mit einzelnem Seilzug zu erkennen, der zu der Anschlussstelle für den Außenborder führt.

Blick von der Seite auf die Steuerradhalterung.

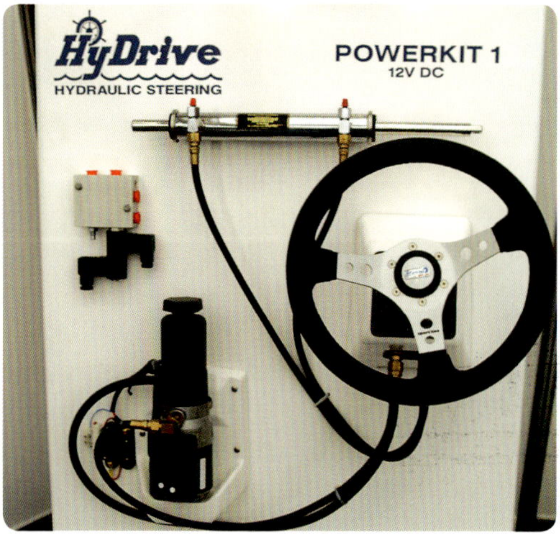

Dieses Bild zeigt die Teile einer hydraulischen Steueranlage (Servolenkung) mit dem Flüssigkeitsbehälter unten links, der gelegentlich aufgefüllt werden muss, und den Arbeitszylindern oben.

nachgefüllt werden. Wenn häufig nachgefüllt werden muss, könnte es sein, dass die Zylinderdichtungen undicht sind. Das Austauschen der Dichtungen und Befüllen eventuell vorhandener Stopfbuchsen sollte man einem Fachmann überlassen, da man als Laie die Fittings beschädigen könnte, sodass die Steuerung nicht mehr zuverlässig arbeitet, was gefährliche Folgen nach sich ziehen könnte.

Trimmklappen

Trimmklappen sind an Booten zu finden, die dafür konstruiert sind, schnell zu fahren, ins Gleiten zu kommen und dabei die Wasseroberfläche kaum zu

Nahaufnahme der Arbeitszylinder, bei denen – nach langem Einsatz – möglicherweise die Dichtungen an den Enden ausgetauscht werden müssen, wenn viel Flüssigkeit austritt.

berühren. Es handelt sich dabei um Metallplatten, die mit Scharnieren unten am Spiegel befestigt sind und hydraulisch oder elektrisch betätigt werden, um den Trimm des Bootes zu ändern. Der Bedienhebel ist in der Nähe des Steuerrads angebracht. Mittels der Klappen wird das Boot zum Gleiten gebracht, indem man sie etwas tiefer stellt, um das Boot bei zunehmender Fahrt waagerecht zu halten und zu verhindern, dass das Heck einsinkt. Mit Trimmklappen kann man auch das sogenannte Tauchstampfen verhindern, d.h., das Auf und Nieder des Bugs bei Vorausfahrt. Den Umgang mit den Trimmklappen muss man bei jemandem erlernen, der Erfahrung mit dem betreffenden Boot besitzt.

Die Trimmklappen gehören zwar nicht zur Steueranlage im eigentlichen Sinne, müssen aber auf die gleiche Weise wie diese überprüft werden. Bei manchen muss Hydraulikflüssigkeit nachgefüllt werden, und viele andere, die als wartungsfrei angeboten werden, muss man zumindest sauber halten.

Trimmklappen an der Unterkante des Spiegels.

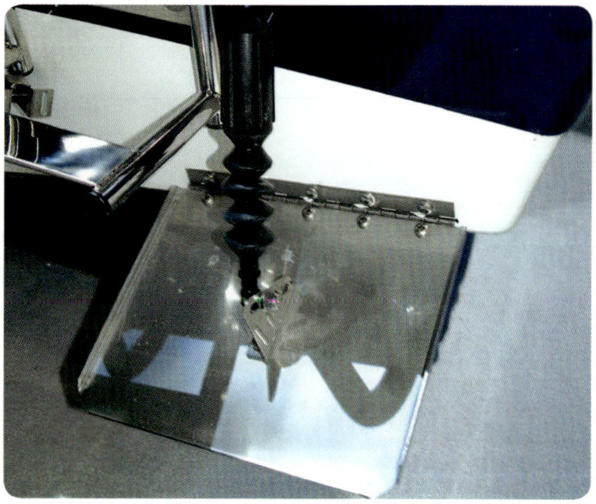

ANKERN UND FESTMACHEN

14

Leinen in abgemessenen Längen kann man oft auf Bootsmessen und -flohmärkten kaufen.

Manche neuen Bootseigner, die die heimischen Binnengewässer befahren wollen, sind der Meinung, sie bräuchten nur ein paar Leinen zum Festmachen an Pollern oder Ringen am Ufer. Aber ein Motorausfall mitten im Fluss kann durchaus bedeuten, dass plötzlich der Anker zum wichtigsten Gerät an Bord wird. Man muss in der Tat über die entsprechende Ausrüstung für jede Eventualität verfügen, weil es sich ja beispielsweise als notwendig erweisen könnte, gegen eine starke Strömung oder heftigen Wind den Anker an einer Stelle auszubringen, an der keine Poller, Ringe oder anderen Festmachemöglichkeiten vorhanden sind.

Natürlich braucht man auch in Tidengewässern eine angemessene Festmache- und Ankerausrüstung, weil man nur damit das Boot zum Stehen bringen kann, wenn der Motor ausfällt.

Tauwerk

Für den einen oder anderen mag es merkwürdig erscheinen, aber der Umgang mit Leinen und Tauen verschiedenster Art kann ein erfreuliches Gefühl vermitteln, das Erinnerungen an seemännische Traditionen heraufbeschwört und in Gedanken ein Bild entstehen lässt, auf dem man sich am Steuerrad eines wunderschönen Schiffes sieht, das die Wellen durchschneidet. Tauwerk gibt es in einer faszinierenden Vielfalt für jeweils ganz bestimmte Zwecke.

Art und Verwendungszweck

Tauwerk aus Naturfasern ist auf modernen Motorbooten kaum noch anzutreffen, weil es weder die Haltbarkeit noch die Festigkeit der heute verwendeten Kunstfasern besitzt.

Dreischäftiges geschlagenes Tauwerk besteht aus drei miteinander verdrillten Kardeelen und ist dadurch leicht zu spleißen. Es ist aber in der häufigen Handhabung nicht so angenehm wie das glattere und weichere geflochtene Tauwerk. Daher ist Letzteres eher zu empfehlen für Leinen, mit denen man oft arbeitet.

Tauwerk aus Polyester wie Dacron ist geflochten und besitzt zusätzlich eine geflochtene Seele. Es vereint gleichmäßige Flexibilität mit großer Stärke, weist wenig Reck auf, bietet hohe UV-Beständigkeit und ist nicht schwimmfähig. Außerdem ist es ziemlich teuer und wird eher auf Segelyachten als auf Motorbooten verwendet.

Dreischäftige Leine.

Geflochtenes Tauwerk mit Blick auf die ebenfalls geflochtene Seele.

Polypropylen-Tauwerk ist billig, aber nicht UV-beständig.

Nylontauwerk ist besonders stark, weist aber beträchtlichen Reck auf. Es besteht meistens aus drei Kardeelen, die jeweils aus einer Vielzahl von Garnen zusammengesetzt sind. Durch die daraus resultierenden Reck-Eigenschaften eignet es sich sehr gut für Festmacheleinen und Ankertrossen, weil es eine ruckartige Zugbelastung absorbieren kann. Außerdem weist es gute UV-Beständigkeit auf und ist nicht schwimmfähig.

Polypropylen-Tauwerk ist relativ billig, aber nicht sehr UV-beständig und hält daher nicht so lange wie anderes Tauwerk. Es wird oft zum Festmachen verwendet, muss aber ziemlich häufig überprüft und ausgetauscht werden, sodass Nylon die bessere und zuverlässigere Wahl ist. Sein Hauptvorteil ist darin zu sehen, dass es schwimmfähig ist und daher gut für Rettungsleinen verwendet werden kann, die ja auf dem Wasser zu sehen sein müssen.

Nylonnetze lassen sich problemlos an den Relingsstützen und -drähten eines Bootes befestigen. Sie verhindern, dass unbefestigte Gegenstände und Menschen – insbesondere Kinder – über Bord gehen.

Instandhaltung von Tauwerk

Wer sorgsam mit seinen Leinen und Tauen umgeht, verlängert ihr Leben.

Die UV-Strahlung im Sonnenlicht vermindert nach und nach die Qualität des Tauwerks. Das lässt sich in den meisten Fällen nicht vermeiden, aber wenn es irgendwie möglich ist, sollten die Leinen bei Nichtgebrauch keiner direkten Sonnenstrahlung ausgesetzt sein.

Leinen und Taue sollten gelegentlich in lauwarmem Seifenwasser gewaschen werden, um Salz-

Relingsnetz aus Nylon.

und Sandablagerungen zu entfernen. Gelegentlich wird empfohlen, dafür einen Hochdruckreiniger zu verwenden, aber in Anbetracht der Tatsache, dass man mit einem solchen Gerät Betonflächen reinigen kann, besteht die Gefahr, dass das Tauwerk beschädigt wird, weil durch den Druck Sand und Schmutz hineingepresst werden.

Auch eine Waschmaschine mit niedriger Temperatureinstellung könnte man zu diesem Zweck nutzen, muss dann aber mit einem unentwirrbaren Knäuel rechnen, wenn man die aufgeschossene Leine nicht in einem geeigneten »Wäschesack« wie etwa einem Kopfkissen gewaschen hat. Außerdem besteht die Gefahr, dass eine lange, nasse Leine zu schwer für die Waschmaschine ist und dass dann nicht nur die Maschine, sondern auch das Verhältnis zu anderen Haushaltsangehörigen Schaden nimmt.

Leinen, die vor lauter Schmutz und Salz steif geworden sind, müssen einen oder zwei Tage in Sei-

Leinen sollten sorgfältig aufgeschossen werden, wenn sie nicht in Gebrauch sind.

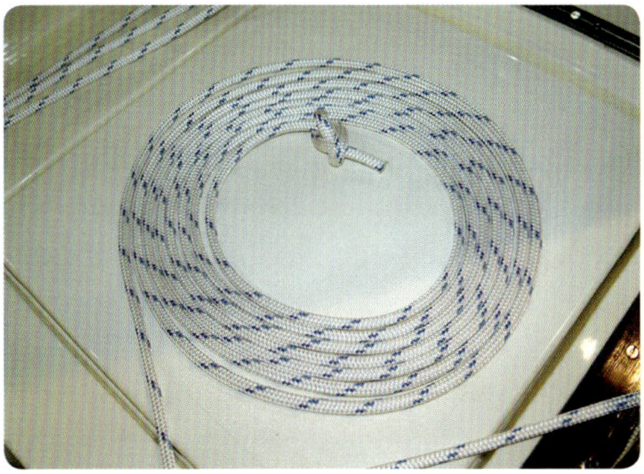

Bei Kontakt mit Beschlägen besteht die Gefahr, dass Leinen ausfransen.

»Dip-it Whip-it« schließt das Ende einer Leine ab.

Mit Kunststoffklebeband kann man vorübergehend weiteres Ausfransen verhindern.

fenwasser eingeweicht werden, das gelegentlich umgerührt wird. Nach gründlichem Ausspülen muss man sie dann vielleicht noch einmal einweichen. Gegen hartnäckigen Schmutz hilft Abschrubben mit einem Kunststoffschwamm.

Total »versalzte« Leinen profitieren auch vom Einweichen in einem Eimer Wasser, dem eine Tasse Weichspüler zugesetzt wurde. Nach dem Spülen und Trocknen dürften die Leinen viel flexibler sein und angenehmer in der Hand liegen – vom besseren Geruch ganz zu schweigen!

Ausfransende Enden sollten gesichert und alle Leinen sorgfältig aufgeschossen werden, wenn sie gerade nicht gebraucht werden. Das verhindert die Bildung von Kinken, die die Leine schwächen.

Tauwerk muss regelmäßig auf Verschleiß und Abnutzung überprüft werden. Damit es nicht nur an einer Stelle verschleißt, sollte man die Punkte, an denen es Kontakt mit Beschlägen hat, von Zeit zu Zeit ändern. Ein über das Tauwerk gezogener Kunststoffschlauch verhindert Abnutzung und Ausfransen an den Stellen, an denen es durch oder über Beschläge wie eine Rolle verläuft.

Sicherheitsaspekte

- Der sichere Umgang mit Leinen und Tauen erfordert Sorgfalt und gesunden Menschenverstand.
- Um ein Verheddern und Verletzungen zu verhindern, nicht auf aufgeschossene Leinen stellen.
- Abseits der Rückpralllinie stehen, wenn eine Leine oder Trosse brechen könnte.

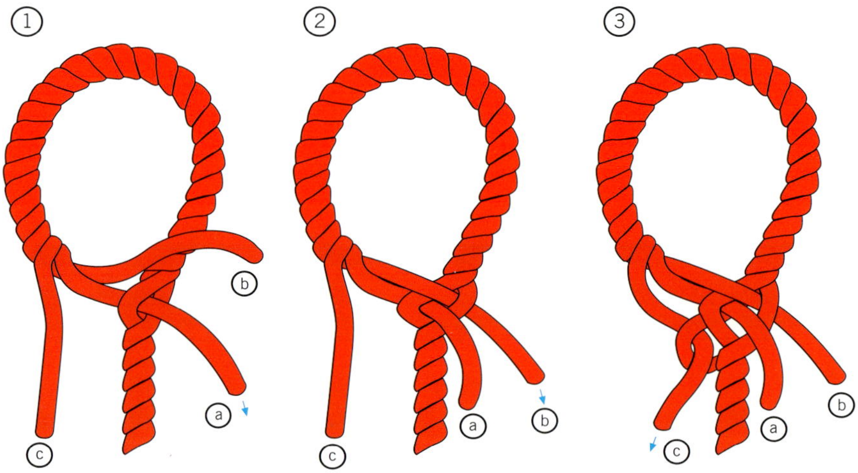

Der Augspleiß

So wie im dritten Bild werden die drei Kardeele abwechselnd mehrfach miteinander verwoben. Ein genauer Blick auf einen vorhandenen Augspleiß verdeutlicht die Art und Weise, wie man einen sicheren Spleiß erhält.

Arten von Knoten

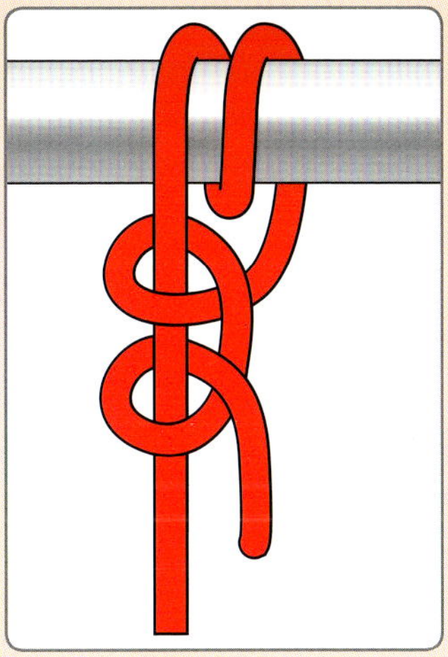

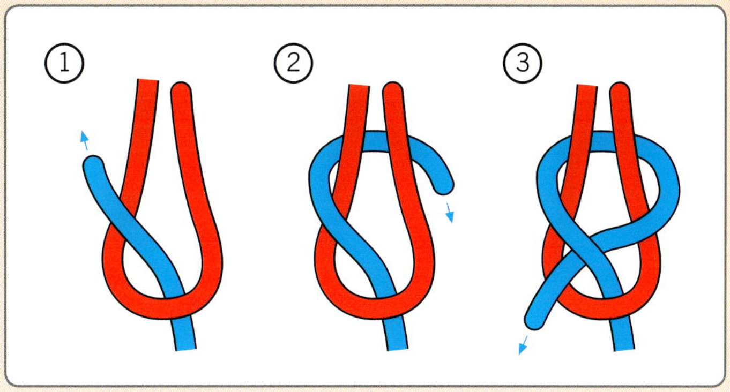

Links: Der Rundtörn mit zwei halben Schlägen eignet sich sehr gut für das Festmachen an Stangen und viele andere Zwecke. Der dafür manchmal empfohlene Webeleinstek ist in der Praxis nicht geeignet, da er bei plötzlicher Zugbelastung rutschen kann.

Oben: Der Schotstek dient dazu, zwei verschieden dicke Leinen aneinander zu stecken. Er gilt unter Knotenexperten als sicherer als der Kreuzknoten.

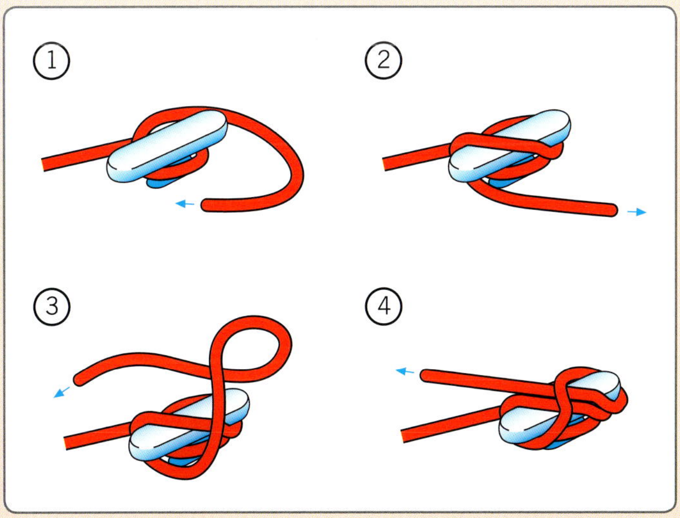

Oben links: Der Palstek ergibt ein festes Auge und kann zum Belegen einer Festmacheleine benutzt werden; dabei ist aber zu beachten, dass er unter Zugbelastung nicht zu lösen ist. Vorteilhaft ist, dass er im Notfall mit einer Hand gesteckt werden kann.

Oben: Der Achtknoten ist ein Stopperknoten. Man steckt ihn am Ende einer Leine, um zu verhindern, dass sie beispielsweise durch eine Klemme ausrauscht.

Links: Mit dem Kopfschlag wird eine Leine auf einer Klampe belegt.

Kette wird meterweise verkauft.

- Knoten und Spleiße immer auf Sicherheit prüfen. Unter heftigem Zug stehende Leinen nicht direkt mit bloßen Händen führen. Zwei oder mehr Törns um eine Klampe, eine Winsch oder einen Poller legen, um den Zug auf dem eigenen Körper zu verringern.
- Leinen niemals um die Hand wickeln, weil dann die Gefahr besteht, von den Füssen gerissen zu werden, wenn man nicht mehr rechtzeitig loslassen kann.
- Daran denken, dass Knoten die Leine schwächen, und zwar je nach Art des Knotens um 20–50 oder sogar 70 Prozent, wenn der Knoten schlecht gesteckt ist.

Enden abschließen

Dass sich eine Leine am Ende aufdreht oder ausfranst, wird traditionell dadurch verhindert, dass man sie mit Garn umwickelt oder »betakelt«. Dazu gibt es allerdings Alternativen für den Fall, dass es am nötigen Geschick oder an der Entschlossenheit mangelt, viel Zeit damit zu verschwenden, Garn um das Ende von Leinen zu wickeln. Kunstfasern können mit der Flamme aus einem Feuerzeug verschweißt werden, nachdem man die nötigen Vorkehrungen getroffen hat, um eine Feuersbrunst zu verhindern. Es dürfte klar sein, dass man das Ende erst anfassen darf, wenn es ausgekühlt ist, aber es

Der Klappdraggen ist geeignet als »Pausenanker«.

muss irgendwie geglättet werden, bevor sich beim Abkühlen scharfe Kanten bilden. Stattdessen kann man auch einen Schrumpfschlauch verwenden, wie man ihn bei manchen Schiffsausrüstern kaufen kann.

Sicherer ist die Verwendung von »Dip-it Whip-it«. Man taucht einfach das Ende in diese leimartige Flüssigkeit ein und lässt es trocknen.

Noch einfacher, aber nur provisorisch schließt man das Ende durch Umwickeln mit Isolierband ab.

Knoten und Spleiße

Um ein Auge zu bilden, verwendet man anstelle eines Knotens nach Möglichkeit besser einen Spleiß. Ein Spleiß verringert die Festigkeit der Leine viel weniger als ein Knoten. Es gibt Leinen zu kaufen, die bereits an beiden Enden einen Augspleiß haben.

Es sind schon ganze Bücher darüber geschrieben worden, wie man Knoten steckt. Da sich aber Leinen mit fertigem Augspleiß weitgehend durchgesetzt haben, braucht man nur wenige Knoten zu kennen.

Auf der Webseite *http://www.klabautermann.de* wird neben einer Reihe weiterer Knoten in Animationen gezeigt, wie die im Folgenden aufgeführten Spleiße und Knoten gesteckt oder gebunden werden. Noch ausführlichere Informationen bietet die englischsprachige Seite *http://www.animated-knots.com*.

Anker, Kette und Leine

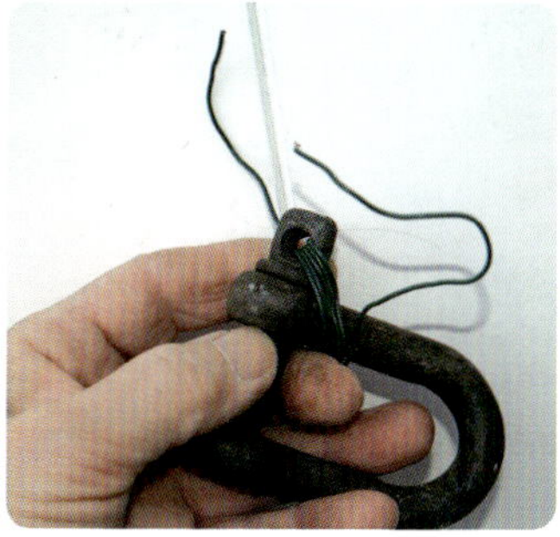

Ein Schäkel wird »bemust«.

Größe und Gewicht des Ankers sind abhängig von der Bootsgröße und vom vorgesehenen Revier. Welchen Anker man tatsächlich braucht, richtet sich danach, was man mit dem Boot macht. In geschützten Küsteneinschnitten reicht für kurze Stopps bei ruhigem Wetter möglicherweise ein einfacher Klappdraggen. Wenn aber Fahrten außerhalb geschützter Gewässer geplant sind und insbesondere, wenn man vor Anker in Tidengewässern übernachten will, braucht man unbedingt die zum Boot und zu den Gegebenheiten passende Ausrüstung, um sicher zu sein, nicht im Schlaf an Land oder auf Felsen gesetzt zu werden.

Die »Ankertrosse« besteht aus der am Anker befestigten Kette und Leine. An den Anker sollte immer ein Kettenvorlauf angeschäkelt werden, an dem dann die Leine befestigt wird. Die Kette hält durch ihr Gewicht den Anker am Grund, sodass er sich fest eingraben kann. Sie ist außerdem weitaus widerstandsfähiger gegen Abrieb als eine Leine. Die Empfehlungen für die Länge des Kettenvorlaufs variieren vom Zweifachen bis zu einem sehr vorsichtig angesetzten Fünffachen der Bootslänge. Letztlich kommt es auch darauf an, welches Gesamtgewicht aus Anker und Kette man heben kann.

Die Leine sollte viel Reck aufweisen, damit sie die ruckartigen Belastungen beim Auf und Nieder des Bootes in den Wellen absorbieren kann. Dafür ist Nylon das ideale Material. Die Leine am Kettenvorlauf sollte bei ruhigen Bedingungen mindestens drei Mal so lang sein wie die Wassertiefe. Je länger sie ist, desto sicherer hält der Anker. Sie muss bei windigem Wetter mindestens fünf Mal und bei Starkwind sogar acht Mal so lang sein wie die Wassertiefe – wobei natürlich die Entfernung zu eventuellen Hindernissen und anderen Booten zu berücksichtigen ist. Die tatsächlich mitgeführte Ankerleine muss daher viel länger sein, als nach den zu erwartenden Ankertiefen erforderlich wäre. Dabei ist auch ein eventueller Tidenhub zu beachten.

Der Schiffsausrüster, der das Ankergeschirr verkauft, kann sicher entsprechende Tipps geben.

Wer ganz sicher gehen will, hat zwei Anker mitsamt Trosse an Bord. Der zweite kann im Winkel zum ersten ausgebracht werden, wenn der Ankergrund nicht richtig hält oder die Möglichkeit besteht, dass Wind oder Wellen zunehmen. Als »Pausenanker« wird manchmal ein kleiner Klappanker bezeichnet, den man ausbringen kann, um in geschützten Gewässern beispielsweise eine oder zwei Stunden Mittagspause einzulegen.

Die Empfehlungen hinsichtlich des Ankergewichts für eine bestimmte Bootslänge variieren beträchtlich. Traditionell geht man von einem britischen Pfund (0,45 kg) pro Fuß (30 cm) Bootslänge aus, wobei neuere Ankertypen wie etwa der Bruce-Anker in festem Sandboden etwas weniger wiegen dürfen.

Der Bruce-Anker.

Ein schwerer Anker, der mehr als das empfohlene Minimum wiegt, bietet jedoch auch ein Mehr an Sicherheit. Der Kettendurchmesser (die Dicke des Stahls der einzelnen Glieder) beträgt normalerweise 6 mm bei einem kleinen offenen Boot und 8 mm bei einem kleinen Kajütkreuzer bis 7,5 m Länge über alles. Bei größeren Booten von 10–18 m sollte er auf 10–14 mm steigen. Die Nylonleinen sollten einen Durchmesser von 10 bzw. 14 mm bei 6–8-mm-Ketten und 18 bzw. 22 mm bei 10–14-mm-Ketten aufweisen. Die Schäkel sollten etwas größer als die Kettengröße sein und »bemust«, d.h., mit Draht gesichert, werden, damit sich der Bolzen nicht löst.

Als Ankergrund ist Sand oder fester Schlick am besten, weil der Anker sich darin gut eingräbt.

Das Ankern wird in Sportbootkursen gelehrt. Wenn auch nur die geringsten Zweifel bestehen, ob man vor Anker übernachten kann, sollte man besonders, wenn zunehmende Windstärken zu erwarten sind, rechtzeitig vor Einbruch der Dunkelheit eine Marina oder einen Hafen ansteuern.

Bei felsigem oder mit Algen bedecktem Grund kann sich der Anker festsetzen, sodass man ihn nicht mehr aufholen kann. Bei vielen Ankertypen hilft es, eine Tripleine mit Schwimmkörper am Anker anzubringen. Wenn der Anker festsitzt, kann man ihn mit dieser Leine befreien.

Ankertypen

Es gibt mittlerweile viele neue und recht teure Anker, die angeblich alle möglichen Vorteile bieten, wenn man mit einem großen Kajütkreuzer lange und weite Fahrten unternimmt. Hier sollen aber nur einige von den erprobten und bewährten Ankertypen beschrieben werden.

Mudweight
Dieses vornehmlich in England anzutreffende »Schlickgewicht« kann auf Binnengewässern ohne starke Strömung verwendet werden. In Kanälen sollte man es sogar anstelle eines Ankers benutzen, damit die Tonsohle nicht beschädigt wird und dadurch Wasser in den Untergrund eindringt.

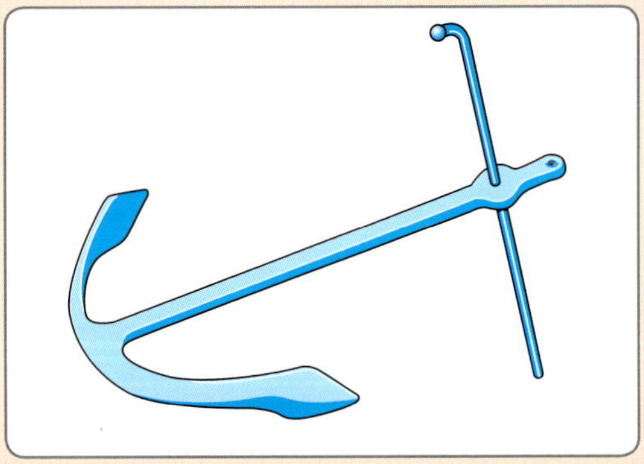

Fisherman
Der Fisherman- oder Stockanker ist seit Jahrhunderten in Gebrauch und auch heute noch auf manchen Booten zu finden. Er hält gut auf felsigem und bewachsenem Grund, kann sich aber in der Kette verfangen. Der Stock muss sich geradelegen, damit sich die Flunken – die spitzen Arme – in den Grund eingraben können; die obere Flunke kann bei ablaufendem Wasser aber das Boot beschädigen. Wenn ein Stockanker zu einem gebraucht gekauften Boot gehört, sollte man ihn gegen einen der folgenden Anker austauschen.

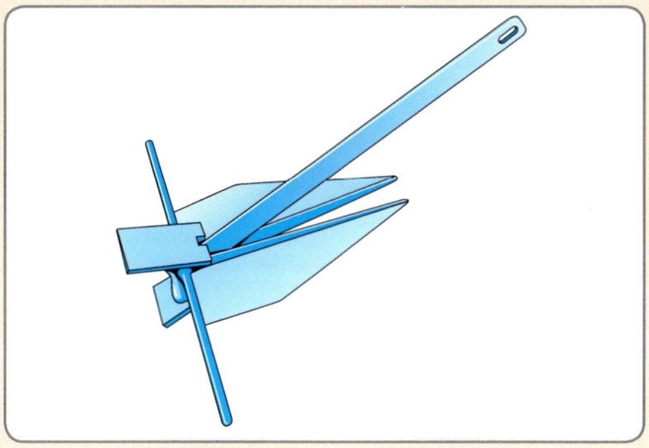

Danforth

Dieser Anker weist eine gute Haltekraft auf und kann zum Verstauen zusammengeklappt werden. Dabei muss man jedoch aufpassen, sich nicht die Finger einzuklemmen.

CQR oder Pflugschar

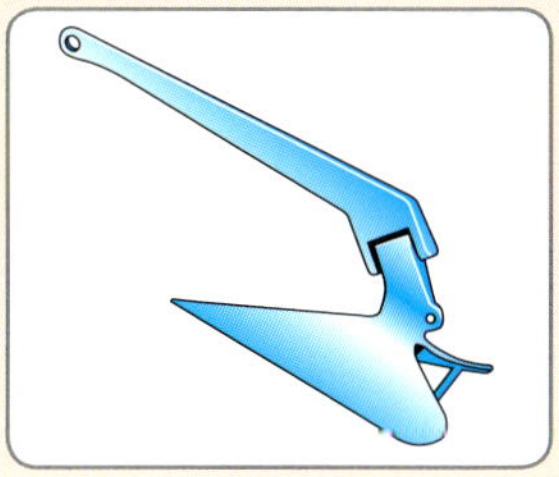

Dieser Typ »pflügt« sich in den Grund und hält ebenfalls gut. Er lässt sich bequem in einer Bugrolle fahren.

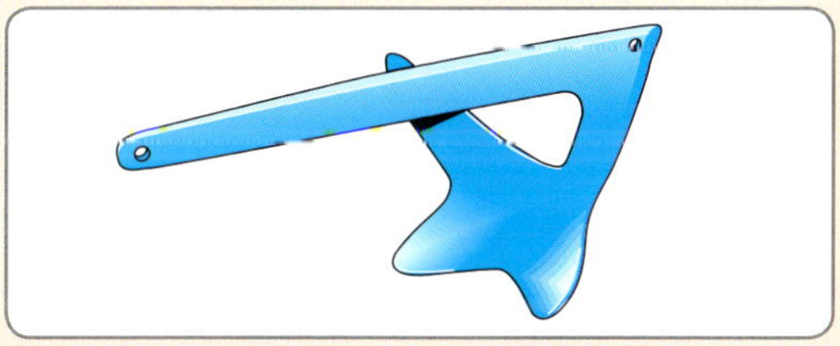

Bruce

Der Bruce-Anker weist im Verhältnis zu seinem Gewicht eine besonders gute Haltekraft auf und lässt sich gut auf der Bugrolle »verstauen«.

Klappdraggen

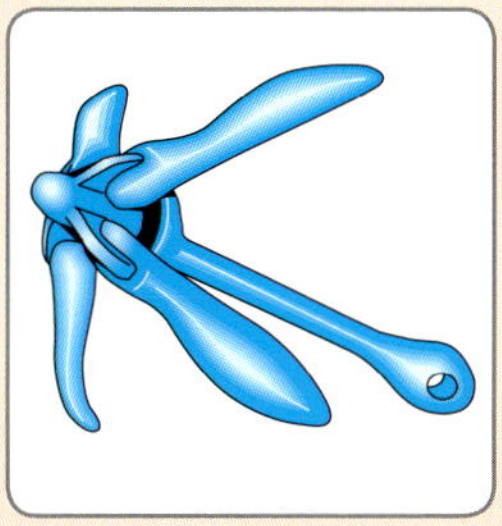

Der Klappdraggen ist günstig und eignet sich prima als »Pausenanker« für Daycruiser und Dinghis, hält aber nicht so gut wie die obigen Typen. Er eignet sich einigermaßen für felsigen Grund, kann sich dort aber verkeilen, sodass das Aufholen zum Problem wird.

Auswahl an Ankern, teilweise mit Kette und Leine.

Festmachen

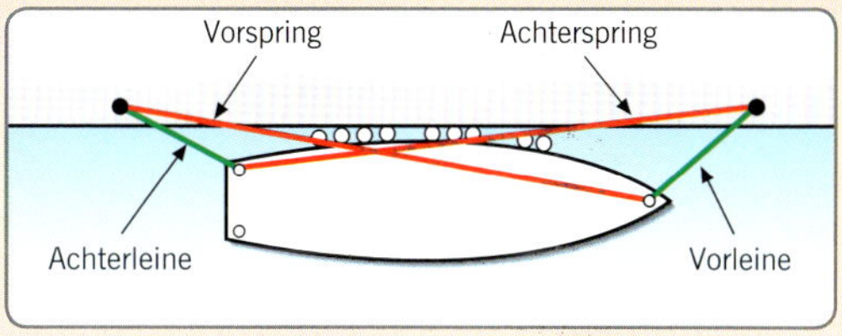

Festmacheleinen

Das sind die Leinen, mit denen das Boot festgemacht wird. Im Idealfall sind je zwei für Bug und Heck vorhanden, sodass man wie in der Zeichnung je eine »Spring« legen kann, die übermäßige Bewegungen des Bootes verhindern. Außer beim Anlegen an einem Schwimmsteg muss bei der Länge der Festmacheleinen der Unterschied zwischen Hoch- und Niedrigwasser, der sogenannte Tidenhub, berücksichtigt werden. Es hat schon unerfahrene Bootseigner gegeben, die nach der Rückkehr von einem Landausflug feststellen mussten, dass ihr Boot an der Kaimauer hing, weil die Leinen für Niedrigwasser zu kurz waren. Auch im Meer mündende Flüsse unterliegen bis in eine gewisse Entfernung von der Mündung dem Gezeiteneinfluss, und ihr Pegel steigt und fällt teilweise auch in Abhängigkeit vom Niederschlag.

Wenn am Ufer auf Binnengewässern keine Ringe, Poller oder Pfosten zum Festmachen vorhanden sind, braucht man stabile Stahl»nägel« oder L-förmige Haken. Diese werden am einen Ende der Festmacheleinen angebracht und am Ufer in den Boden getrieben. Da es schwierig werden kann, das Boot zu halten und gleichzeitig den Haken einzuschlagen, springt besser eine zweite Person mit an Land, die die Leine hält, bis der Haken oder Nagel fest im Boden sitzt.

Ein Anker gleich welchen Typs darf niemals geworfen werden. Gerade die L-Haken zeigen die hässliche Neigung, abzuprallen und dann das Boot oder den Werfenden zu treffen.

Dieser Schäkel ist bis zur Unbrauchbarkeit korrodiert.

Diese korrodierte Muringkette ist an den Kontaktstellen der Kettenglieder abgenutzt.

Fender

Schon ein gutes Stück vor einem Schwimmsteg oder einem Anleger am Flussufer müssen Fender ausgebracht werden, damit das Boot bei Kontakt mit dem Holz, Beton oder Stahl keine Kratzer bekommt oder schlimmere Schäden erleidet. Weitere Hinweise zu Fendern finden sich in Kapitel 18.

Instandhaltung von Festmachegeschirr

Permanente Einrichtungen wie etwa Muringbojen in einer Flussmündung müssen regelmäßig gewartet werden, da sie durch Gebrauch, Abrieb am Grund und Korrosion verschleißen. In manchen Versicherungspolicen ist ausdrücklich festgelegt, dass derartige Festmacheeinrichtungen regelmäßig durch qualifiziertes und erfahrenes Fachpersonal überprüft und instand gesetzt werden müssen. Diese Bestimmung darf man nicht ignorieren. Wenn ein Boot sich von einer solchen Muringboje losreißt, wird als Erstes die Frage nach der Instandhaltung gestellt, bevor ein Anspruch aus der Versicherung überhaupt in Erwägung gezogen wird.

Bei einem gemieteten Liegeplatz an einer Muringboje muss man sich daher bestätigen lassen, dass diese regelmäßig von einem Fachmann gewartet wird. Beim Erwerb des Liegerechts an einer Muringboje oder bei vereinseigenen Liegeplätzen sollte man die Wartungsfrage schriftlich festhalten und die Vereinbarung von der Versicherung abnehmen lassen. Früher wurden Muringbojen von Laien mit allen möglichen Gewichten ausgelegt, aber ein größeres Sicherheitsbewusstsein und die strengeren Versicherungsbestimmungen unterstreichen das dabei eingegangene Risiko.

Die obigen Hinweise sollten niemanden davon abhalten, das Muringgeschirr selbst zu überprüfen, wenn das ohne Gefahr möglich ist. Dazu kann man aus sicherem Stand im Boot Kette und Schäkel der Boje aus dem Wasser heben. So solide und stabil sie auch sein mögen, Schäkel und Kettenglieder werden durch Reibung, Wind und Bootsbewegungen nach und nach abgenutzt, sodass sie im Durchmesser abnehmen und an Festigkeit verlieren.

Bei trocken fallenden Muringbojen kann man das Geschirr inspizieren, falls der weiche Schlick nicht zu gefährlich ist.

Der Bolzen des Schäkels muss festsitzen und »bemust« sein (mit Draht umwunden, damit er sich nicht herausdrehen kann, siehe Bild oben). Zum Austauschen nimmt man einen Schäkel der gleichen Größe und des gleichen oder eines stärkeren Typs und aus demselben Material wie das Original. Bei einem anderen Material, beispielsweise Edelstahl, kann es zur Elektrolyse kommen, die das Geschirr schwächt.

Wenn eine Muring bei Niedrigwasser frei auf festem Sand oder Kies liegt, kann man das Geschirr auf Verschleiß und Abnutzung prüfen. Wenn der Grund aus weichem Sand oder tiefem Schlick besteht, muss man aufpassen, dabei nicht zu tief einzusacken. Es gab mal einen Fall, bei dem ein unglücklicher Bootseigner beim Inspizieren seiner Muringboje am Sonntagmorgen vor Hunderten von Spaziergängern bis zur Hüfte im tiefen klebrigen Schlick versank und mit Hilfe von Hubschrauber, Rettungsbooten und Feuerwehrgerätschaften geborgen werden musste. Die Zuschauer hatten ihren Spaß daran, wie er an Land geschleppt und mit dem Wasserschlauch abgespritzt wurde. Obwohl sein Stolz mehr gelitten hatte als sein Körper, konnte er sich glücklich schätzen. An einem abgelegenen Ort hätte er sich möglicherweise mit der steigenden Flut konfrontiert gesehen, ohne dass jemand in der Nähe gewesen wäre, um die Rettungskräfte zu alarmieren.

Der größte Feind von Festmacheleinen ist das Schamfilen. An Stellen, an denen sie an Beschlägen scheuern, schützt man sie durch einen flexiblen Plastikschlauch, einen Lederüberzug oder Ähnliches.

Eine freie Muring aufzunehmen, statt zu ankern, kann riskant sein, wenn man nicht weiß, ob

Beim Bootshaken »Moorfast« wird die Leine in einen Ring eingefädelt oder um eine Klampe geführt und durch simples Schieben und Ziehen an Bord zurückgeholt.

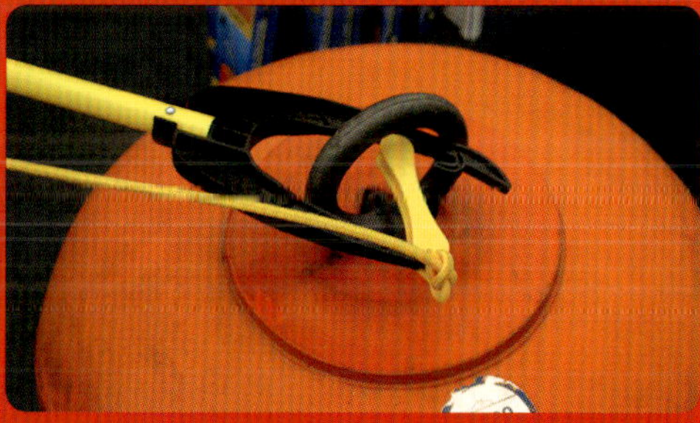

Ein Mantel aus Plastikschlauch schützt Festmacheleinen vorm Schamfilen.

Vorgesehene Muringpfosten müssen auf ihren Zustand überprüft werden.

sie ordnungsgemäß instand gehalten worden ist. Am besten fragt man vorher an geeigneter Stelle nach, ob sie zuverlässig ist. Wahrscheinlich muss man sowieso vorher eine Erlaubnis einholen, weil der Besitzer ja jederzeit zurückkehren könnte.

Der Zustand von Festmachepfosten oder -ringen an Kaimauern oder Flussufern ist viel leichter zu überprüfen; dabei muss man allerdings bedenken, dass sie auch unter der Oberfläche verfault oder verrostet sein können. Am besten macht man an mehreren dieser Pfosten oder Ringe fest.

Muring aufnehmen

Dieses Thema wurde bereits in Kapitel 8 behandelt; deshalb folgen hier nur noch ein paar Tipps, die die Sache erleichtern. Erstens könnte man statt eines normalen Bootshakens den »Moorfast«-Haken mit Einfädler nehmen. Und zweitens könnte man eine kleine Boje mit einer Griffschlaufe an der Festmacheleine anbringen. Diese kleine Boje wird dann unten an der Muringboje befestigt und bildet das Ziel für den Bootshaken. So kann man sie an Bord holen und ein Auge in der Leine über die Klampe am Bug legen.

Vorkehrungen für den Winter

Wenn das Boot im Winter an Land liegt, tauscht man an Stellen, an denen sich Eis bilden oder die Muringboje in einer Flussmündung sonstwie beschädigt werden könnte, die Muringboje gegen einen kleinen Schwimmer mit Leine aus, der dann praktisch als Markierung dient. Wenn man die Muringkette ohne irgendeine Art von Markierung auf Grund sinken lässt, dürfte sie in der nächsten Saison nur sehr schwer wieder aufzufinden sein. Zur Vorsicht kann man mittels GPS oder Kreuzpeilungen mehrerer fester Landmarken auch noch die genaue Position des Geschirrs ermitteln.

Wenn die Muringboje verloren geht und auch bei Niedrigwasser nicht zu sehen ist, braucht man die Hilfe eines Tauchers, um das Geschirr wiederzufinden. Wenn sie bei Niedrigwasser zu sehen ist, gilt es zu vermeiden, in weichem Schlick und Sand zu versinken, wenn man nach ihr sieht.

15

KAJÜTE

Blick in eine gepflegte Kajüte.

Undichte Fensterdichtungen

Fensterdichtungen sind häufig die Ursache dafür, dass Wasser in die Kabine eindringt. Das Dichtmittel muss mit der unterschiedlichen Ausdehnung der verschiedenen Materialien von Fenster, Rahmen und umgebender Seitenwand zurechtkommen. Dazu ist es zunächst elastisch genug, aber im Laufe mehrerer Jahre verliert es diese Elastizität, wird spröde und reißt an den Flächen, auf die es ursprünglich aufgebracht wurde.

Regen und Spritzwasser dringen in die Risse ein, und der Frost-Tau-Zyklus im Winter richtet dann weiteren Schaden an. Als Abhilfe wird in solchen Fällen meist empfohlen, das Fenster auszubauen und die Dichtung zu ersetzen. Das ist eine schmutzige und aufwendige Arbeit, für die man während der Saison nicht unbedingt Zeit vergeuden möchte. Sie muss zwar letzten Endes doch getan werden, aber es gibt eine Möglichkeit, sie hinauszuzögern und trotzdem zu verhindern, dass es weiterhin auf Kojen und Bettzeug tröpfelt: »Captain Tolley's Creeping Crack Cure«.

Es mag sich anhören wie ein viel gepriesenes Wundermittel, ist aber wirklich eine geniale Flüssigkeit, die bereits seit 1986 auf dem Markt ist. In Deutschland wird sie unter anderem vertrieben über die Webseite *http://www.yachticon.de*.

»Crack Cure« wird um das Fenster herum an allen Stellen aufgetragen, an denen sich Risse bis 1 mm Breite zeigen. Das Mittel wirkt auch bei Feuchtigkeit, sollte aber idealerweise eingesetzt werden, wenn der Untergrund vollkommen trocken ist, damit es nicht durch Wasser verdünnt und in der Wirkung eingeschränkt wird. Außerdem sollte die Lufttemperatur zwischen 5 und 27° C liegen. Da das Mittel sehr dünnflüssig ist, dringt es in die feinsten Risse ein, die man mit bloßem Auge oft nicht einmal sieht. So kann es dazu beitragen, die undichte Stelle zu finden.

Nach dem ersten Auftragen lässt man die Flüssigkeit trocknen und spritzt anschließend weitere ein. Dieser Vorgang wird wiederholt, bis keine Flüssigkeit mehr in den Rissen verschwindet. Auf diese Weise bildet das Mittel Schichten im Riss und dichtet ihn nach und nach immer weiter ab. Überschüssige Flüssigkeit wird mit einem feuchten Tuch weggewischt, bevor sie antrocknet.

»Crack Cure« wird zwar nur für Risse bis 1 mm Breite empfohlen, verklebt aber sogar abgebröckelte Dichtungsreste im Riss miteinander und macht die reparierte Stelle für erstaunlich lange Zeit wasserdicht.

Die Flasche mit »Captain Tolley's Creeping Crack Cure« wird leicht gedrückt, damit die Flüssigkeit in die Risse um den Fensterrahmen eindringt.

Überschüssige Flüssigkeit wird mit einem feuchten Tuch abgewischt.

Das Mittel kann auch an Decksbeschlägen verwendet werden, an denen Wasser in die Kajüte eindringt.

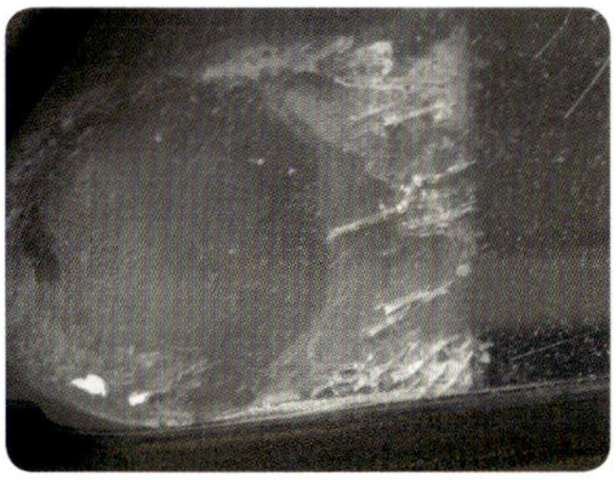

Risse in Perspex lassen sich nicht beseitigen, sodass die Fensterscheibe ersetzt werden muss.

Da die Flüssigkeit bei der ersten Anwendung auf der anderen Seite des Risses austreten könnte, sollte dort ein Helfer bereitstehen, um sie gegebenenfalls aufzunehmen. Eine weitere Anwendung nach 24 Stunden Trocknungszeit sorgt dafür, dass der Riss vollkommen dicht ist. Die Flüssigkeit ist in feuchtem Zustand weiß, trocknet aber transparent aus und kann überstrichen werden.

Am besten verwendet man »Crack Cure« im Rahmen der jährlichen Instandhaltungsarbeiten, denn »Vorbeugen ist besser als Heilen«. Wenn allerdings Wasser an Beschlägen eindringt, die beträchtliche Kräfte aufnehmen müssen, weist das auf Korrosion von Bolzen und Beschlag hin. In diesem Fall wäre ein Austausch besser und sicherer, als nur das Leck abzudichten.

Fensterreparatur

Für Bootsfenster wird meistens gegossenes Acrylglas (Perspex) verwendet.

Man kann es zwar zuerst mit »Crack Cure« versuchen, muss die Dichtung aber letztlich doch ersetzen, wenn sie starke Risse aufweist und ihre Funktion nicht mehr erfüllt. Außer bei oberflächlichen Kratzern macht eine Beschädigung des Fensters selbst ebenfalls einen Austausch erforderlich.

Leichte Kratzer im Perspex könnte man erst einmal zu beseitigen versuchen, ohne das Fenster zu ersetzen. Dazu trägt man mit einem weichen Tuch etwas Autopolitur ohne Schleifzusätze auf, die nach dem Antrocknen mit einem anderen weichen Tuch abgewischt wird. Möglicherweise reicht es, diesen Vorgang mehrfach zu wiederholen, um die Kratzer

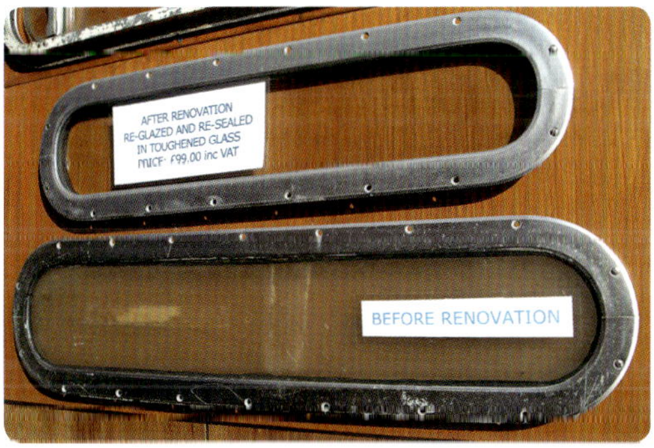

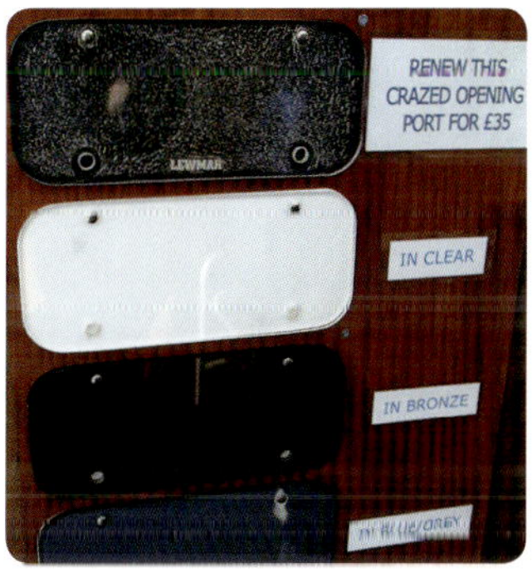

Auf einer Bootsmesse zeigt eine Firma, was sie bei Fensterreparaturen leisten kann und was sie an Ersatzteilen liefert.

zu beseitigen. Das ist allerdings unwahrscheinlich, wenn es sich um tiefe Kratzer handelt.

Gehärtetes Glas besitzt eine sehr harte Oberfläche, aus der man Kratzer kaum herausbekommt, ohne Schleifspuren zu hinterlassen.

Perspex reißt im Laufe der Zeit durch die Einwirkung der UV-Strahlung. Die Risse breiten sich bis tief in das Glas aus und lassen sich nicht »heilen«. Ein Austausch ist die einzige Lösung.

Fensteraustausch

Ein Fensteraustausch kann recht einfach sein, aber – weil vielleicht die Scheibe sehr fest im Rahmen sitzt – auch so schwierig, dass man einen Fachmann für Bootsfenster hinzuziehen muss. Wenn das nicht geht, kann man sich per E-Mail oder Webformular an *http://www.bootsfenster.com* wenden und nachfragen, was zu tun ist bzw. ob die Arbeiten dort vorgenommen werden können.

Vor dem Ausbau eines Fensters sollte man mittels Klebeband auf dem Rahmen vermerken, was innen und oben ist, um das Fenster später wieder korrekt einzubauen.

Bei manchen Booten dienen Fenster und Fensterrahmen als Verstärkung für die Kajütseiten, sodass man es tunlichst vermeidet, bei ausgebauten Fenstern das Kajütdach zu betreten. Außerdem nimmt man sich am besten immer nur ein Fenster zurzeit vor, damit sich nichts verzieht.

Die Bilder unten und auf den folgenden Seiten zeigen die Reparatur eines Fensters, bei dem das Perspex ersetzt werden muss. Nach dem gleichen Prinzip kann man bei vielen Fenstertypen mit Aluminiumrahmen vorgehen.

Die gerissene Scheibe, die ersetzt werden muss.

Der Kopf des Niets wird ausgebohrt und der Niet durchgedrückt.

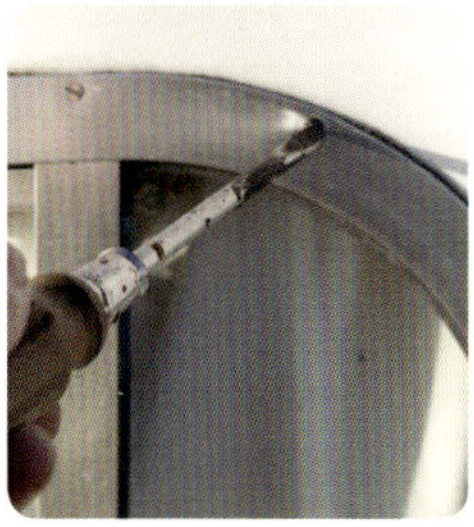
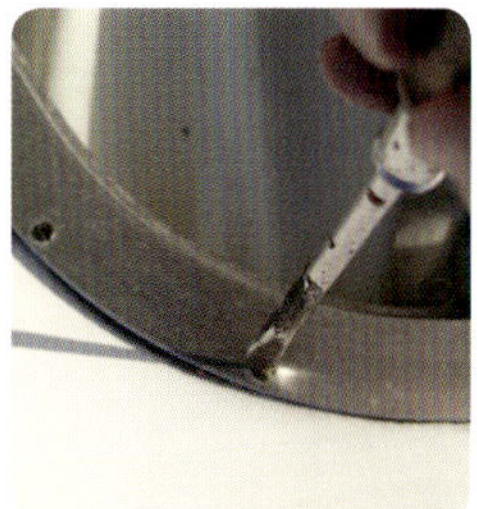

Schrauben und Bolzen sollten jeweils paarweise gegenüberliegend gelöst werden.

Wichtig ist, dass man einigermaßen bequem und sicher im und am Boot arbeiten kann, ohne sich an scharfen Kanten zu verletzen. Ein Helfer sollte jeweils auf der gegenüberliegenden Fensterseite die Befestigungen lösen und beim Herausnehmen der Scheibe oder des Rahmens mit anfassen. Beide sollten Lederhandschuhe tragen, um die Hände vor scharfen Kanten und Glassplittern zu schützen.

Um an die Schrauben, Bolzen oder Niete zu kommen, muss man möglicherweise vorsichtig die Innenverkleidung anheben.

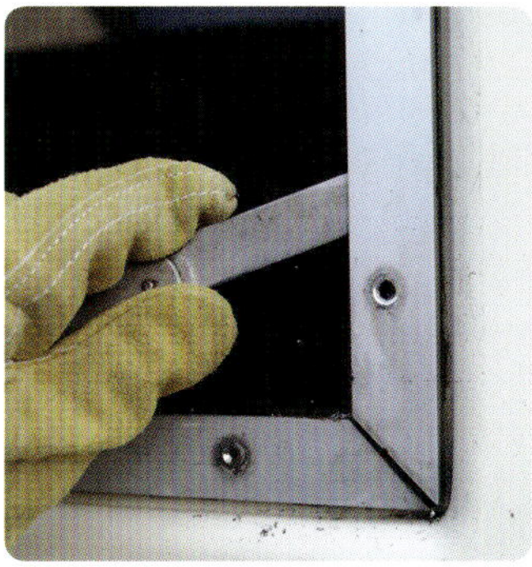

Mit einem Messer wird das Dichtmittel gelöst.

Der Rahmen wird vorsichtig abgenommen; hier hat er sich allerdings in seine Einzelteile aufgelöst.

Scheibe und Rahmen ausbauen

Fenster aus Perspex oder einem ähnlichen Kunststoff sind oft mit durchgehenden Bolzen in der Seitenwand befestigt. Diese Bolzen lassen sich – vielleicht mit Hilfe von etwas Rostlöser – herausschrauben.

Dabei löst man nacheinander jeweils zwei, die sich schräg gegenüberliegen. Andere Gegenstände, die den Fensterausbau behindern, werden vorsichtig entfernt oder beiseitegeschoben. So muss möglicherweise die Innenverkleidung der Kajüte gelöst werden. Man muss jederzeit damit rechnen, dass die Scheibe aus dem Rahmen rutscht.

Niete müssen ausgebohrt werden. Dazu bohrt man zunächst außen den Kopf aus und versucht dann, den Niet vorsichtig herauszudrücken. Wenn das nicht klappt, weil vielleicht der Niet korrodiert ist, muss man ihn vollständig ausbohren.

Möglicherweise muss man eine dünne Messerklinge zwischen Fenster und Seitenwand drücken, um das Dichtmittel vom Rahmen zu lösen. Dabei geht man immer nur in kleinen Schritten vor. Keinesfalls sollte man versuchen, das Fenster mit dem Messer herauszuhebeln, denn dabei könnte die Scheibe brechen oder die Seitenwand der Kajüte beschädigt werden. Aluminiumrahmen können im Alter spröde werden, sodass beim Ausbau Vorsicht angebracht ist, damit sie nicht brechen oder verbogen werden.

Wenn sich das Fenster immer noch nicht lösen will, kann der Helfer versuchen, es von innen vorsichtig herauszudrücken. Wenn die Scheibe nicht beschädigt ist, sollte sie intakt herauszubekommen sein; wenn sie jedoch gebrochen ist, muss man beim Ausbau unbedingt geeignete Handschuhe tragen.

Für den Fall, dass die Scheibe zum Ausbauen zerbricht, sind geeignete Lederhandschuhe erforderlich.

An jedem alten Fensterrahmen klebt noch Dichtmittel, das gründlich entfernt werden muss.

Terpentinersatz weicht das alte Dichtmittel auf, sodass es leichter abzukratzen ist.

Scheibe und Aluminiumrahmen ersetzen

Aluminiumrahmen werden zur Bearbeitung auf eine ebene Unterlage aus Tuch gelegt. Man beseitigt alle Spuren von Dichtmittel und Staub am Rahmen und an den Kontaktflächen mit der Fensterscheibe. Wenn die Scheibe wieder verwendet werden soll, werden auch dort alle Dichtmittelreste entfernt. Diese zeitaufwendige Arbeit kann man sich mit Terpentinersatz etwas erleichtern. Bei Metallrahmen kann man Aceton verwenden, das aber keinesfalls an transparente Plastikscheiben gelangen darf, weil es sie permanent eintrübt. Aluminiumrahmen und Perspex müssen vorsichtig behandelt werden, damit sie auf der Außenseite keine Kratzer bekommen.

Bohrlöcher können gesäubert werden, indem man sie durchbohrt. Der Grat an den Bohrlöchern wird vorsichtig mit einem Kegelsenker beseitigt.

Es ist wichtig, alle Teile einer zerbrochenen Scheibe einzusammeln. Sie werden dann wie ein Puzzle auf einem Stück Pappe zusammengelegt. Nun zieht man die Form des Fensters auf der Pappe nach und erhält so eine Schablone, die mitsamt Bohrlöchern für die Schrauben auf eine neue Perspexscheibe übertragen wird, die man dann mit einer feinen Laub- oder Bügelsäge in die richtige Form bringt. Wenn statt Perspex Sicherheitsglas verwendet wird, lässt man es im Fachhandel passend zuschneiden.

Bei vollständig aufliegender Scheibe zeichnet man die erforderlichen Löcher an und bohrt sie mit einem neuen scharfen Bohrer aus. Damit das Perspex nicht schlagartig belastet wird, beginnt man beim Bohren mit niedriger Drehzahl, die dann allmählich gesteigert wird.

Mit einem Helfer probiert man nun, ob Scheibe und Rahmen passen. Die Schrauben oder Bolzen in Scheibe, Rahmen und Seitenwand müssen genau sitzen, damit das Perspex sich nicht verzieht und kein seitlicher Druck darauf ausgeübt wird, durch den es reißen könnte.

Perspex muss langsam, sanft und vorsichtig angebohrt werden, damit es nicht reißt.

Das Dichtmittel muss in ausreichender Dicke auf den Rahmen und dessen Auflagefläche aufgetragen werden.

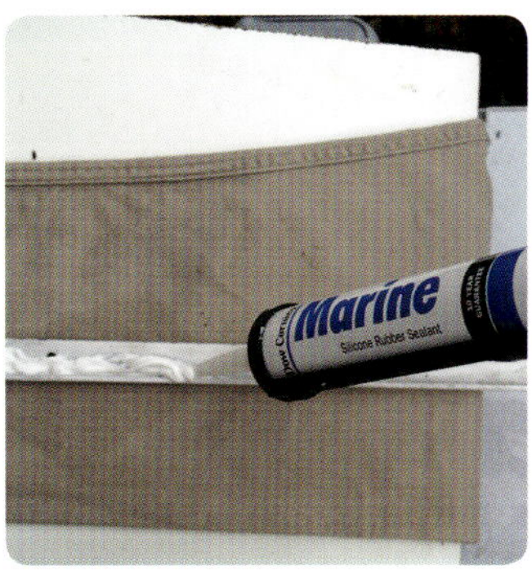

Die Schrauben müssen eine nach der anderen leicht angezogen werden, damit der Druck gleichmäßig verteilt wird.

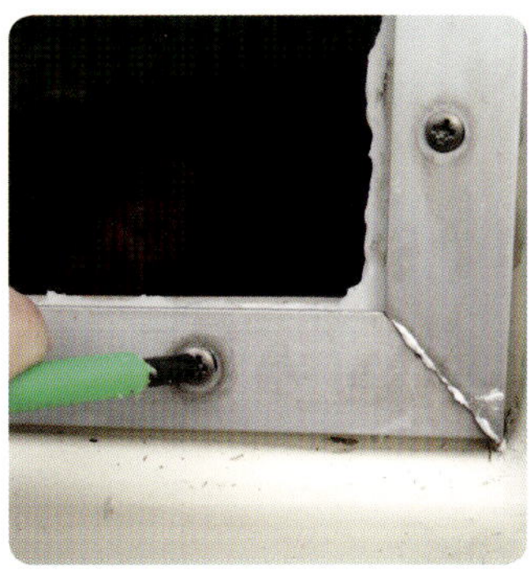

Zum Wiedereinsetzen der Scheibe verwendet man Silikon oder ein ähnliches nicht abbindendes Dichtmittel – stark klebende Polyurethan-Dichtmittel sind nicht geeignet, weil die Scheibe dann in der Zukunft nur sehr schwer auszubauen wäre. Das Dichtmittel wird rund um die Scheibe auf einer Linie mit den Bohrlöchern so dick aufgetragen, dass es herausquillt, wenn die Schrauben oder Bolzen festgezogen werden.

Scheibe und Rahmen werden nun – notfalls mit weiterem Dichtmittel auf dem Rahmen – in ihre Aussparung in der Seitenwand der Kajüte eingesetzt. Wenn dabei Dichtmittel in die Bohrlöcher gedrückt wird, muss man prüfen, ob die Schrauben oder Bolzen noch glatt durchpassen und gegebenenfalls überschüssiges Dichtmittel beseitigen, das beim Festschrauben Probleme machen könnte.

Mit einem Akkuschrauber könnte man das Perspex beschädigen, wenn die Schrauben zu schnell und hart festgezogen werden. Deshalb dreht man die Schrauben besser mit einem Handschraubendreher oder den Fingern leicht an. Dabei beginnt man in der Mitte oben und unten und macht dann abwechselnd links und rechts weiter. Auf diese Weise wird das Fenster gleichmäßig eingepasst, ohne dass an irgendeiner Stelle zu viel Druck ausgeübt wird.

Beim endgültigen Festziehen der Schrauben sollte noch etwas Dichtmittel austreten. Aber das Fenster soll ja nicht mit dem Boot verklebt werden. Es geht nur darum, eine elastische Dichtung zwischen den Oberflächen zu bekommen. Deshalb lässt man das ausgetretene Dichtmittel abbinden und schneidet oder zieht es vorsichtig ab. Dabei muss man darauf achten, keine Kratzer in der Scheibe oder dem Rahmen zu hinterlassen. Eventuelle Reste, die sich nicht abziehen lassen, werden mit Terpentinersatz beseitigt.

Wenn Perspex direkt ohne Rahmen auf die Seitenwand geschraubt wird, ist darauf zu achten, dass es nicht gebogen oder verzogen wird, damit sich keine Risse in der Scheibe oder im Gelcoat bilden. Wenn die Scheibe gebogen werden muss, damit sie passt, bestellt man sie am besten mit der erforderlichen Krümmung im Fachhandel. Dünneres Perspex *könnte* man zwar biegen, läuft dabei aber Gefahr, dass es reißt. Senkkopfschrauben dürfen nicht direkt auf Perspex verwendet werden, da die Druckbelastung durch die Kegelform zur Rissbildung führen kann.

Fensterdichtungen aus Profilgummi

Die schwarzen Gummidichtungen lassen sich entfernen, indem man den mittleren Füllstreifen rundherum herauszieht. Anschließend sitzt die Scheibe so locker, dass man sie herausdrücken kann, ohne dass sie zerbricht. Sie kann dann, wie oben beschrieben, als Schablone zum Zuschneiden der Austauschscheibe dienen.

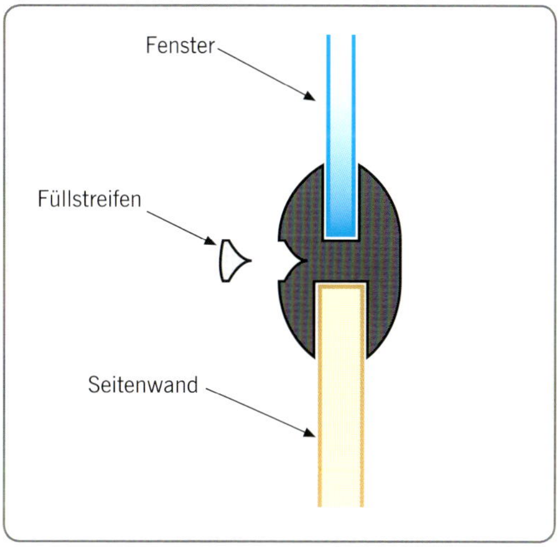

Querschnitt einer Profilgummidichtung: Die Nut auf der einen Seite nimmt die Scheibe auf, die zweite Nut ist für die Seitenwand bestimmt. Ein Füllstreifen hält alles an Ort und Stelle.

Der Füllstreifen wird herausgezogen, damit sich das Fenster lockert.

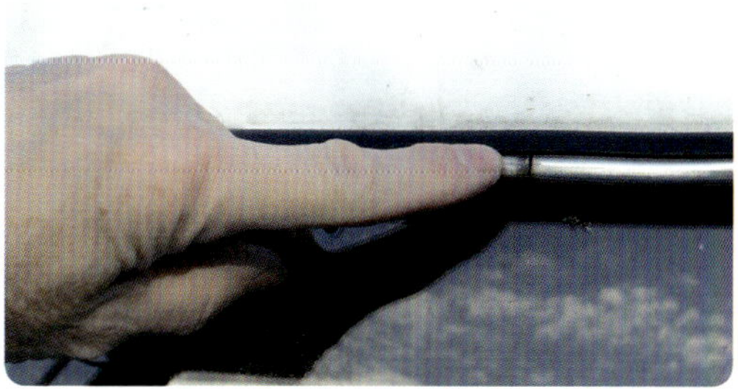

Die Gummidichtung wird aufbewahrt als Muster für die Ersatzdichtung. Die neue Dichtung bestellt man etwas länger, als tatsächlich erforderlich ist. Gummidichtungen und Hinweise zu Wartung und Pflege finden sich u.a. auf der Webseite *http://www.bootsfenster.com*.

Die Stellen, an denen die Dichtung gesessen hat, werden gesäubert. Die neue Gummidichtung wird zunächst in die Fensteröffnung eingesetzt, um die genaue Länge zu bestimmen. Sie muss genau in alle Ecken und Biegungen eingepasst werden und wird dann mit 25 mm Überstand so abgeschnitten, dass sich ein glatter Stoß ergibt. Dieser Stoß sollte sich an der Fensteroberkante befinden.

Lüfter sorgen für die erforderliche Luftzirkulation. Hier öffnen sich die Lamellen von der Kajüte zum Ruderhaus.

Einbau eines Solarlüfters

Dieser solarbetriebene Lüfter wird mit einem Gummiring geliefert, der das Gerät gegen Wasser abdichtet. Dieser Ring kann auch dazu verwendet werden, die in das Kajütdach zu schneidende Öffnung anzuzeichnen.

Wenn das Kajütdach innen verkleidet ist, muss man für die Öffnung eine Stelle suchen, an der es die wenigsten Schwierigkeiten gibt und sich vor allem keine Kabel unter der Verkleidung befinden. Man nimmt innen und außen sorgfältig Maß und bohrt dann von außen zunächst ein kleineres Loch. Anschließt prüft man von innen, ob es an der richtigen Stelle sitzt, und zeichnet dann mit dem Gummiring als Schablone die große Öffnung an.Zum Ausschneiden kann man eine Lochsäge verwenden oder mehrere kleine Löcher bohren und dann mit einer Stichsäge arbeiten. Je nach Art der Innenverkleidung nimmt man dort vielleicht besser ein scharfes Messer, um die Öffnung auszuschneiden. Nun werden die Löcher für die Schrauben angezeichnet und gebohrt.

Auf die Gummidichtung und in die Bohrlöcher kommt etwas Dichtmittel. Nun können Gummidichtung und Lüfter in die Öffnung eingesetzt und festgeschraubt werden.

Der Lüfter wird in die Öffnung gesetzt und festgeschraubt. Die Bohrlöcher für die Schrauben müssen mit Dichtmittel versehen werden, damit kein Regenwasser eindringen kann.

Innen verdeckt ein Gitter die Lüftungsöffnung.

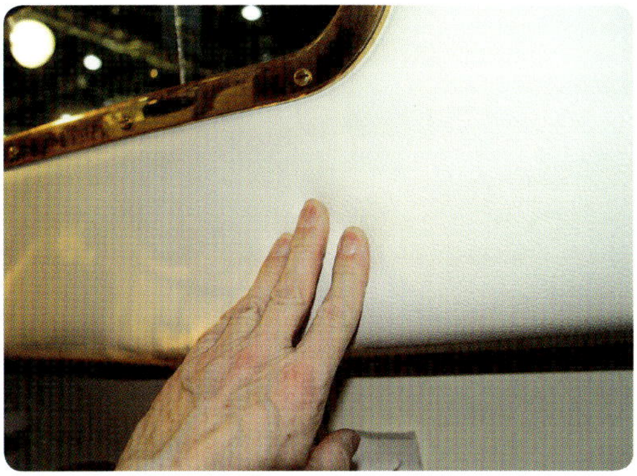

Vinyl mit Schaumrücken isoliert und hat eine weiche Oberfläche.

Zum Auskleiden der Kajüte werden teppichähnliche dünne Materialien verwendet.

Die Dichtung wird wieder herausgenommen und die Nut für die Scheibe dünn mit Silikon gefüllt. Jetzt setzt man die Scheibe unten in die Dichtung und zieht die Gummilippe mit einem Kittmesser o.ä. über die Kante.

Der Füllstreifen, der für den festen Sitz der Dichtung sorgt, wird in die Nut in der Dichtung gedrückt. Das geht leichter, wenn man ein Gleit- oder Schmiermittel benutzt. Die Enden des Füllstreifens werden mit einer leichten Überlappung abgeschnitten und festgedrückt.

Perspex säubern

Die Fenster müssen sauber gehalten werden, dürfen aber nie trocken abgewischt werden, da sie durch Schmutz zerkratzt werden. Zur Säuberung nimmt man warmes Seifenwasser und ein weiches Tuch.

Beseitigung von Feuchtigkeit, Schimmel und unangenehmen Gerüchen

In der Kajüte kommt es immer wieder zu Kondensation, sodass sich Schimmel und unangenehme Gerüche bilden. Holzboote haben hier den Vorteil, dass das Holz in gewissem Umfang isolierend wirkt, wobei das Holz faulen kann, wenn dann doch Kondenswasser auftritt. GFK hingegen besitzt eine kältere Oberfläche, an der sich Kondenswasser niederschlägt, wenn sie nicht gegen Temperaturschwankungen isoliert ist. Viele Bootsbauer isolieren die Kajüte zwar in gewissem Umfang, aber möglicherweise nicht ausreichend, und nackte Oberflächen in Kajüten und Staufächern sollten deshalb behandelt werden.

Laut Werbung soll eine spezielle dickflüssige Farbe namens »International Anti-condensation Paint« isolierend wirken und die Kondensation verringern; mit mehreren Schichten dieser Farbe lässt sich das Problem möglicherweise ganz aus der Welt schaffen. Das wäre sicherlich viel einfacher, als das Material für eine Verkleidung zurechtzuschneiden und anzubringen.

Die wichtigste Maßnahme gegen Kondensation ist jedoch, für ausreichende Be- und Entlüftung zu sorgen, und zwar besonders, wenn man sich in der Kajüte aufhält und auch noch kocht, sodass die Luftfeuchtigkeit schnell zunimmt. Aber das kann auch Komplikationen mit sich bringen, weil gleichzeitig Regen, Spritzwasser, Vögel, Nagetiere und andere Eindringlinge aus der Kajüte herausgehalten werden müssen.

Es gibt allerdings speziell konstruierte Lüfter, durch die die Luft zirkuliert und Wasserdampf nach außen gelangt, ohne dass Regen und unerwünschte Besucher eindringen können.

Bei Kondensationsproblemen hilft auch der Einbau eines oder mehrerer solarbetriebener Lüfter, die von Solarzellen mit Strom versorgt werden. Die neueren Modelle funktionieren ohne direktes Sonnenlicht, und die teuersten sind sogar mit Akkus ausgerüstet, sodass die Lüfter sogar nachts laufen können.

Am größten wird das Problem der Kondensation in der langen Zeit, in der das Boot abgeschlossen ist und nicht benutzt wird. Trocknungsgeräte mit

Zum Verkleiden schwieriger Stellen braucht man etwas Übung, wird dann aber mit einem guten Aussehen belohnt.

feuchtigkeitsabsorbierendem Granulat bieten in gewissem Umfang Abhilfe, aber die Tatsache, dass Wasser in den Behältern verbleibt, bedeutet gleichzeitig, dass dieses Wasser wieder verdunsten und sich an anderen Stellen in der Kajüte wieder niederschlagen kann.

Wenn das Boot in einer Marina oder an einem anderen Ort mit Stromanschluss liegt, kann man einen Entfeuchter verwenden. Kleine Geräte gibt es mittlerweile recht günstig, und sie können so eingestellt werden, dass sie nur anspringen, wenn die Luftfeuchtigkeit ein bestimmtes Maß erreicht. Hierbei müssen alle Lüfter geschlossen sein, weil das Gerät sonst versucht, die Erdatmosphäre zu entfeuchten.

Mit den angesprochenen Maßnahmen sollte sich das Kondensationsproblem erledigt haben. Falls nicht, muss als Nächstes die Isolierung verstärkt werden. Isoliermaterial sicher auf den gekrümmten und ungleichmäßig geformten Oberflächen in der Kajüte zu befestigen, ist nicht einfach und erfordert sorgfältige Planung. Es gibt dafür eigens entworfene und recht teure Materialien wie Vinyl mit Schaumrücken oder Ähnliches. Davon muss man immer mehr kaufen, als eigentlich benötigt wird, weil einiges an Übung erforderlich ist, bis alles passt.

Als Alternativen kommen dünner Teppichboden, Teppichfliesen, Korkfliesen und Sprühschaum hinter dünnen Sperrholzpaneelen infrage.

Beim Verkleben aller Isoliermaterialien muss die Tür der Kajüte offen bleiben und gut gelüftet werden, weil sich in dem engen Raum schädliche Dämpfe sammeln. Die Anleitungen für die Klebstoffe sind unbedingt zu beachten. Nach dem unbeabsichtigten Einatmen von Kleberdämpfen kann es zu Unfällen kommen, wenn man in »benebeltem« Zustand das Boot verlässt.

Schimmel

Kondensation bedeutet unweigerlich auch Schimmelbildung. Viele Farben, darunter auch der oben erwähnte Antikondensationslack, enthalten schimmeltötende Chemikalien, die aber nicht ewig wirken.

Es gibt viele Flüssigkeiten gegen Schimmel, bei denen man aber immer prüfen muss, ob sie in der engen Kajüte verwendet werden dürfen, und die man nur bei ausreichender Be- und Entlüftung einsetzen darf. Starke Bleichmittel können Dämpfe abgeben, die zum Ersticken führen.

Ein Produkt, das gegen Schimmel in der Kajüte und gegen Algen an Außenflächen wirkt, ist das schon in Kapitel 11 erwähnte »Simply Gone«. Nach der Behandlung damit wird der Schimmel schwarz und lässt sich leicht mit einem feuchten Schwamm abwischen.

Gerüche

In einer geschlossenen Kajüte entwickelt sich sehr wahrscheinlich ein muffiger Geruch – oder Schlimmeres. Jedem wirklich üblen Geruch muss man nachgehen; er könnte auf undichte Stellen zurückgehen, durch die Diesel, Toilettenabfälle oder Spülwasser in die Bilge gelangt sind. Auch verdorbene Lebensmittel und tote Vögel oder Nagetiere können entsetzlichen Gestank verbreiten. Wenn es nach Beseiti-

Simply Gone« beseitigt Schimmel und Algen und kann laut Werbung auf GFK-Oberflächen verbleiben, um Neubewuchs zu verhindern.

Die verdünnte Flüssigkeit wird mit einem Pinsel auf Schimmel und Algen aufgetragen oder aufgesprüht.

gung dieser Ursachen immer noch übel riecht, liegt das wahrscheinlich an Schimmel. Eine bessere Be- und Entlüftung und Schimmelbeseitigung sollte diese Gerüche verschwinden lassen.

Aber auch in der saubersten Kajüte macht sich manchmal noch ein aufreizend dauerhafter Modergeruch breit. Haushaltsgeruchskiller ersetzen in der Regel nur einen Geruch mit einem anderen, den der eine oder andere akzeptabler findet. Wirklich beseitigt werden Gerüche durch Adsorbex (*http://www.adsorbex.co.uk*), ein Mittel aus Zeolit, einem Mineral aus Vulkangebieten. Wenn man ein Säckchen mit Adsorbex in der Kajüte aufhängt, fangen sich darin alle Gerüche. Nach ein paar Monaten lässt man das Säckchen dann draußen in der Sonne auslüften und kann es anschließend erneut verwenden. Für die Bilge kann man Adsorbex-Pulver nehmen.

Wasser und Abwasser

In einem offenen Motorboot kann man das benötigte Wasser in Kanistern aus dem Campingladen mitführen. Diese Kanister haben oft einen Auslasshahn und können mit einer Schüssel darunter auf einem Sitz befestigt werden. Sie müssen aus einem Material sein, das für Lebensmittel geeignet ist, damit das Trinkwasser nicht kontaminiert wird.

Auf Kajütbooten und -kreuzern kann man ebenso vorgehen, wobei allerdings eine Wasserversorgung mit Pumpen üblicher ist. Handpumpen haben gegenüber elektrischen Pumpen den Vorteil, dass sie die Batterie nicht belasten. Auf Kajütkreuzern ist eine Vielzahl von elektrischen Pumpen im Einsatz, und man tut gut daran, eine Reservepumpe oder Ersatzteile an Bord zu haben.

Wassertanks, Kanister, Pumpen und Leitungen können durch Bakterien und verschiedene Schimmelpilze kontaminiert werden und müssen mindestens einmal im Jahr mit einem geeigneten Mittel sterilisiert werden. Anschließend müssen sie sorgfältig ausgespült werden, bevor Frischwasser nachgefüllt wird.

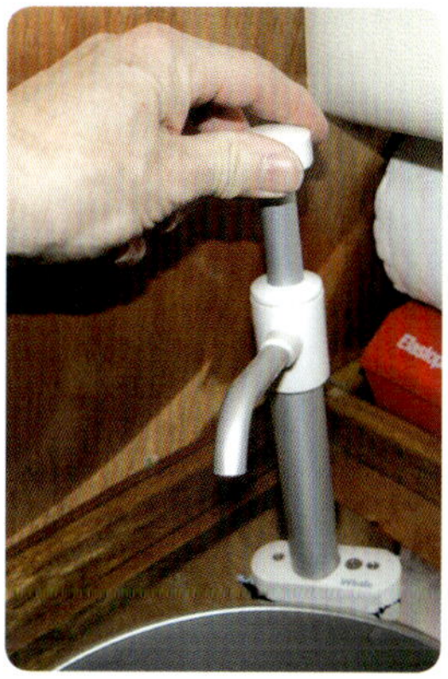

Handpumpe für das Waschbecken.

Mit Entkeimungstabletten oder Wasserfiltern kann man die Wasserqualität verbessern. Filter in den Wasserleitungen müssen nach den Anweisungen des Herstellers gewechselt werden. In einem alten, lange benutzten

Unten links: **In der Kajüte läuft die Wasserversorgung für Spüle und Waschbecken in der Regel über eine elektrische Pumpe, die bei Betätigung des Wasserhahns oder eines gesonderten Schalters anspringt.**

Unten rechts: **Die elektrische Wasserpumpe befindet sich meistens unter einer Koje oder in einem Schrank.**

Adsorbex-Pulver hilft – wie ausreichende Be- und Entlüftung – bei der Beseitigung von Gerüchen.

Filter können sich Bakterien befinden, die an das durchlaufende Wasser abgegeben werden. Bei Zweifeln hinsichtlich der Qualität des Wassers im Tank nimmt man einen separaten Behälter mit Trinkwasser mit oder trinkt die billigeren Arten von Mineralwasser aus der Flasche.

Waschwasser entsorgt man am einfachsten, indem man es in eine Schüssel laufen lässt und über Bord kippt. Die meisten Kajütkreuzer verfügen jedoch über Spülen und Waschbecken, die über ein Seeventil entleert werden.

Bei der Überprüfung der Wasserversorgung ist im Wesentlichen darauf zu achten, dass keine undichten Stellen vorhanden sind, durch die Schmutzwasser – und Gerüche – in die Bilge gelangen können, und dass die Abwasserleitungen fest mit dem Seeventil verbunden sind. An dieser Stelle könnte Wasser ins Boot eindringen und es zum Sinken bringen.

Bevor das Boot ins Winterlager kommt, desinfiziert man die Ablaufleitung der Spüle und verschließt den Spülenablauf mit einem Stöpsel, um der Geruchsbildung vorzubeugen. Außerdem entleert man alle Wassertanks, Pumpen, Rohrleitungen und sonstigen Vorrichtungen, in denen sich noch Wasser befinden könnte, damit es im Winter nicht zu Frostschäden kommt.

Kochgerät

Als Brennstoff zum Kochen an Bord wird überwiegend Flaschengas verwendet. Es gibt aber Alternativen. Wenn man mit einem offenen Motorboot unterwegs ist und an Land im Zelt übernachtet, kann man beispielsweise mit Treibholz ein Lagerfeuer

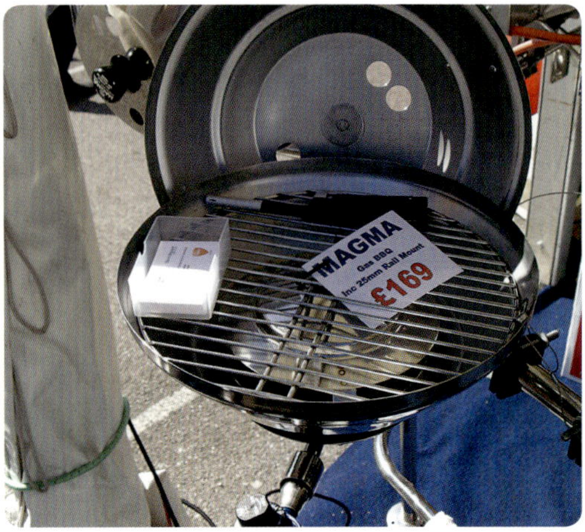

An der Reling montierter Grill.

machen und darüber grillen. Natürlich kann man auch einen tragbaren Grill mitnehmen.

Manche Grillgeräte lassen sich direkt auf dem Boot anbringen, beispielsweise am Heckkorb, aber dabei muss man sorgfältig darauf achten, dass nur das Grillgut »anbrennt«. Auch die Windrichtung ist zu beachten, weil andere Leute möglicherweise lieber frische Seeluft einatmen als Rauch und den Duft von Gegrilltem.

Tragbare Gaskocher mit Einmalkartuschen sind mittlerweile recht günstig und gut für die Verwendung an Land geeignet, wenn man sich nach den Anweisungen des Herstellers richtet. Sie sind jedoch nicht speziell für den Einsatz an Bord konzipiert und nicht mit Klemmvorrichtungen ausgestattet, die den Topf an Ort und Stelle halten, wenn sich das Boot bewegt. Deshalb ist ihr Einsatz an Bord riskant und sollte unterbleiben, wenn das Boot Fahrt macht. Auch an einem augen-

Klemmvorrichtungen verhindern, dass Kessel und Pfannen auf dem Herd verrutschen.

scheinlich ruhigen Liegeplatz kann es passieren, dass ein tragbarer Kocher umkippt oder der Topf mit kochendem Wasser herunterfällt, weil ein rücksichtsloser Eigner mit seinem Boot zu schnell fährt und dadurch eine gefährliche Heckwelle aufwirft.

Einmalkartuschen dürfen nicht in der Kajüte gelagert, sondern müssen wie große Gasflaschen untergebracht werden, nämlich in einem feuerfesten Behälter mit Entlüftung zur Außenseite. Auch aus anscheinend leeren Kartuschen kann noch Gas austreten, das nach außen abgeführt werden muss, weil es schwerer als Luft ist und sich in der Kajüte oder der Bilge sammeln könnte.

Jede Art von Kochgerät muss fest auf dem Kocher oder Herd stehen für den Fall, dass das Boot eine unvorhersehbare Bewegung macht. Das ist besonders wichtig bei seegehenden Kajütkreuzern. Herde auf Kajütkreuzern sind meistens mit Klemmvorrichtungen oder einer Reling um die Brenner ausgestattet oder kardanisch aufgehängt, sodass sie immer in der Waagerechten bleiben. Reling und Klemmvorrichtungen sind als Zubehör bei den Herdherstellern und im Fachhandel erhältlich. Sie lassen sich einfach anklemmen oder anschrauben.

In der Nähe des Kochers dürfen sich keine Vorhänge und anderen brennbaren Dinge befinden, die durch die Bootsbewegungen in Kontakt mit den Flammen kommen könnten.

Um den Kocher während der Fahrt nicht benutzen zu müssen, kann man beispielsweise vor dem Ablegen eine Thermosflasche oder -kanne mit heißem Wasser füllen, das dann unterwegs zur Zubereitung einer Suppe oder einer Tasse Tee dient.

Am Boden dieses gegen das übrige Boot abgedichteten Gasflaschenschapps ist die nach außen führende Abflussöffnung für austretendes Gas zu sehen.

Gasanlagen

Flüssiggasanlagen müssen immer von einem qualifizierten Gasinstallateur mit Erfahrung in der Arbeit auf Booten installiert und repariert werden. Wer derartige Arbeiten selbst erledigt, läuft Gefahr, dass es zu Gasaustritt, Brand und Explosion kommt, und riskiert unter Umständen, dass die Bootsversicherung verfällt. Ein Brand in der Enge eines Bootes ist besonders gefährlich und furchterregend, sodass man jede erdenkliche Vorsichtsmaßnahme treffen sollte, damit es nicht dazu kommt.

Brennendes Gas setzt schädliche Substanzen frei, darunter auch Kohlenmonoxid. Jedes Jahr wieder sterben Menschen daran, dass sie diesen Rauch eingeatmet haben. Bei Verwendung von Gas ist daher eine ausreichende Be- und Entlüftung lebenswichtig. Zusätzlich sollte man einen Kohlenmonoxidmelder, der ähnlich wie ein Rauchmelder arbeitet, in der Kajüte installieren.

Auch wenn die Leitungen zu den einzelnen Gasverbrauchern mit Ventilen versehen sind, sollte man die Gaszufuhr immer an der Flasche selbst abstellen.

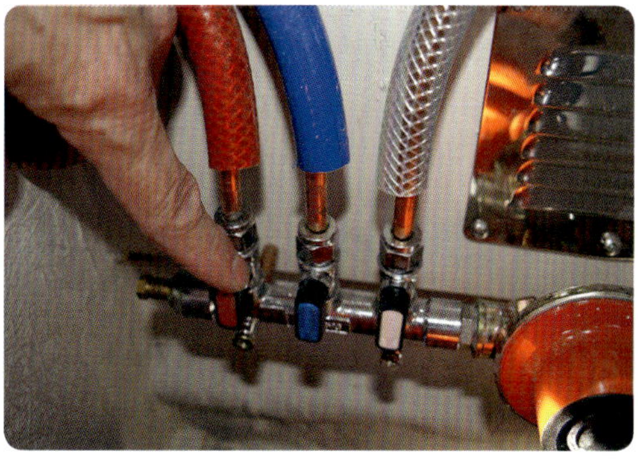

Flüssiggasflaschen müssen aufrecht an einer Stelle aufbewahrt und gesichert werden, an der austretendes Gas nach außen entweichen kann und sich nicht in der Bilge sammelt. Das Schapp für die Gasflasche muss gegen das übrige Boot abgedichtet sein und am Boden über eine nach außen führende Entlüftungsöffnung verfügen. Diese Öffnung muss immer frei und offen sein. In dem Schapp für die Gasflasche darf sich keinerlei elektrische Ausrüstung befinden, weil Funken das Gas entzünden könnten.

Die Gaszufuhr zu den Verbrauchern wird immer an der Flasche abgestellt. Dazu schließt man entweder den Drehverschluss an der Flasche oder einen Schalter am Regler. Der mit den Gasleitungen verbundene Regler besitzt eine Dichtungsscheibe, die regelmäßig ersetzt werden muss, und zwar durch eine Scheibe des genau richtigen Typs.

Der flexible Schlauch zwischen den metallenen Gasleitungen und dem Regler an der Flasche verliert durch Benutzung und UV-Strahlung mit der Zeit an Qualität. Er sollte daher im Abstand von fünf Jahren ersetzt werden – oder auch früher, wenn sich entsprechende Symptome (z. B. Starrwerden oder Risse) zeigen. Am Schlauch findet sich meistens seitlich das Datum, an dem er die Fabrik verlassen hat.

Laien sollten zwar nicht an einer Gasanlage arbeiten, müssen sie aber natürlich auf Undichtigkeiten prüfen. Flüssiggas ist mit einem Geruchsstoff versetzt, sodass austretendes Gas sich in der Nase bemerkbar macht. Mittels einer Leckspürflüssigkeit, die mit dem Pinsel aufgetragen wird, kann man feststellen, wo Gas austritt, aber dabei ergibt sich das Problem, dass sich in dieser Zeit Gas in der Bilge sammelt. Am besten dreht man deshalb den Gashahn zu, wenn man ein Leck vermutet, und lässt einen qualifizierten Gasinstallateur die nötigen Arbeiten erledigen. In einer ordnungsgemäß installierten Gasanlage sollte ein Messpunkt vorhanden sein, an dem der Installateur mit einem Testgerät nach undichten Stellen suchen kann.

Origo-Kocher.

Brandschutzvorkehrungen

Geeignete Feuerlöscher und eine Löschdecke müssen sich leicht erreichbar in der Kajüte befinden. Die Feuerlöscher dürfen das vorgegebene Datum nicht überschritten haben und müssen regelmäßig nach Maßgabe des Herstellers inspiziert werden. Auch ein Rauchmelder sollte vorhanden sein.

Löschdecke und Feuerlöscher müssen leicht erreichbar sein.

Auf die Gefahr hin, das allzu Offensichtliche zu sagen: Bei Verdacht auf undichte Stellen in der Gasanlage ist es lebensgefährlich, offene Flammen zu benutzen oder elektrische Geräte einzuschalten, die Funken verursachen könnten.

Gelegentlich wird zur Lecksuche Spülmittel empfohlen, weil das austretende Gas in dem Spülmittelfilm Blasen entstehen lässt. Spülmittel enthält aber unglücklicherweise Salz, das zur Korrosion der Metallteile der Gasanlage führen kann. Wenn kein richtiges Leckspürmittel zur Verfügung steht und Spülmittel verwendet wird, müssen die betroffenen Stellen anschließend gründlich mit klarem Wasser abgewaschen werden.

Der Gasherd auf einem Boot sollte über einen sogenannten Flammenwächter verfügen, der die weitere Gaszufuhr verhindert, wenn die Flamme erlischt. Beim Anzünden dieser Art von Herd muss man den Regler eine Zeit lang gedrückt halten, um den Flammenwächter auszuschalten.

Wenn die Flamme an einem Brenner gelblich flackert und sich Ruß an den Töpfen absetzt, wird

Kompakte tragbare Chemietoilette mit Spülvorrichtung und Sammeltank.

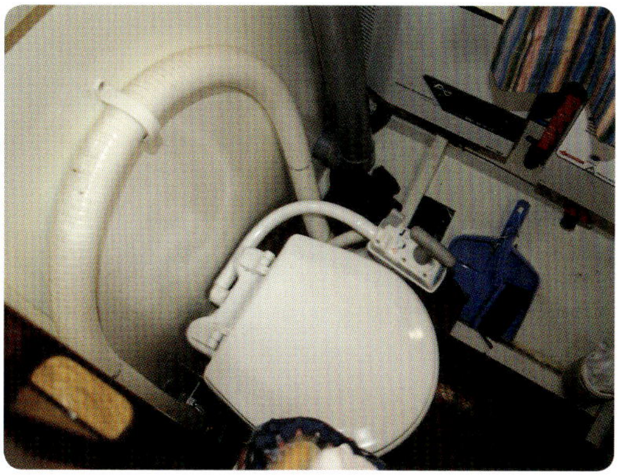

Feste Spültoilette mit separatem Sammeltank.

das Gas nicht vollständig verbrannt. In diesem Fall muss der Brenner vor der weiteren Benutzung durch einen Fachmann überprüft und richtig eingestellt werden.

Spirituskocher

Eine Alternative zum Gasherd ist der Origo-Kocher, der ohne Druck mit denaturiertem Alkohol oder Spiritus betrieben wird. Origo-Kocher sind sicherer als die alten Druckkocher für Alkohol/Paraffin, die noch auf älteren Booten zu finden sind, und gelten vielfach auch als ungefährlicher als Gasherde oder -kocher. Sie sind auf jeden Fall weitaus weniger kompliziert in der Installation als Gaskocher. Trotz der recht hohen Anschaffungskosten lohnt sich ein Preisvergleich mit einer Gasanlage, wenn man die Kosten für die Installation oder Reparatur und Neueinbau durch einen Installateur berücksichtigt.

Eine ausreichende Be- und Entlüftung ist wegen des begrenzten Raums in der Kajüte auch bei diesem und jedem anderen Kocher unerlässlich.

Sanitäranlagen

In Marinas gibt es meistens Toiletten, aber man kommt nicht um die Tatsache herum, dass man an Bord einen geeigneten Behälter benötigt, wenn man längere Zeit auf dem Wasser verbringen will.

Auf einem kleinen Motorboot mit einer einfachen Toilette in Form eines Eimers gerät man leicht in Versuchung, den Inhalt über Bord zu kippen. Aber was wäre wohl die Folge, wenn alle sich so verhielten? Noch im 19. Jahrhundert glaubte man, dem Problem der Verschmutzung durch Verdünnen begegnen zu können, aber das war eine Fehleinschätzung. Schadstoffe, gesundheitsgefährdende Bakterien, Parasiten und Viren sammeln sich an und vergiften uns Menschen – und die Tierwelt. Das wurde in vielen Regionen schon vor Jahren festgestellt mit der Folge, dass die dortigen Charterboote mit Toiletten und Sammeltanks ausgerüstet werden mussten, die in Entsorgungssystemen in Marinas zu entleeren sind.

Die einfachste Lösung ist die Chemietoilette. Das kann ein eimerartiger Behälter mit abnehmbarem Sitz sein. Dieser Sitz darf sich nur nicht von selbst lösen, wenn das Boot Fahrt macht ... Wichtig ist es auch, nach Benutzung wieder den wasserdichten Deckel zu schließen, damit keine Flüssigkeit austritt, die dann unweigerlich in die Bilge läuft und monatelang die Luft im Boot verpestet.

Ein modernerer Typ ist die Kassettentoilette. Diese besitzt im oberen Teil unter dem Sitz einen Wassertank, mit dessen Hilfe der Inhalt der Schüssel in den Sammelbehälter im unteren Teil gespült wird, wo eine Chemikalie die Fäkalien zersetzt und den Geruch unterbindet. An Wartungsarbeiten fallen bei Kassettentoiletten im Wesentlichen die Säuberung und das häufige Schmieren der beweglichen Teile an, die dazu neigen, sich festzusetzen, wenn man sich nicht darum kümmert.

Die Chemikalienflüssigkeiten für Toiletten sind in den letzten Jahren verbessert worden und heute viel umweltfreundlicher. Trotzdem darf man die Kassetten nicht einfach ins Wasser entleeren, sondern muss den Inhalt an den entsprechenden Stellen entsorgen. Wenn sich das als Problem erweist, kann man sie in kleinen Mengen in das häusliche Abwassersystem entleeren und mit viel Wasser nachspülen, damit der Abfluss nicht verstopft.

Auf größeren Kajütkreuzern finden sich oft fest eingebaute Toiletten mit Sammeltanks, die in einer Marina oder an einer anderen geeigneten Stelle ausgepumpt werden müssen. Auf manchen Booten finden sich ähnliche Toiletten, die noch ins Wasser entleert werden dürfen; das sollte aber nur weit draußen auf See geschehen.

Feste Toiletten gibt es in der Regel auf Hochseekreuzern einer Größe, die über die hier behandelten Boote hinausgeht, und ihre Wartung ist komplizierter. Bei Toiletten dieser Art muss man sich auch um Rohrleitungen kümmern, die durch Öffnungen im Rumpf nach außen führen, und sicherstellen, dass kein Seewasser ins Boot eindringen kann. Die Bedienungsanleitungen für diese Toiletten sind sorgfältig zu befolgen, und man sollte professionelle Hilfe in Anspruch nehmen, wenn die Gefahr besteht, dass entweder das Abwasser oder das zum Spülen verwendete Seewasser ins Boot gelangt oder gar das ganze Boot überschwemmt und zum Sinken bringt.

Pflege von Kojen und Kissen

Schaumstoffkissen bereiten auf dem Boot regelmäßig Probleme – es ist schwierig, sie trocken zu halten, sodass man sie mit wasserdichten Bezügen oder sogar dicker Polyethylenfolie vor feuchter Kleidung, Schmutz und dem Spritzwasser schützen sollte, das immer irgendwie den Weg in ein schnelles seegehendes Motorboot findet.

Kissen liegen normalerweise auf den Deckeln von Stauräumen. Da sich hier Kondenswasser bilden kann, sollte man sie gelegentlich hochnehmen und auslüften lassen.

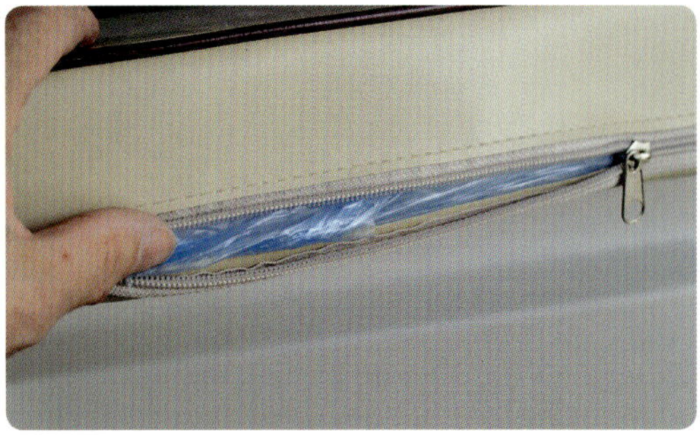

Kissenbezüge sind in der Regel per Reißverschluss zu öffnen.

In der langen Zeit, in der Motorkreuzer nicht benutzt werden, z. B. im Winterlager, kann sich in den Schaumstoffkissen Kondenswasser und in der Folge Schimmel bilden. Um das zu verhindern, muss man die Kissen gut lüften und aus dem Boot nehmen, wenn es längere Zeit nicht gebraucht wird. Idealerweise sollte man sie trocken und warm zu Hause lagern.

Auf viel genutzten Kreuzern müssen die Kissenbezüge irgendwann ersetzt werden. Als vorsichtiger Eigner eines älteren Boots wählt man dann Kissen aus modifiziertem Schaumstoff und feuerhemmende Bezüge, um die Brandgefahr zu verringern. Wenn die Kissen »durchgesessen« oder zusammengedrückt worden sind, braucht man sie nicht unbedingt komplett auszutauschen, sondern kann eine zusätzliche Lage Schaumstoff in den Bezug legen.

Die Kissen lassen sich in der Regel nach Öffnen eines Reißverschlusses oder Klettbands aus den Bezügen nehmen. Anschließend kann man die Bezüge bei einer Temperatur waschen, bei der sie nicht beschädigt werden und nicht einlaufen. Als Ersatz gibt es Stretchbezüge zu kaufen. Die entsprechenden Hersteller bieten teilweise recht günstige Fertigbezüge für rechteckige Kissen in Standardgröße. Leider laufen die Kissen auf dem Boot meistens spitz zu, sodass die Bezüge nach Maß gefertigt werden müssen – die Mehrkosten lassen sich allerdings im Rahmen halten, wenn man selbst einigermaßen gut mit der Nähmaschine umgehen kann. Dabei könnte man den Stoff frei wählen, wobei es allerdings eine Überlegung wert wäre, fertige rechteckige Bezüge zu kaufen und selbst in die erforderliche Form zu bringen; der überschüssige Stoff wird dann auf der Unterseite des Kissens versteckt. Nicht die eleganteste Lösung, aber vielleicht billiger.

Vorhänge

Das eine oder andere Crewmitglied mag die Kabine als Ort betrachten, der von außen nicht einsehbar sein darf. Wenn man sich dieser Einstellung bewusst ist und eine entsprechende Lösung findet, könnte es durchaus sein, dass man mal jemanden zum Mitfahren bewegen kann, der sonst keinen Fuß auf das Boot setzen würde.

Das Problem mit Vorhängen vor den Fenstern liegt in der Tatsache, dass sich durch die Bootsbewegungen unter und zwischen den Vorhängen Öffnungen bilden. Diese Lücken im Sichtschutz kann man zwar mit ein paar gut platzierten Wäscheklammern schließen, aber wirkungsvoller ist eine Schnur oder Schiene, die die Unterkante des Vorhangs an der Seitenwand hält.

Die Beleuchtung in der Kajüte wirft Schatten auf die Vorhänge, sodass sich für den Betrachter außen ein unterhaltsames Schauspiel ergeben kann. Hier helfen dickere, gefütterte Vorhänge oder Rollos.

Bodenbeläge

Die Bodenbretter in der Kajüte sind möglicherweise rutschfest lackiert oder lasiert. Ein zusätzlicher Bodenbelag mag die Kabine wohnlicher machen, aber bietet er auch sicheren Stand, wenn das Boot Fahrt macht? Wenn das der Fall ist, kann man mit einem sauberen und farblich ansprechenden Bodenbelag, der ja als Erstes ins Auge fällt, wenn man in die Kajüte kommt, sicherlich einiges für den optischen Eindruck seines Bootes tun.

Verdeck und Abdeckungen

Ein Cockpitverdeck kann die Kajüte wesentlich erweitern. Es wird in der Regel gehalten mittels Augen im Stoff und am Boot festgeschraubten Drehriegeln oder durch Gummischlaufen an den Kanten, die um Haken am Boot gelegt werden.

Vorhänge müssen mit der Unterkante an der Seitenwand gehalten werden.

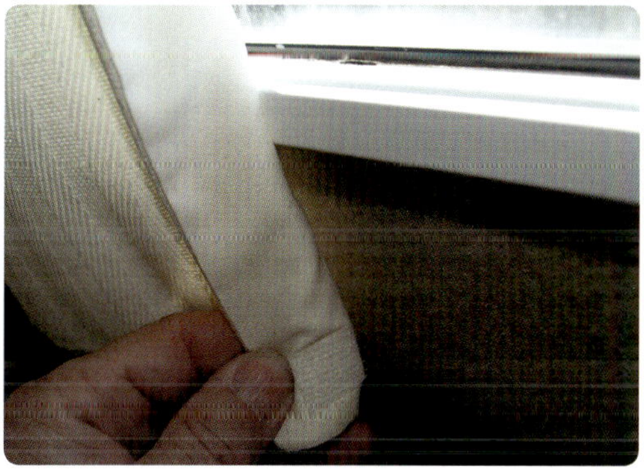

Klettband hält Vorhänge an Ort und Stelle.

Rollos verbessern den Sichtschutz.

Ein Cockpitverdeck bietet Schutz für den Steuerstand und zusätzliche Unterbringungsmöglichkeiten.

Alle Befestigungen müssen fest und sicher sein. Wenn bei Sturm nur eine ihren Dienst versagt, beginnt das Verdeck zu flattern und wird schnell beschädigt. Für manche Gummibefestigungen bekommt man nur schwer Ersatz in der richtigen Größe. Man kann sie dann gegen elastische Schlaufen austauschen.

Das Auge wird auf den Drehriegel gesetzt und durch Drehen des Riegels gehalten.

Wenn ein Verdeck älter wird, geben eher die Nähte nach, als dass der Stoff reißt. Sobald sich eine Naht zu lösen beginnt, muss sie mit einem starken Faden nachgenäht werden, denn »Vorsorge verhütet Nachsorge«.

Leider wird auch der eigentliche Stoff des Verdecks mit der Zeit schlechter, bleicht aus und reißt – und ist nicht mehr zu retten. Der Kauf eines neuen Verdecks ist eine teure Angelegenheit. Verdecke und Abdeckplanen werden in der Regel aus verstärktem PVC-Gewebe oder Polyester und Baumwolle hergestellt, wobei es auch atmungsaktive Stoffe gibt, die weniger anfällig für Kondenswasserbildung sind. Viele Firmen bieten maßgeschneiderte Verdecke an, aber man kann auch den Stoff kaufen und sich selbst an die Arbeit machen.

Das lohnt sich auf jeden Fall, wenn man über eine geeignete Nähmaschine verfügt und einigermaßen damit umgehen kann. Die Bahnen des alten Verdecks können dabei als Vorlage dienen. Das dicke Gewebe könnte sich für so manche Nähmaschi-

Defekte Gummihalterungen können bei Bedarf durch elastische Schlaufen ersetzt werden.

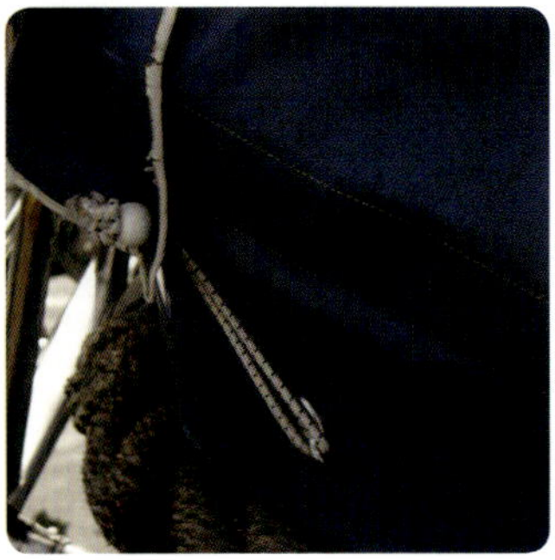

Die Verdecknähte müssen nachgenäht werden, sobald gerissene Fäden zu sehen sind, weil sie sich sonst ganz schnell vollständig lösen.

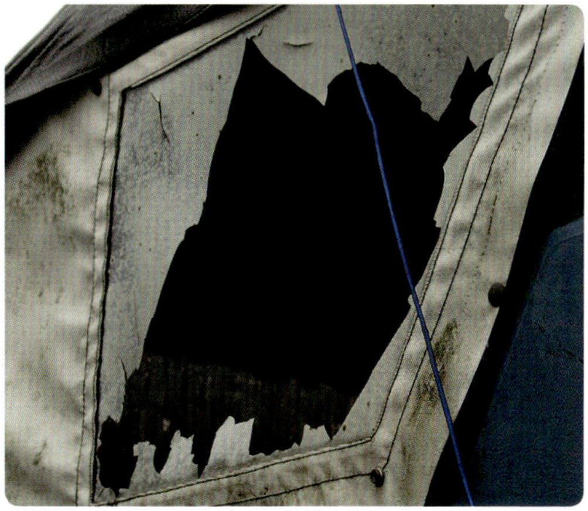

Wenn ein Kunststofffenster im Verdeck den Geist aufgibt, zeigt sich das als Erstes an nachlassender Lichtdurchlässigkeit. Anschließend wird es spröde und reißt. Solche Fenster lassen sich ersetzen, aber in diesem Stadium muss wahrscheinlich das gesamte Verdeck erneuert werden.

ne als zu große Herausforderung erweisen, sodass man im Interesse des häuslichen Friedens vorher besser die anderen Nutzer der Maschine konsultiert. Zum Stanzen der Löcher und Anbringen der Ösen an den Kanten gibt es Werkzeug. Dabei ist darauf zu achten, dass die Löcher genau an den richtigen Stellen sitzen, sodass sie mit den Beschlägen am Boot übereinstimmen.

Verdeckpflege

Das Verdeck hält länger, wenn es regelmäßig gesäubert wird. Dazu benötigt man verdünnte Seife oder Spülmittel, klares Wasser und einen Schwamm. Die Seife muss gründlich abgespült werden. Aggressive chemische oder schmirgelnde Mittel dürfen nicht verwendet werden. Gelegentlich sollte man zu einem der speziell dafür vorgesehenen Reinigungs- und Imprägnierungsmittel greifen, die einen UV-Schutz enthalten. Je nach Material des Verdecks kommen auch Produkte für die Reinigung und Imprägnierung von Cabriodächern infrage. Enten- und Möwenkot enthält eine Chemikalie, die das Gewebe verätzt, und muss deshalb möglichst bald entfernt werden.

Die Druckknöpfe und Drehriegel sollten mit ein wenig Vaseline behandelt werden, mit der auch die Nähte wasserdicht gemacht werden können.

Wenn man es eilig hat, löst man gelegentlich die seitlichen Reißverschlüsse und wirft die Seitenteile des Verdecks einfach auf das Dach. Aber dadurch werden möglicherweise die Fenster geknickt und die Reißverschlüsse beschädigt. Die Seitenteile sollten deshalb immer sorgfältig aufgerollt werden, damit sich keine Falten bilden, die letztendlich dazu führen, dass die flexiblen Kunststofffenster und das Gewebe Risse bekommen.

Verschiedene Pflege- und Behandlungsmittel verlängern das Leben eines Verdecks.

Auflegen und winterfest machen

Abgesehen von ein paar entschlossenen Enthusiasten mit entsprechend ausgerüsteten Booten stellen die meisten Eigner ihre Boote ins Winterlager. Viele Maßnahmen, die zum Schutz des eingelagerten Boots erforderlich sind, wurden bereits im Zusammenhang mit der Kajüte und in vorhergehenden Kapiteln angesprochen, aber die folgenden wichtigen Punkte sollten ebenfalls beachtet werden.

Versicherung

Die Deckung muss auch für den Winter gelten, und die Versicherungsgesellschaft muss mit dem Lagerort und den dortigen Sicherheitsmaßnahmen einverstanden sein. Die dunkleren Winternächte bedeuten in Verbindung mit dem strengen Winterwetter, dass auch in dieser Zeit Risiken abzudecken sind. Die Versicherungsgesellschaften führen ihre Forderungen in den Policen auf und erwarten in aller Regel, dass das Boot an einem angemessen sicheren und geschützten Ort liegt. Möglicherweise fordern sie sogar, dass das Boot bis zu einem bestimmten Datum und für bestimmte Monate aus dem Wasser genommen wird. Wenn das nicht möglich ist oder wenn es zu einer Verzögerung kommt, muss man eine Verlängerung beantragen, damit der Versicherungsschutz nicht verloren geht.

Wenn das Winterlager sich nicht zu Hause befindet, fordert die Versicherungsgesellschaft wahrscheinlich, dass man beispielsweise jeden Monat nach dem Boot sieht.

Soll das Boot auf dem Trailer nach Hause gebracht werden, muss die Versicherung auch den Straßentransport abdecken; natürlich muss auch der Trailer, der vielleicht monatelang vernachlässigt worden ist, voll straßentauglich sein.

Vorbereitung für den Winter

Das Boot muss mit Abspannleinen gesichert werden, um die Gefahr zu verringern, dass es durch Sturmeinwirkung umkippt. Die Stützen müssen so stark und stabil sein, dass sie nicht nur das Boot tragen, sondern auch dem Winddruck bei heftigen Böen standhalten.

Damit Regenwasser vom Deck ablaufen kann, sollte das Boot leicht schräg stehen.

Der Außenborder und alles, was durch den Wind beschädigt oder gestohlen werden könnte, muss an einem sicheren Ort eingelagert werden. Es ist schon vorgekommen, dass Propeller abmontiert wurden, um sie als Altmetall zu verkaufen, d.h., man baut die Schraube besser aus oder lagert das Boot so, dass dieses Risiko auf ein Mindestmaß verringert wird.

Der Winterbeginn ist zudem die passende Zeit, um sich darüber klar zu werden, welche Arbeiten vor Beginn der nächsten Saison erledigt werden müssen. Am besten erstellt man eine Liste und gliedert die Aufgaben in Gruppen für die jeweils passenden Phasen der Winterzeit. Wenn man die Arbeiten nicht selbst erledigen will oder kann, muss man rechtzeitig Kontakt mit der Werft aufnehmen.

Planen halten das Boot im Winter sauber und trocken, müssen aber sorgfältig festgezurrt werden.

Das Boot wird gründlich ausgewaschen und getrocknet, um Schmutz und Salz zu beseitigen, das Feuchtigkeit aufnehmen könnte. Kleine offene Boote mit abnehmbarem Außenborder können bei Lagerung im Freien umgedreht werden.

Bei Kajütkreuzern sollte man möglichst alles, was man problemlos mitnehmen kann, aus der Kajüte entfernen, z. B. GPS-Empfänger und Funkgerät. Wassertanks und -leitungen müssen entleert werden, damit sie bei Frost nicht platzen. Mit Merkzetteln an auffälligen Stellen erinnert man sich selbst daran, das Gerät nach dem Winter wieder einzubauen und welche Maßnahmen zu treffen sind, um den Innenborder oder Außenborder wieder betriebsklar zu machen.

Gut passende Planen sind ein nützlicher Schutz im Winterlager. Sie müssen allerdings richtig eng anliegen und gut festgezurrt werden – flatternde Planen können beträchtlichen Schaden anrichten. Wenn möglich, sollte die Luft unter der Plane zirkulieren können. Das verhindert wenigstens teilweise die Kondenswasserbildung in der Kajüte, wo Holz- und andere Teile feucht werden, Schimmel ansetzen und faulen könnten. Kissen und Bettzeug sollten nach Möglichkeit zu Hause eingelagert werden.

Es ist nicht einfach, das richtige Verhältnis zwischen ausreichender Belüftung und Schutz vor Regen, Insekten und anderen Eindringlingen zu finden. Belüftung ist der beste Schutz vor Kondenswasserbildung und damit vor Schimmel und unangenehmen Gerüchen. Feinmaschige Netze können Vögeln, Wespen, Bienen und Fliegen den Weg in für sie ideale Winterquartiere wie Kajüte, Schapps und Motorraum verwehren.

Wasser in der Bilge kann verdampfen und kondensieren. Deshalb sollte man regelmäßig nachsehen und eingedrungenes Regenwasser gegebenenfalls abpumpen.

Die obigen Vorkehrungen mögen mühsam sein, tragen aber dazu bei, einen reibungslosen Start in die nächste Saison zu gewährleisten.

16 ELEKTRISCHE AUSRÜSTUNG

Für Boote gibt es verschiedene Typen von 12-V-Batterien.

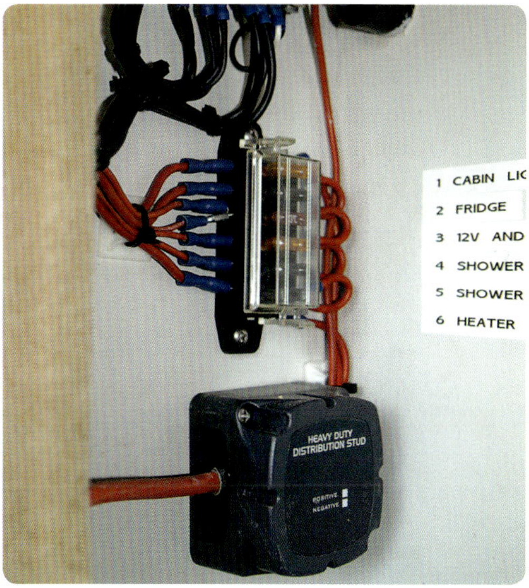

12-V-Anlage

Der Innenbordmotor auf Kajütkreuzern und viele Außenborder bei anderen Bootstypen benötigen eine 12-V-Starterbatterie. Diese Batterie ist so ausgelegt, dass sie über kurze Zeit einen sehr hohen Strom liefert. Sie ist *nicht* dafür vorgesehen, Beleuchtung und Ausrüstung zu versorgen – dazu wird eine separate Batterie benötigt, weil die Starterbatterie immer möglichst voll geladen sein muss, damit der Motor anspringt.

Die zusätzliche 12-V-Batterie für elektrische Geräte sollte vom tief entladbaren Typ sein und sicher an einer belüfteten Stelle montiert werden. Sie dient dazu, die Beleuchtung (einschließlich der Positionslichter) und Geräte wie etwa das UKW-Funkgerät mit Strom zu versorgen. Leider ist es so, dass mit steigendem Strombedarf auch die Komplexität der Verdrahtung und der erforderlichen Ausrüstung zunimmt. In einem Umfeld, in dem Elektrizität und Wasser aufeinandertreffen, muss die Installation hohen Ansprüchen genügen und sollte daher vorzugsweise von einem Fachmann vorgenommen werden. Damit die Anlage lange hält, muss hochwertiges Gerät mit entsprechenden Sicherungen und einem Batterietrennschalter verwendet werden. Derartige Installationsarbeiten überschreiten den Umfang des vorliegenden Buches; als Eigner muss man aber alles dafür tun, dass sie fachmännisch ausgeführt werden, nicht zuletzt auch, um keinen Ärger mit der Versicherung zu bekommen. Wir be-

Batterien müssen sicher an einer belüfteten Stelle untergebracht sein, damit die unter Umständen austretenden explosiven Gase entweichen können. Die Lüftungsöffnungen müssen frei gehalten werden.

Für jede Batterie sollte ein Trennschalter vorhanden sein. Diese Schalter sind in verschiedenen Ausführungen erhältlich und meistens in der Nähe der Batterie zu finden.

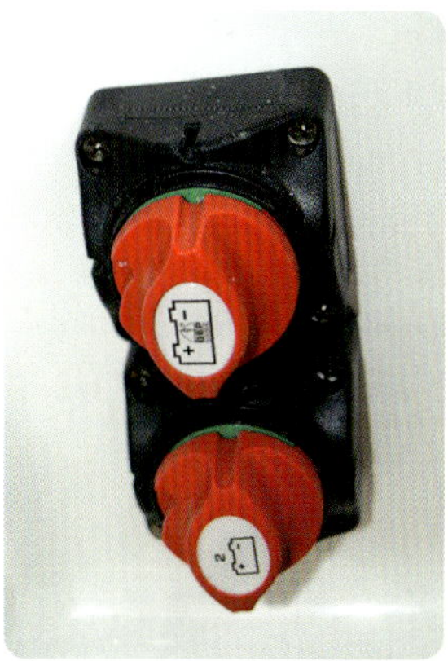

Zum Laden der Batterien stehen starre und flexible Solarpaneele zur Verfügung.

fassen uns hier in erster Linie mit den Wartungsarbeiten an einer elektrischen Anlage und dem zugehörigen Gerät.

Probleme können sich ergeben, wenn zusätzliche elektrische Geräte wie Echolot oder Navigationsausrüstung installiert werden, d.h., man darf es nicht übertreiben, damit die Batterie nicht überlastet wird.

Batterie laden

Viele Außenborder und die meisten Innenborder laden die Batterien, wenn sie laufen. Aber das Laufenlassen eines lärmenden Motors am Liegeplatz ist einer der Hauptgründe für Streitigkeiten mit anderen Bootsfahrern, die auf eine ruhige und friedvolle Zeit auf dem Wasser gehofft haben. Als Alternative käme ein benzinbetriebener Generator infrage, aber viele Generatoren machen nicht weniger Krach als der Bootsmotor und sind zudem schwer und unhandlich, wenn sie nicht ordentlich und auf Dauer installiert sind.

Laden mit Sonne und Wind

Es gibt speziell für Boote entwickelte Ladegeräte, die mit Solarzellen und Windkraft betrieben werden. Der Wirkungsgrad dieser Geräte ist in den letzten Jahren stark verbessert worden, und die Solarzellen erzeugen mittlerweile tagsüber auch ohne direkte Sonneneinstrahlung eine brauchbare Menge Strom. Aber auf einem kleinen Kajütkreuzer ist wahrscheinlich kaum genügend Platz vorhanden, um so viele Solarpaneele zu montieren, dass der gesamte Stromverbrauch gedeckt ist. Es besteht jedoch durchaus die Chance, dass die Batterien im Som-

Der Wind kann eine beträchtliche Menge Strom zum Laden der Batterien beitragen.

Wenn die passenden Anschlüsse im Boot vorhanden sind, kann man in vielen Marinas und an manchen öffentlichen Liegeplätzen die Batterien aus dem Stromnetz laden.

mer an den Werktagen aufgeladen werden, wenn das Boot nur am Wochenende benutzt wird.

Wenn größere Solarpaneele oder ein Windgenerator installiert werden, werden in der zur Batterie führenden Leitung Sperrdioden benötigt, damit der Strom nicht in die falsche Richtung fließt. Wo höhere Stromstärken zu erwarten sind, ist weiterhin ein Regler erforderlich – das gilt insbesondere für Windgeneratoren. Dieser Regler überwacht die Batterie und regelt den Ladestrom, der sie erreicht. Ohne den Regler könnte die Batterie überladen und beschädigt werden oder sogar explodieren.

Interessante Fortschritte bei Dünnschichtsolarzellen versprechen, die Stromerzeugung aus Tageslicht in naher Zukunft viel billiger zu machen.

Ein Windgenerator erzeugt zwar weitaus mehr Strom als Solarpaneele, ist aber oft nur schwer zu montieren, weil ein geeigneter Platz fehlt. Leider erzeugt er auch einen gewissen Lärmpegel und Vibrationen im Boot, allerdings viel weniger, als wenn man zum Laden der Batterien den Motor laufen lässt.

Laden aus dem öffentlichen Stromnetz

Die Batterie kann an einem Landanschluss aufgeladen werden, wenn das dafür erforderliche Gerät von einem Fachmann installiert wurde und die entsprechenden Sicherheitsvorkehrungen getroffen werden. So ist beispielsweise ein FI-Schutzschalter erforderlich, der den Strom abschaltet, wenn die Gefahr eines tödlichen Schlags besteht. Außerdem werden passende Verbindungsstecker benötigt. Es braucht wohl nicht eigens betont zu werden, dass Strom und Feuchtigkeit eine gefährliche Mischung darstellen und dass alle Bestandteile der Netzstromversorgung angemessen vor Regen, Spritz- und Bilgenwasser geschutzt sein mussen.

Wenn kein Landanschluss zur Verfügung steht, muss man die Batterie zwischen den einzelnen Fahrten unter Umständen zu Hause aufladen.

Ladegeräte für das Stromnetz müssen für den Typ und die Kapazität der Batterie geeignet sein. Von Einfachladegeräten für Autobatterien lässt man besser die Finger, weil sie die für Boote verwendeten Batterien überladen und beschädigen könnten. Viel besser sind die technisch besseren Automatikladegeräte, die den Zustand der Batterie überwachen und den Ladestrom entsprechend anpassen. Gelbatterien benötigen ein eigens für diesen Typ vorgesehenes Ladegerät.

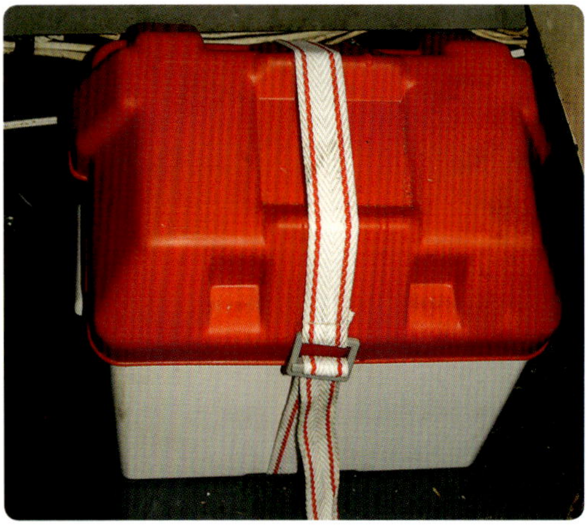

Eine Reservebatterie muss sicher in einem Batteriekasten verstaut werden.

Sicherheit

Die Batterietrennschalter sollten leicht erreichbar sein und bei Bedarf auch benutzt werden, um den Strom abzustellen.

Hinweise zum Umgang mit Batterien

- Für Arbeiten an Batterien Augenschutz anlegen. Beim Entfernen der Stöpsel können Säuretropfen herausspritzen, und zwar besonders, wenn die Batterie beim Laden gegast hat.

- Bei offener Batterie keine Kabel anschließen oder abnehmen.
- Keine offene Flamme in Batterienähe benutzen.
- Feuerlöscher für Elektroanlagen bereithalten.
- Ausgelaufene Batteriesäure nur mit Gummihandschuhen aufnehmen.
- Batteriesäure auf Haut und Kleidung sofort abwaschen, um Verätzungen zu verhindern.
- Darauf achten, dass kein Salzwasser in die Batterie gelangt, weil sich dann höchst giftiges Chlorgas bilden kann.

Wie bei allen anderen Wartungs- und Instandhaltungsarbeiten muss man auch bei elektrischen Anlagen die Versicherungsbestimmungen beachten, damit die Deckung nicht verloren geht.

Grundlegende regelmäßige Sicherheitsüberprüfungen

12-V-Batterien müssen jederzeit fest und sicher am Einbauort stehen, der über eine Entlüftung nach außen verfügen sollte. Sie sondern explosive Gase ab, die sich keinesfalls im Boot ansammeln dürfen.

Jede Batterie sollte sich fest in einem eigens dafür konstruierten Kasten befinden, der eventuell austretende Batteriesäure aufnimmt.

Damit es dazu gar nicht erst kommt, kann man versiegelte oder Gelbatterien verwenden. Gelbatterien sind allerdings teurer als Bleisäurebatterien und dürfen nur mit dem richtigen Ladegerät aufgeladen werden.

Für diese Anschlüsse, die normalerweise durch einen Deckel geschützt sind, stehen Ersatzsicherungen zur Verfügung.

Lose Metallgegenstände wie Schraubenschlüssel haben in der Nähe einer Batterie nichts zu suchen, weil sie durch die unvermeidlichen Bootsbewegungen auf die Pole fallen und dadurch einen Brand verursachen könnten. Ein Kurzschluss über die Batteriepole lässt einen Schraubendreher in wenigen Sekunden schmelzen.

Sicherungen müssen immer in der korrekten Stärke ersetzt werden. Vorher muss man immer den Fehler beseitigen, der zum Durchbrennen geführt hat, damit es nicht später zu einem Brand kommt.

12-V-Batterien sind schwer, und man muss darauf achten, sich beim Anheben nicht zu verletzen. Eine Batterie vom Dinghi ins Boot zu heben erfordert Sorgfalt und Planung, damit man nicht samt Batterie im Wasser verschwindet.

Instandhaltung

Die wahrscheinlich häufigste Ursache für Fehler in der elektrischen Anlage sind neben einer leeren Batterie lockere oder korrodierte Anschlüsse. Dieses Problem wird durch eine Umgebung mit Salzwasser und salzhaltiger Luft eher noch verschärft. Deshalb müssen alle Anschlüsse häufig überprüft, gesäubert und festgezogen werden.

Die Batterie muss oben trocken und sauber gehalten werden, die Batterieklemmen müssen fest sitzen. Mit Vaseline verhindert man Korrosion und das Auftreten der weißen Substanz an den Polen. Eine Batterie verliert mit der Zeit an Ladung, ob sie angeschlossen ist oder nicht. Dieser Ladungsverlust kann je nach Temperatur und Umgebung bis zu einem Prozent pro Tag betragen. Schmutz und Feuchtigkeit beschleunigen diesen Vorgang.

Batteriepole mit Vaseline einreiben.

Zum Prüfen der Elektrolytflüssigkeit dreht man die Stöpsel heraus; bei Bedarf wird destilliertes Wasser nachgefüllt. Bei den meisten Batterien darf höchstens ein Zentimeter Flüssigkeit über den Plattenoberkanten stehen. Ein höherer Stand führt dazu, dass beim Laden Säure ausläuft. Wenn eine leere Batterie mit hoher Spannung geladen wird, führt das daraus resultierende Gasen zu einer Verringerung des Säurestands, der deshalb nach dem Laden unbedingt noch einmal überprüft werden muss.

Eine tief entladbare Batterie kann zwar, wie der Name sagt, tief entladen werden, hält aber viel länger, wenn sie nur selten auf unter 50 Prozent ihrer Kapazität entladen wird. Gelegentliches Entladen um 80 Prozent ist hinnehmbar, aber vollständiges Entladen schädigt die Batterie so, dass sie möglicherweise nicht mehr aufgeladen werden kann.

Den Ladezustand der Batterie prüft man am einfachsten mit einem Voltmeter. Als Erstes muss da-

Batterie bei Bedarf mit destilliertem Wasser auffüllen.

Mit einem Multifunktionsmessgerät prüft man den Zustand der Batterie – diese ist voll geladen.

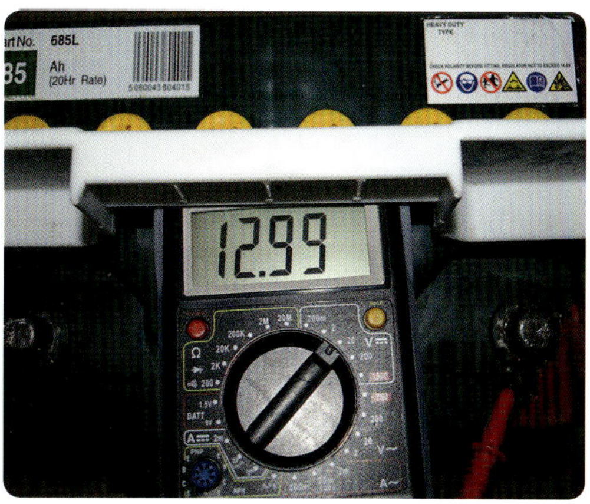

bei sichergestellt werden, dass keine Verbraucher in Betrieb sind. Dazu stellt man am besten den Trennschalter auf »aus«. Dann misst man direkt zwischen den Polen die Spannung. Wenn sie zwischen 12,6 V und 12,8 V oder höher liegt, ist die Batterie voll geladen. Bei 12,2 V stehen etwa 50 und bei 12 V nur noch 25 Prozent der Kapazität zur Verfügung. Bei 12 V und weniger lässt sich wahrscheinlich der Motor schon nicht mehr starten, und unter 11,7 V ist die Batterie leer. Wenn kurz vorher der Motor gelaufen ist, ist die Spannung in der Regel hoch, sodass man mit der Messung warten sollte, bis die Batterie sich wieder im Normalzustand befindet.

Außer bei Gelbatterien kann man den Ladezustand auch mit einem Hydrometer feststellen. Dieses Gerät misst die Säurekonzentration in der Batterie. Diese Konzentration wird geringer, wenn sich die Batterie entlädt. Hydrometer gibt es im Autozubehörhandel, man muss aber darauf achten, dass es sich um einen für Batterien vorgesehenen Typ handelt und nicht um ein Gerät zum Prüfen des Frostschutzmittels. Bei Verwendung eines Hydrometers besteht die Gefahr, dass Säuretröpfchen Löcher in Kleidung und Haut ätzen.

Elektrische Geräte auf einem kleinen Motorboot können direkt an die Batterie, an eine Sammelschiene, an den Batterietrennschalter, an einen Leistungsschalter oder an eine Schalttafel mit Sicherungen angeschlossen sein. In allen Fällen müssen die Leitungen durch eine geeignete Sicherung geschützt sein. Für alle Sicherungen sollte Ersatz in derselben Stärke an Bord sein. Auf keinen Fall darf man eine Sicherung mit einem Stück Draht überbrücken.

Ersatzsicherungen bewahrt man in einem kleinen Behälter mit Deckel auf, der am Sicherungskasten befestigt wird, damit man bei Bedarf nicht lange suchen muss.

Wann immer Leitungsdrähte zu ersetzen sind, muss das Ersatzstück denselben oder einen größeren Querschnitt als das Original aufweisen. Wegen der Bootsbewegungen müssen sich Leitungsdrähte biegen können, ohne Schaden zu nehmen; deshalb verwendet man keine einadrigen, sondern immer mehradrige Leitungen für den Bootsbau.

Wenn das Boot ins Winterlager kommt, baut man die Batterien aus und lädt sie jeden Monat auf.

Positionsleuchten

Nachttörns sind nur etwas für erfahrene Eigner, die entsprechende Lehrgänge absolviert haben. Aber man muss auch damit rechnen, dass man sich einmal verspätet und unerwartet in die Dunkelheit gerät. Dann geht es in erster Linie darum, von anderen Fahrzeugen gesehen zu werden, um eine Kollision zu vermeiden.

Kajütkreuzer müssen über fest installierte Positionsleuchten verfügen, und Boote über 7 m Länge müssen vor Anker ein weißes Rundumlicht führen.

Die Positionsleuchten sind an Backbord (links) rot, an Steuerbord (rechts) grün und am Heck weiß. Ein weißes Licht muss mindestens 1 m über den Seitenlichtern montiert sein, beispielsweise an einem kleinen Mast.

Auf diesen Booten sind die Positionslichter zu erkennen, darunter ein weißes Licht an einem kleinen Mast. Eins der Boote trägt zusätzlich Scheinwerfer.

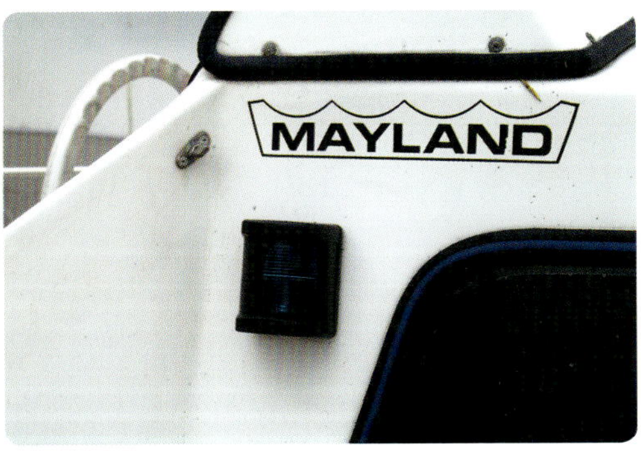

Auf einem offenen Daycruiser ohne 12-V-Anlage braucht man eine kräftige Taschenlampe und eine weiße Laterne zusammen mit einem Satz batteriebetriebener Notfallleuchten in Rot, Grün und Weiß. Dazu kommen Reservebatterien. Die Notfallleuchten sind bei Schiffsausrüstern erhältlich.

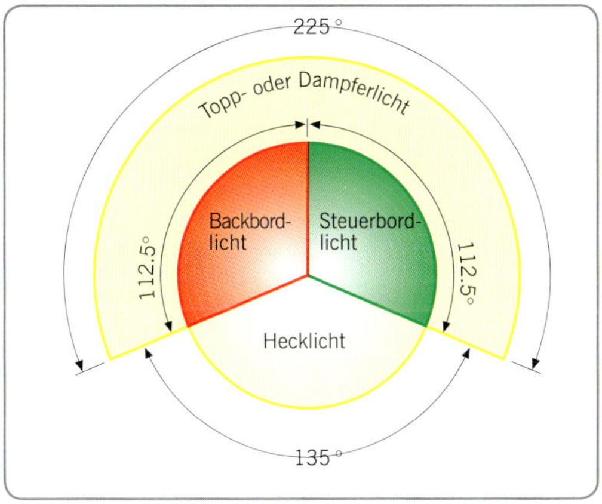

Diese »Lichtrose« zeigt, wie die Positionsleuchten angebracht sein müssen, damit sie rundum sichtbar sind.

Die Linsen von Positionsleuchten müssen auf Beschädigungen geprüft und gegebenenfalls ersetzt werden.

Innenbeleuchtung

Die meisten Kajütkreuzer verfügen über eine 12-V-Innenbeleuchtung. Leuchtstoffröhren brauchen schon weniger Strom als gewöhnliche Glühbirnen, aber wenn vorhandene Lampen ersetzt werden sol-

Ein Satz batteriebetriebener Notfallleuchten, wie man sie für den Fall, dass die 12-V-Anlage ausfällt, an Bord haben sollte.

Es gibt jede Menge heller 12-V-LED-Leuchten. Diese bieten den Vorteil, dass sie im Vergleich zu anderen Leuchten sehr wenig Strom verbrauchen.

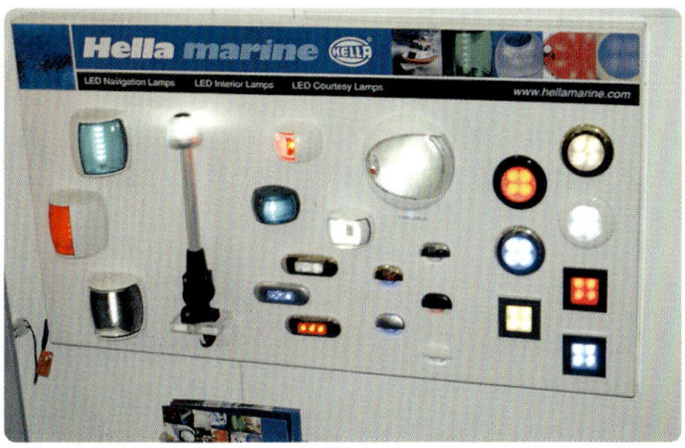

LED-Leuchte mit Druckschalter und Batterien.

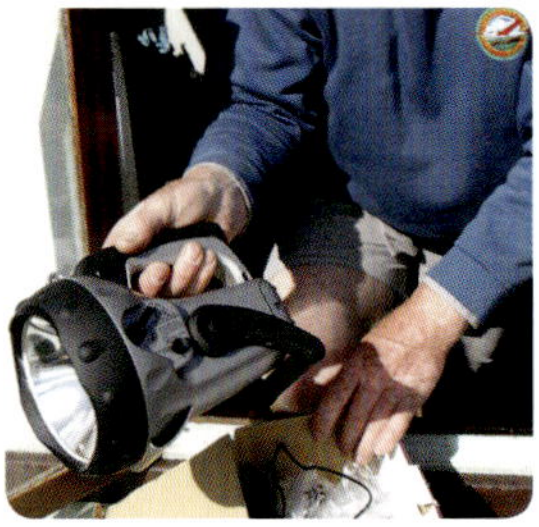

Handscheinwerfer mit Akkus können auch einen 12-V-Anschluss haben.

len, sollte man gleich zu LED-Leuchten greifen, die der Batterie noch weniger abverlangen. Auch Positionsleuchten sind in LED-Ausführung verfügbar.

Auf kleinen Booten ohne 12-V-Anlage können LED-Taschenlampen oder andere batteriebetriebene Lampen als einfache Kabinenbeleuchtung dienen, sofern man genügend Ersatzbatterien an Bord hat.

Kuppelförmige LED-Leuchten mit Druckschalter und drei 1,5-V-Batterien sind nicht teuer und können überall in einer kleinen Kajüte angebracht werden. Sie können auch als Notbeleuchtung auf Booten mit 12-V-Anlage dienen.

Zusätzliche elektrische Ausrüstung

Aus der Einbau- und Bedienungsanleitung der Geräte geht meistens hervor, wo sie einzubauen sind und welchen Strombedarf sie haben. Damit es nicht zu Störungen durch elektrische Ströme kommt, müssen die Kabel für den Geber eines Fischfinders oder das Antennenkabel für ein Funkgerät sorgfältig verlegt werden.

Elektrische Geräte wie UKW-Funkgerät, GPS-Empfänger oder Fischfinder werden normalerweise

Das Kabel eines neuen Geräts kann an einer freien Klemme der Sammelschiene angeschlossen werden.

in der Nähe des Steuerrads eingebaut. Die Batterie befindet sich in Motornähe. Es gibt viele Möglichkeiten, wie Boote unterschiedlichen Alters verkabelt und verdrahtet sein können, und wenn man auf ein unüberschaubares »Schlangennest« aus Kabeln und Drähten stößt, tut man gut daran, vor dem Einbau zusätzlicher Geräte einen Elektriker zurate zu ziehen, der sichere Anschlusspunkte aufzeigen kann.

Bei einer gut ausgeführten Verdrahtung steht eine sogenannte Sammelschiene zum Anschluss von 12-V-Geräten zur Verfügung. Diese Schiene besitzt eine Reihe von Anschlussklemmen und befindet sich hinter oder in der Nähe der Steuerkonsole; sie ist mit dem Minuspol der Batterie verbunden. Die Minusleitung eines neuen Geräts wird mit einer freien Klemme verbunden.

Vom Pluspol der Batterie führt ein dickes Kabel zu einem Trennschalter und von dort zu einem Sicherungskasten in der Nähe der Sammelschiene. Das Pluskabel wird an die eine Seite der Sicherun-

Elektrische Ausrüstungsgegenstände wie Navigations- und Kommunikationsgeräte können an eine 12-V-Anlage angeschlossen werden, die aber für die zu erwartende Last ausgelegt und entsprechend abgesichert sein muss.

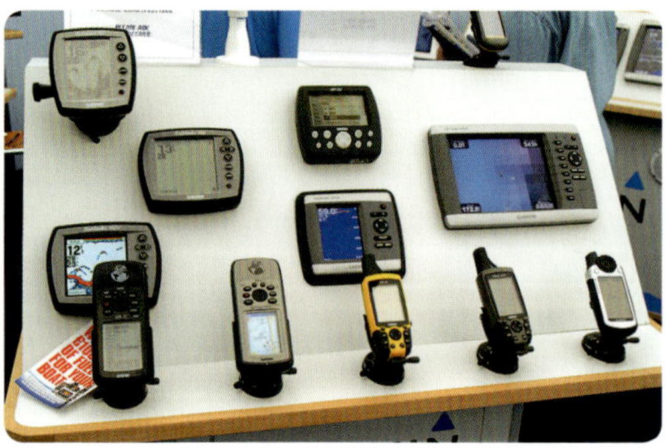

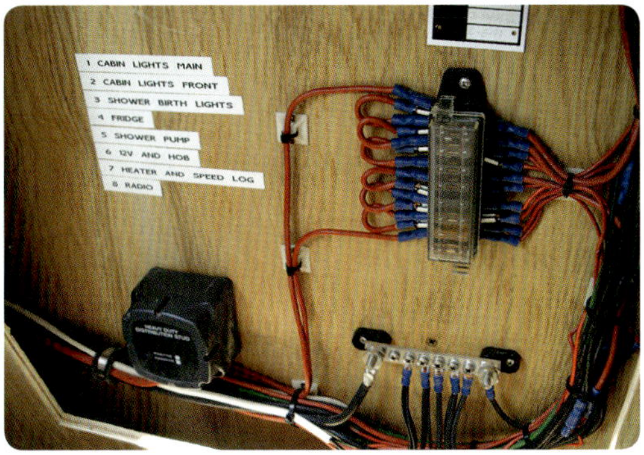

Eine ordentliche Anordnung von Sicherungen, Anschlüssen und Aufklebern.

gen im Sicherungskasten angeschlossen. Das Pluskabel des jeweiligen elektrischen Geräts wird entweder direkt oder über eine weitere Sammelschiene mit der anderen Seite der Sicherung verbunden. Vor dem Anschließen eines neuen elektrischen Geräts muss man in der Einbauanleitung nachsehen, wie stark die Sicherung sein muss. Neben den neuen Anschluss kommt dann ein Etikett mit dem Namen des Geräts.

Wenn das Gerät ohne Kabel geliefert wird, nimmt man Leitungsdraht, der für den Stromverbrauch in einer 12-V-Schiffsanlage ausgelegt ist. Haushaltsleitungen könnten bei Verwendung im Boot brechen oder korrodieren. Bei mehradrigem Kabel für den Bootsbau sind die Kupferadern mit Zinn beschichtet, um die Korrosionsgefahr zu verringern. Steckverbinder müssen ebenfalls für den Bootsbau geeignet und fest gecrimpt sein.

Kabel, die durch die Bilge und andere Räume geführt werden, sollten möglichst weitgehend in Leitungsrohren aus Kunststoff verlaufen und so verlegt werden, dass sie nicht beschädigt werden können. Unter dem Cockpitboden und den Seitendecks sind sie beispielsweise gut geschützt. Die Kabelführung muss oberhalb möglicher Wasseransammlungen in der Bilge verlaufen. Kabelbinder verhindern, dass sich die Kabel verheddern. Mit den spiralförmigen Plastikumhüllungen für Kabelbäume kann man Kabel an den Stellen schützen, an denen keine Leitungsrohre verlegt werden können.

Die Kabel auf diesem seegehenden Guernsey-Motorkreuzer verlaufen gut geschützt in Leitungsrohren aus Kunststoff.

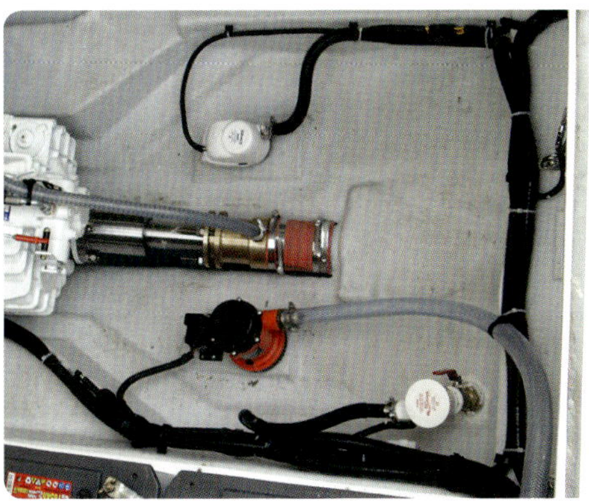

Neue und vorhandene Pluskabel am Sicherungskasten werden mit einem wasserfesten Marker auf einem Plastiketikett beschriftet oder nummeriert und mit Nummer und Bezeichnung in einer Liste festgehalten. Das erleichtert die Fehlersuche, wenn sich beispielsweise eine Sicherung durch Schwingungen oder Bootsbewegungen gelockert hat.

Der Geber für den Fischfinder

Ein Fischfinder findet Fische, aber für eine sichere Fahrt wichtiger ist die Tatsache, dass er die Wassertiefe unter dem Rumpf anzeigt. Er sendet Impulse aus und misst die Zeit bis zum Empfang sowie die Stärke des Echosignals. Daraus ergibt sich dann die Anzeige.

Der Geber ist das Teil, das die Impulse sendet. Der Einbauort des Gebers ist von Fabrikat und Modell abhängig, liegt aber entweder außen am Spiegel unter Wasser oder, bei einem GFK-Boot, innen, weil die Impulse den Kunststoff durchdringen können. Beim Einbau sind die folgenden generellen Punkte zu beachten:

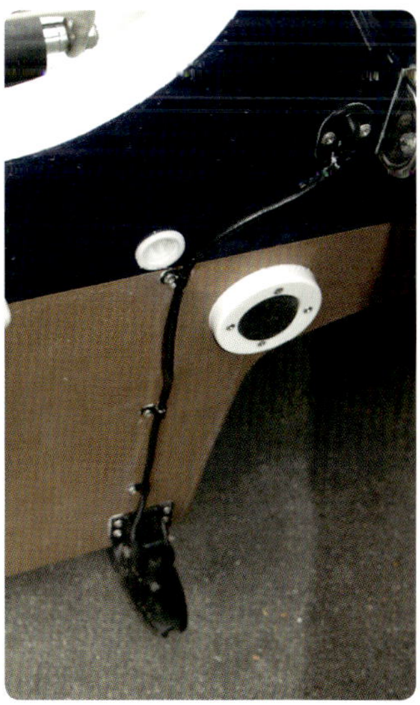

Geber eines Fischfinders am Spiegel.

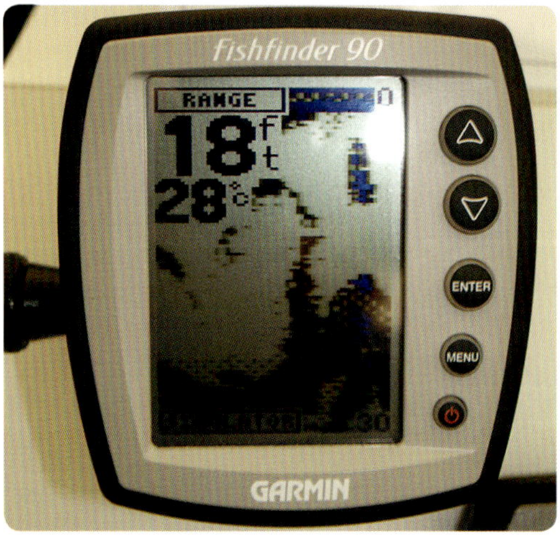

Ein einfacher Fischfinder zeigt die Wassertiefe – und Fische. Es gibt viele teurere Modelle, teilweise mit GPS- und Radarfunktion.

- Der Geber darf nicht an einer Stelle sitzen, vor der Blasen und Verwirbelungen auftreten.
- Der Einbau muss mit Bootsbauschrauben und Dichtmittel für Unterwasseranwendungen erfolgen.
- Ein innen montierter Geber muss sich an einer Stelle befindet, an der er nicht beschädigt werden kann.
- Beim Einbau im Innern muss die Stirnfläche des Gebers fest auf der glatten Rumpffläche aufliegen.

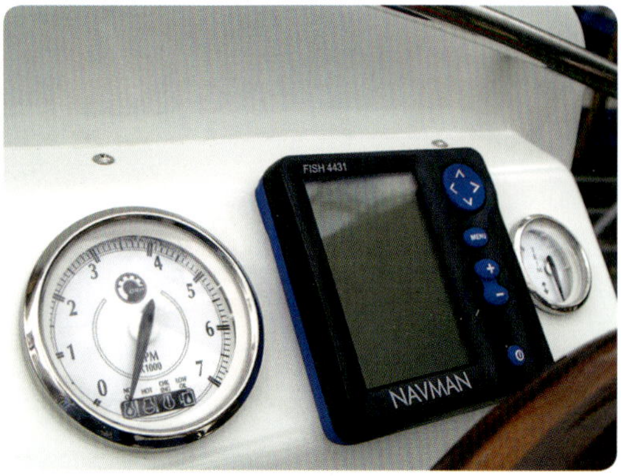

Die Anzeigen von Fischfindern und anderen Geräten befinden sich in der Nähe des Steuers, wo sie sich schnell ablesen lassen.

Aussichten

Es ist zu hoffen, dass Bleisäurebatterien bald durch leichtgewichtige Alternativen mit hoher Kapazität zu vernünftigen Preisen ersetzt werden. Das wird den Umgang mit Strom an Bord erleichtern und dazu beitragen, dass der unvermeidliche Umstieg auf Elektromotoren nicht mehr allzu lange auf sich warten lässt, während der Welt langsam, aber sicher der Kraftstoff ausgeht, von dem wir derzeit noch abhängig sind.

17

INNEN- UND AUSSENBORD-MOTOREN

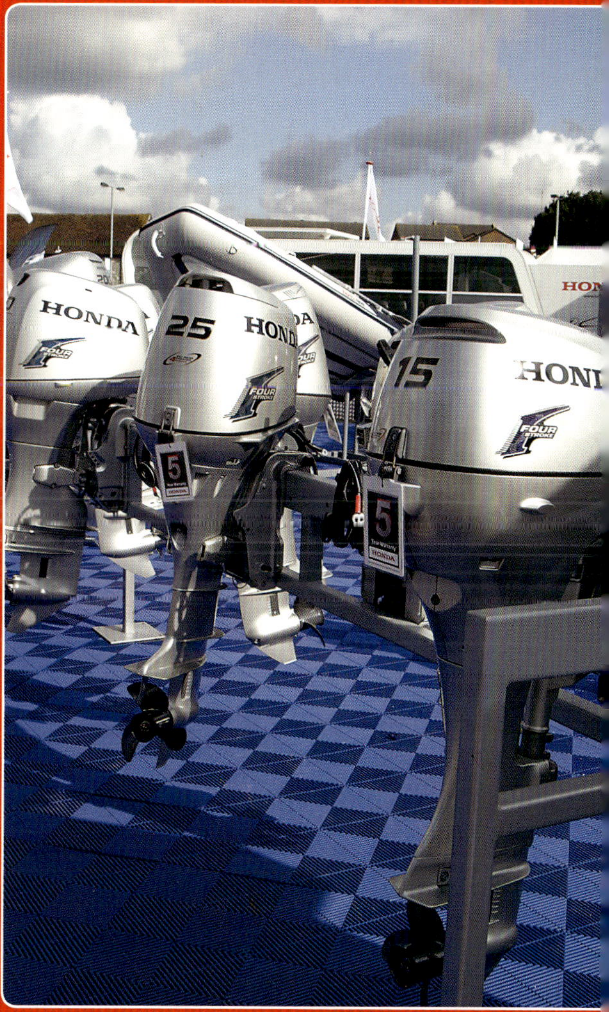

Einsatz und einfache Wartungsarbeiten

Da die meisten Motorboote keine Segel haben und auch zu groß und schwer sein dürften, um mit Riemen oder Rudern bewegt zu werden, muss der Motor immer in einwandfreiem Zustand sein. In diesem Kapitel geht es um die einfachen Maßnahmen, die die Mehrheit aller Bootseigner selbst treffen kann, um den Motor in Schuss zu halten. Wer keine weitgehenden mechanischen Kenntnisse und Fertigkeiten besitzt, überlässt die komplizierten Arbeiten besser einem Fachmann. Mittlerweile fordern sogar die Versicherungsgesellschaften in zunehmendem Maße, dass bestimmte Motoren nach Maßgabe des Herstellers gewartet werden. Aus der jeweiligen Police ist zu entnehmen, ob ein qualifizierter Fachmann hinzugezogen werden muss – beispielsweise, um selbst durchgeführte Arbeiten zu überprüfen.

Benzinaußenborder

Der häufigste Antrieb auf offenen Motorbooten und vielen Kreuzern ist natürlich der Benzinaußenborder. Selbst Boote mit Innenborder verfügen oft zusätzlich über einen Außenborder als Vorsichtsmaßnahme für den Fall, dass der Hauptmotor ausfällt.

Die folgenden allgemeinen Hinweise sollen als Einführung in den Umgang mit einem Außenborder dienen. Sie vermitteln Kenntnisse über die grundlegenden Wartungsarbeiten, die bei den meisten Motoren anfallen. Weil es aber so viele verschiedene Fabrikate und Modelle gibt, die zudem noch verschieden alt sind, ist es an dieser Stelle nicht möglich, alle Varianten, Details und Sicherheitsvorkehrungen zu beschreiben.

Bedienungshandbuch konsultieren

Es ist unerlässlich, dass man sich mit dem Handbuch für den jeweiligen Motor vertraut macht. Früher war das ein Problem, wenn man den Motor gebraucht gekauft hatte und das Handbuch nicht mehr zu bekommen war, aber heute findet man im Internet jede Menge Informationen zu bestimmten Außenbordern. Die eBay-Website ist eine gute Fundquelle, und auch bei einer Internetsuche nach bestimmten Handbüchern wird man wahrscheinlich fündig. Natürlich können auch Händler und Hersteller behilflich sein. Möglicherweise findet man seinen Außenborder sogar in einem Buch, das sich mit vielen Modellen eines einzelnen Herstellers befasst.

Detaillierte Handbücher für die vielen Fabrikate und Modelle finden sich an einer Vielzahl von Stellen.

Zweitakteröl bekommt man bei Schiffsausrüstern.

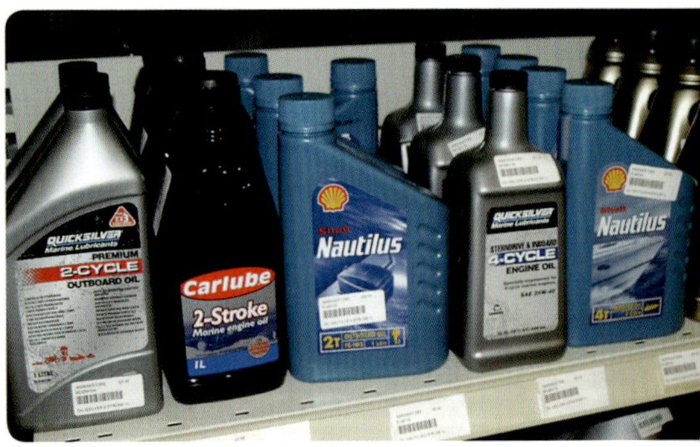

Die kleinsten Außenborder besitzen einen eingebauten Tank mit Deckel oben auf dem Motor.

Wie wichtig genaue Informationen sind, zeigt der Fall vieler Zweitakter, bei denen das Benzin in einem bestimmten Verhältnis mit dem richtigen Öl gemischt werden muss. Man darf nicht einfach davon ausgehen, dass dieses Verhältnis bei allen Motoren gleich ist. Bei sehr vielen Außenbordern beträgt es 1:50, aber es kann zwischen 1:10 bei den ältesten und 1:100 oder dem Doppelten bei den Modellen mit automatischer Einspritzung liegen.

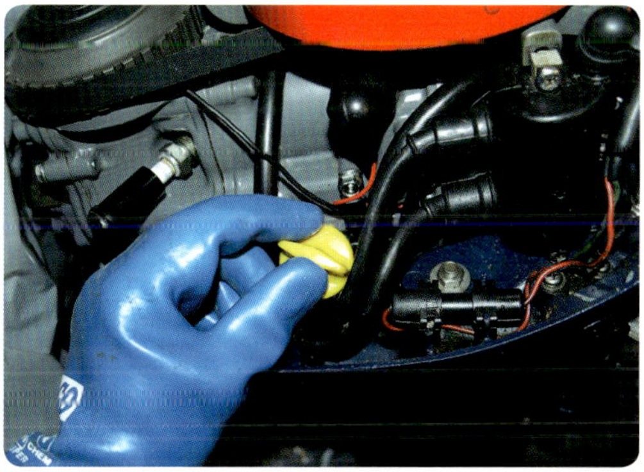

Bei Viertaktern muss der Ölstand geprüft werden.

Beim Einfahren eines neuen Zweitakters muss möglicherweise doppelt so viel Öl zugemischt werden wie im späteren Normalbetrieb. Die genauen Einfahrvorschriften finden sich im Handbuch. Sie gelten unter Umständen auch für den Fall, dass Teile des Motors ausgetauscht wurden.

Vorbereitungen

Im folgenden Abschnitt geht es in erster Linie um die technische Seite des Motorbetriebs. In Kapitel 8 findet sich mehr zum tatsächlichen Umgang mit dem Boot.

Als Erstes wird geprüft, ob genügend Kraftstoff im Tank ist. Ein Zweitakter benötigt die entsprechende Menge des richtigen Öls – normales Motoröl darf keinesfalls verwendet werden. Das Mischungsverhältnis von Öl und Benzin ist im Motorhandbuch zu finden.

Getankt wird nach Möglichkeit abseits des Bootes und möglicher Zündquellen. Dabei sollte stets ein Feuerlöscher bereitstehen. Keinesfalls darf man bei laufendem Motor tanken, und oben im Tank muss immer etwas Platz bleiben, weil das Gemisch sich durch Wärme ausdehnt.

Sehr kleine Außenborder haben einen eingebauten Tank über dem Motor, sodass nur bei kaltem Motor nachgetankt werden darf. Um das erforderliche Mischungsverhältnis zu erreichen, gibt man nach und nach das Öl zu, während das Benzin eingefüllt wird.

Benzindämpfe sind hoch entflammbar und explosiv und erfordern entsprechende Vorsichtsmaßnahmen. Deshalb dürfen sich keine potenziellen

Die Klemmen an der Halterung müssen immer fest angezogen sein; eine Sicherungsleine am Motor verhindert, dass er über Bord geht.

Ein Hilfsaußenborder kann an einer verstellbaren Halterung wie auf dem vorhergehenden Bild oder fest an verschiedenen Stellen am Heck montiert werden. Dann bildet er einen Alternativantrieb für den Fall, dass die Hauptmaschine ausfällt.

Das Ventil am Kraftstofftank wird vor dem Anlassen des Motors geöffnet und nach der Fahrt wieder geschlossen.

Zündquellen wie etwa eine brennende Zigarette in der Nähe befinden. Der gefüllte Tank muss so auf das Boot gestellt werden, dass sich eventuell austretende Dämpfe verflüchtigen können.

Viertakt-Außenborder benötigen kein Öl im Benzin, weil sie separat geschmiert werden. Der Ölstand der Schmierung muss regelmäßig geprüft und bei Bedarf aufgefüllt werden.

Am Außenborder sollte sich immer eine Sicherungsleine befinden, die innen im Boot befestigt ist und verhindert, dass der Motor im Wasser verschwindet. Natürlich muss diese Leine ausreichend Lose haben, damit man den Motor beim Steuern entsprechend drehen kann. Um den Motor am Spiegel anzubringen, werden vorher die Klemmen gelöst. Anschließend müssen sie ganz fest angezogen werden. Die Klemmen können sich durch vom Motor ausgehende Vibrationen lockern.

Die Anlasserleine muss in Ordnung sein, und im Bereich des Propellers darf nichts im Wasser schwimmen. Manchmal wickelt sich eine Angelschnur um die Propellernabe, die unbedingt entfernt werden muss, damit sie sich nicht festzieht und die Dichtung am unteren Getriebegehäuse beschädigt.

Einige Motoren verfügen über eine Art Sicherheitsleine, die vom Bediener am Körper befestigt wird und über einen Stoppschalter den Motor abstellt, wenn der Bediener über Bord geht.

Zum Starten bringt man zunächst den Motor in senkrechte Stellung und verriegelt die Hebel zum Anheben und Kippen.

Das Boot wird in eine Richtung gedreht, in der es keine Hindernisse gibt. Der Außenborder wird zum Anlassen in die Leerlaufstellung gebracht. Ein separater Kraftstofftank wird mittels der Schnellkupplung mit dem Motor verbunden. Kraftstofftanks besitzen ein Ventil, das weit genug aufgedreht werden muss, damit Luft einströmen kann. Dieses Ventil muss fest geschlossen sein, wenn der Außenborder nicht be-

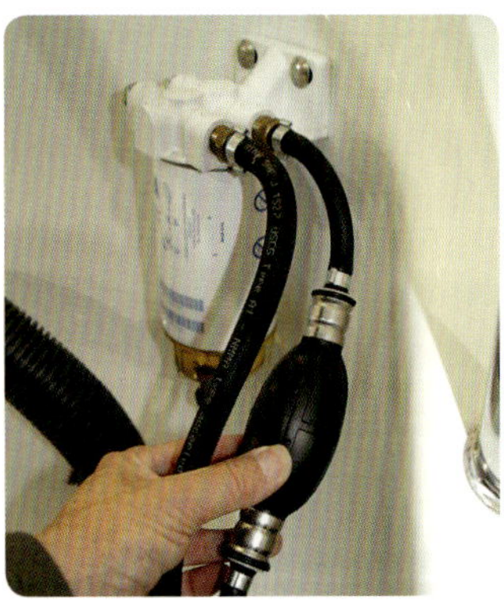

Vor dem Starten des Außenborders pumpt man mit dem Ansaugball Kraftstoff in den Vergaser. Bei manchen Booten fließt das Benzin durch einen Filter, bevor es den Vergaser erreicht.

Man zieht gleichmäßig und kräftig an der Anlasserleine, wenn Widerstand durch die Kompression zu spüren ist.

nutzt wird, und besonders, wenn man ihn transportiert. Wenn das Ventil nicht geöffnet wird, springt der Motor entweder gar nicht an oder stirbt nach kurzer Zeit ab. Bei manchen Motoren muss noch ein weiteres Ventil geöffnet werden.

Der Ansaugball in der vom Tank zum Motor führenden Leitung wird sanft gedrückt, bis er sich fest anfühlt. Er stellt praktisch eine handbetriebene Kraftstoffpumpe dar, die Benzin in den Vergaser drückt. Falls hier Benzin ausläuft, besteht Brandgefahr.

Jetzt zieht man den Choke heraus und bringt Gas- und Ganghebel in die Startposition. Da sich bei einigen ganz kleinen Außenbordern der Propeller zu drehen beginnt, sobald der Motor gestartet wird, muss man hier besonders darauf achten, dass der Gasdrehgriff in der Startposition bleibt, bis der Motor warm ist und die Fahrt beginnen kann. Außerdem muss das Boot sicher festliegen, damit es sich nicht bewegen kann.

Nachdem man sich davon überzeugt hat, dass beim Ziehen an der Anlasserleine nichts und niemand im Wege ist, setzt oder hockt man sich hin. Nun zieht man gleichmäßig an der Anlasserleine, bis Widerstand zu spüren ist. Das ist die sich aufbauende Kompression. Jetzt zieht man kräftiger, aber gleichmäßig und fest. Mit Glück springt der Motor beim ersten Mal an, aber wenn er kalt ist, muss man wohl eher mehrfach ziehen.

Ein elektrischer Anlasser erspart das mühselige Reißen an der Anlasserleine, aber man muss dabei daran denken, vorher den Strom einzuschalten.

Nach dem Anlassen lässt man den Motor etwa drei Minuten warmlaufen und drückt den Choke nach und nach weiter hinein.

Ob der Kühlwasserkreislauf funktioniert, erkennt man daran, dass Wasser mit den Abgasen aus dem Auspuff spritzt oder als Strahl aus einer separaten Öffnung austritt. Wenn kein Wasser zu sehen ist, muss man den Motor abstellen und nachsehen, ob die Leitungen verstopft sind oder das Flügelrad der Wasserpumpe beschädigt ist. *Auf keinen Fall* darf der Motor ohne ausreichende Kühlung laufen. Er würde schnell schweren Schaden nehmen. Aus dem gleichen Grund darf ein Außenborder nur im Wasser laufen: Der Impeller wäre binnen weniger Sekunden hinüber, wenn das für Schmierung und Kühlung erforderliche Wasser fehlt. Der Motor läuft vielleicht im Wasser noch, überhitzt dann aber schnell, weil ein beschädigter Impeller nicht genügend Kühlwasser bereitstellen kann.

Wenn der Motor läuft, prüft man die vorgesehene Fahrtrichtung auf Hindernisse wie andere Boote oder Schwimmer. Nach dem Ablegen dreht man Gasgriff in die Stellung »Shift«, legt den Vorwärtsgang ein und beschleunigt leicht und gleichmäßig. Besonders mit einem kleinen offenen Boot darf man nicht ruckartig Gas geben – ein starker Motor könnte das Boot so hart beschleunigen, dass das Heck eintaucht und entweder das Boot unterschneidet oder ein unaufmerksames Crewmitglied über Bord geht.

Anhalten

Bei Annäherung an den Liegeplatz oder das Ufer dreht man den Gasgriff auf die Stellung »Shift« zurück und schaltet auf Leerlauf. Um ohne Antrieb sauber zum Stehen zu kommen, braucht man etwas Geschick, wird aber mit einem schönen Gefühl der Zufriedenheit belohnt, wenn man es geschafft hat. Tidenstrom, Flussströmungen und Wind lassen sich gegen den Schwung des Bootes zum Aufstoppen nutzen, ohne dass es zu einer peinlichen oder schädlichen Kollision mit der Pier oder Sliprampe kommt (Genaueres dazu findet sich in Kapitel 8). Man stellt den Motor ab und kippt ihn hoch, bevor der Propeller Grundberührung bekommt.

Wenn man zum Abbremsen den Rückwärtsgang einlegen muss, überzeugt man sich zunächst, dass hinter dem Boot alles frei ist, und dreht den Gasgriff dann in die Position »Shift«. Erst dann legt man den Rückwärtsgang ein und fährt langsam höchstens

Über eine Schraube oder einen anderen Verschluss kann man in der Regel vor dem Transport des Motors das Restbenzin aus dem Vergaser ablassen.

mit Halbgas, es sei denn, es handelt sich um einen Notstopp. Bei plötzlicher und schneller Achterausfahrt kann ein kleines Boot gefährlich instabil werden; es ist möglicherweise schwer zu kontrollieren und auf geradem Kurs zu halten.

Wenn der Motor aus dem Boot genommen wird, muss er so lange senkrecht gehalten werden, bis kein Wasser mehr herausläuft. Er darf niemals waagerecht oder mit dem Propeller höher als der Motor abgelegt werden, weil dann das restliche Wasser über den Auspuff in die Zylinder laufen könnte. Bei Viertaktern steht im Handbuch, auf welche Seite der Motor gelegt werden muss, damit kein Öl ausläuft oder an eine Stelle gelangt, an der es Schaden anrichten könnte.

Vor einem Transport des Motors sollte der Vergaser entleert werden. Dazu muss man meist eine Ablassschraube aufdrehen und den Kraftstoff mit einem Lappen auffangen. Auf diese Weise vermeidet man gefährliche Benzindämpfe im Transportfahrzeug.

Alternativ wird der Vergaser geleert, indem man die Benzinzufuhr abstellt und den Motor weiterlaufen lässt, bis er von allein abstirbt, weil kein Benzin mehr im Vergaser ist.

Wenn der Motor in Salzwasser benutzt worden ist, muss das Kühlsystem mit Frischwasser durchgespült werden, weil Salz stark korrodierend wirkt und außerdem auskristallisieren und die Leitungen verstopfen kann. Dazu stellt man ihn in einen ausreichend großen und stabilen Behälter mit sauberem Frischwasser und befestigt ihn sicher. Das Wasser muss den Schaft bis zu der Höhe bedecken, bis zu der er auch auf dem Boot von Wasser umspült wird. An manchen Motoren finden sich allerdings auch spezielle Vorrichtungen zum Durchspülen mit einem Wasserschlauch. Die genaue Vorgehensweise ist im jeweiligen Handbuch beschrieben.

Um Sand oder sonstige Fremdkörper aus dem Kühlsystem zu entfernen, sollte man den Außenborder auch dann gelegentlich in sauberem Wasser laufen zu lassen, wenn er nur in Süßwasser benutzt worden ist.

In vielen Gegenden stellt der Diebstahl von Außenbordern ein nicht unbeträchtliches Problem dar. Wenn der Motor auf dem Boot bleiben muss, sollte man ihn hochkippen und so mit einem geeigneten Schloss sichern, dass sich die Klemmen nicht lösen lassen.

Additive

Zur Leistungssteigerung und Lösung aller möglichen Probleme werden oft »Wunder«-Additive angeboten. Aber Außenborder sind nicht notwendigerweise identisch mit anderen Motortypen, und selbst wenn manche dieser Additive möglicherweise bei bestimmten Motoren etwas bewirken könnten, sollte man das Risiko nicht eingehen.

Wenn es wirklich erforderlich ist, sollte man nur die Additive verwenden, die speziell für das betreffende Modell vorgesehen sind, und sich dabei genau nach den Anleitungen richten. Zugesetzt wer-

Zwei- und Viertakter

Zweitaktmotoren sind beliebt, weil sie stark, einigermaßen leicht und im Vergleich zu Viertaktern einfach gebaut sind. Weil sie aber mit einem Benzin-Öl-Gemisch laufen, ist das Abgas in der Regel umweltschädlicher, als heute allgemein erlaubt ist, und außerdem lagert sich unverbranntes Öl auf dem Wasser ab.

Die Immissionsschutzgesetze haben bislang nicht dazu geführt, dass vorhandene Zweitakter von den Flüssen und Seen verbannt wurden, aber das könnte in der Zukunft durchaus noch geschehen – und ist in den USA und Europa auf manchen See auch schon geschehen. Aber neue Zweitakter, die den heutigen Immissionsschutzbestimmungen nicht genügen, dürfen nicht mehr verkauft werden mit dem Resultat, dass fast alle neuen Außenborder Viertakter sind, die kein Öl mit dem Benzin verbrennen. Sie sind sauberer und etwas leiser als Zweitakter, vielfach aber auch schwerer.

Wer aber gerade einen neuen Außenborder für Binnen- und geschützte Küstengewässer anschaffen will, sollte erst einmal weiter hinten in diesem Kapitel den Abschnitt über die unglaublich leisen und sauberen Elektroaußenborder lesen. Mit einem E-Außenborder kann man etwa 90 Prozent der folgenden Instandhaltungsarbeiten und die im Benzin begründeten Risiken vergessen. Leistung und Wirkungsgrad von Elektromotoren sind stark verbessert worden, sodass man das Fahren auf Binnen- und geschützten Küstengewässern heute viel entspannter genießen kann.

den muss natürlich das passende Öl bei Zweitaktern, nicht jedoch bei Viertaktern, die ja wie Automoren über einen separaten Ölkreislauf verfügen.

Außenborderinstandhaltung

Die folgenden Hinweise gelten für die meisten der noch sehr häufig anzutreffenden Zweitakter, die oft zusammen mit kleinen Gebrauchtbooten verkauft werden. Bei Bedarf finden sich zusätzliche Hinweise zu Viertaktern.

Wer Zweifel an der Zuverlässigkeit seines Außenborder oder an seiner Fähigkeit hegt, daran zu arbeiten, sollte immer einen Fachmann zurate ziehen. Die folgenden Anmerkungen sollen dazu beitragen, die Arbeitsvorgänge verstehen und vermitteln zu können.

Wenn man sich entschlossen hat, den Motor nach den Anweisungen im Handbuch zu zerlegen, fotografiert man jeden einzelnen Schritt mit einer Digitalkamera. Anschließend kann man dann anhand der Fotos sehen, wie die Teile wieder zusammengebaut werden müssen.

P.S.: Wenn der Außenborder am Boot hochgekippt ist und das Boot sich beispielsweise auf dem Trailer befindet, darf der Bereich darunter nicht betreten werden, da die Gefahr besteht, dass der Motor abkippt. Bei der Inspektion des laufenden Motors dürfen locker sitzende Kleidungsstücke und die Haare nicht in die Nähe beweglicher Teile kommen.

Monatliche Prüf- und Wartungsarbeiten

Motorhaube abnehmen und auf Folgendes achten:

- Sitzen die Kabelanschlüsse fest? Zeichen von Korrosion bedeuten, dass sie gelöst, gesäubert und wieder festgezogen werden müssen. Freiliegende Anschlüsse mit Rostschutzmittel/Wasserdispersionsmittel einsprühen.
- Korrosion in der Nähe der Zylinderkopfdichtungen könnte auf defekte Dichtungen hinweisen. Zylinderkopfschrauben anziehen und ggf. Dichtungen ersetzen.
- Kraftstofffilter prüfen und säubern. Unterlegscheiben oder Dichtringe ersetzen. Mit dem Ansaugball Kraftstoff pumpen und auf Undichtigkeiten achten. Bei festsitzendem Schmutz oder Beschädigung muss der Filter möglicherweise ersetzt werden.
- Bei laufendem Motor (im Wasser!) die Bedienelemente daraufhin prüfen, ob sie sich reibungslos bewegen. Bei Bedarf schmieren. Gänge nur bei laufendem Motor wechseln, weil sonst das Getriebe blockieren oder beschädigt werden könnte.
- Bei laufendem Motor darf zwischen Auspuffabdeckung, Kurbelgehäuse und Zylinderkopf kein Wasser austreten.
- Angeschraubte Teile wie Kraftstoffpumpe, Zündspule, Spannungsregler usw. auf festen Sitz prüfen und bei Bedarf die Schrauben festdrehen.

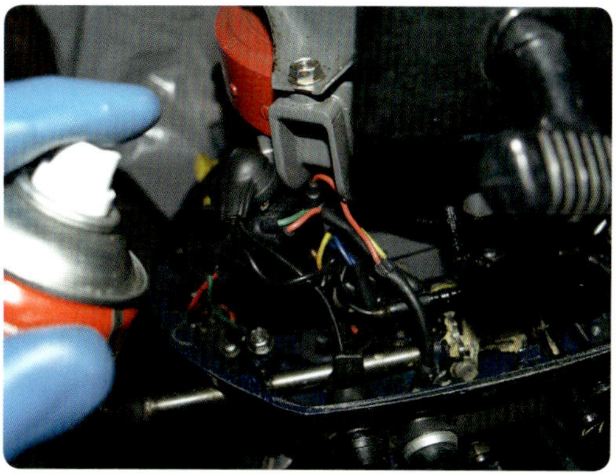

Die Kabel und alle beweglichen Teile werden überprüft und mit einem Dispersionsmittel eingesprüht.

Kopfdichtungen prüfen.

- Bewegliche Teile einschließlich Kippvorrichtung und Drahtzügen schmieren. Am Lenkzapfen befindet sich möglicherweise ein Schmiernippel, in den etwas Fett gedrückt werden muss.
- Opferanoden auf ihren Zustand prüfen. Wenn sie weniger als halb so groß wie im Neuzustand sind, sollten sie ersetzt werden.
- Motorgehäuse und Tank säubern und auf Kratzer und Schäden prüfen. Zum Schutz vor Korrosion den Lack in der passenden Farbe ausbessern.
- Bei einem Viertakter Motorölstand prüfen und gegebenenfalls auffüllen.

Vierteljährliche Prüf- und Wartungsarbeiten

Diese Arbeiten fallen in der Regel nach 50–75 Betriebsstunden oder alle drei Monate an; wenn der Außenborder aber nur wenig genutzt wird, beispielsweise nur als Hilfsmotor, brauchen sie nur einmal im Jahr durchgeführt zu werden. Diese Quartalsinspektion umfasst auch die oben aufgeführten monatlichen Arbeiten.

Angeschraubte Teile müssen festsitzen und bewegliche Teile wie die Drahtzüge müssen sich frei bewegen können. Bei Bedarf schmieren.

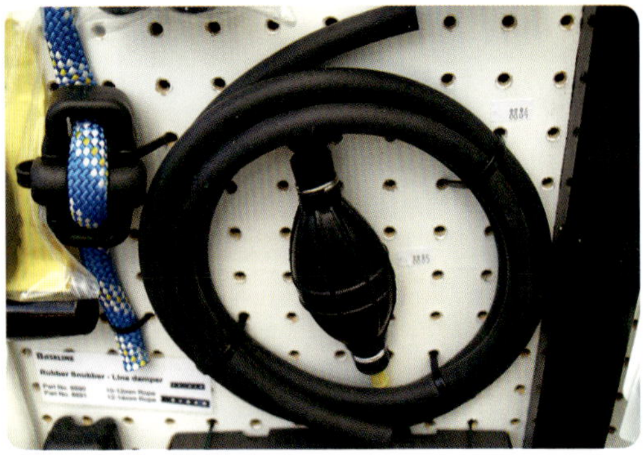

Der Ansaugball in der Leitung vom Tank zum Motor muss weich und elastisch sein. Er muss ersetzt werden, wenn er undicht ist.

Sie beinhaltet grundlegende Dinge, die jeder selbst machen kann und die bei vielen Außenbordern am häufigsten zu erledigen sind. Da die Details je nach Motor variieren, sollte man möglichst oft das Handbuch zurate ziehen. Technisch anspruchsvollere und kompliziertere Reparatur- und Instandhaltungsarbeiten erfordern Spezialwerkzeug und entsprechende Fachkenntnisse.

Zündkerzen

Beim Ausbauen oder Ersetzen einer Zündkerze muss man darauf achten, den Isolierkörper nicht zu beschädigen, damit keine Funken nach außen gelangen können und Benzindämpfe entzünden, wenn der Motor angelassen wird. Am besten verwendet man zum Herausdrehen einen richtigen Zündkerzenschlüssel mit Gummieinsatz.

Wenn der Motor korrekt läuft, sollte die Zündkerzenelektrode eine Farbe zwischen hellbraun und grau aufweisen. Wenn sie schwarz und feucht oder ganz weiß aussieht, muss man den Händler oder einen Techniker fragen, was bei dem betreffenden Außenbordermodell zu tun ist.

Durch Hitze und Ablagerungen nutzt sich die Zündkerze nach und nach ab. Vorsichtiges Säubern der Elektroden hilft vorübergehend, bis die Kerze dann doch ausgetauscht werden muss. Letzteres wird oft sogar grundsätzlich empfohlen, weil die Zündkerze beim Säubern beschädigt werden könnte.

Der Elektrodenabstand wird mithilfe einer Fühlerlehre auf den im Handbuch genannten Wert eingestellt.

Beim Einbau der gesäuberten oder einer neuen Zündkerze nimmt man einen neuen Dichtring und

Der weiße Isolierkörper darf beim Ausbauen nicht beschädigt werden.

Der Elektrodenabstand muss stimmen.

Beim Einbau einer neuen Zündkerze muss auch der mitgelieferte Dichtring verwendet werden.

achtet darauf, dass alle Oberflächen und das Gewinde sauber sind. Die Kerze wird zunächst einige Umdrehungen mit der Hand eingeschraubt, damit sie korrekt sitzt und nicht verkantet ist. Im Idealfall wird sie dann mit einem Drehmomentschlüssel bis zu dem im Handbuch angegebenen Wert angezogen. Alternativ schraubt man sie möglichst weit mit der Hand ein und gibt dann noch eine viertel bis halbe Drehung zu. Nicht überdrehen.

Schmierstellen werden mit frischem Fett gemäß Vorgabe des Motorherstellers gefüllt. Man presst neues Fett ein, bis das gesamte alte Fett zusammen mit eventuell vorhandenem Wasser ausgetreten ist. Das alte Fett wird sofort weggewischt.

Bedienelemente und Drahtzüge, die Abnutzungserscheinungen zeigen, werden ausgetauscht, bevor sie bei der nächsten Fahrt ausfallen.

Als Nächstes werden die Zündkerzenstecker abgenommen und das Getriebe auf Leerlauf gestellt, damit ganz sicher ist, dass sich der Propeller nicht drehen kann. Propeller abbauen und Fremdkörper am Schaft beseitigen. Leicht beschädigte Propellerflügel werden mit einer Feile geglättet. Zustand von Nabe und Schaft prüfen. Altes Fett abwischen und eine neue Schicht wasserfestes Fett auftragen.

Scherstift

Bei älteren und kleineren Außenbordern ist der Propeller mit einem Scherstift am Schaft befestigt. Dieser Stift besteht aus Weichmetall und soll abreißen, wenn der Propeller auf einen harten Gegenstand trifft, damit der Antrieb nicht beschädigt wird. Wenn er abreißt, bleibt der Propeller zwar am Schaft, dreht sich aber nicht mehr. Ersatzstifte und entsprechendes Werkzeug sollten an Bord sein, damit der Stift bei Bedarf ersetzt werden kann. Wenn sich bei der Prüfung herausstellt, dass er korrodiert oder beschädigt ist, muss er ausgetauscht werden.

Andere Motoren besitzen statt des Scherstifts eine Gummibuchse, die auf dem Schaft rutscht, wenn der Propeller gegen ein Hindernis stößt. Sie kann sich abnutzen und muss dann ersetzt werden, wenn das System zufriedenstellend funktionieren soll.

***Links:* Der Scherstift kann mit einer Zange entfernt werden.**

***Rechts:* Da der Scherstift abreißen kann, wenn der Propeller auf ein Hindernis trifft, sollten immer Ersatzstifte an Bord sein.**

Schraube zum Prüfen des Getriebeölstands lösen.

Getriebeöl

Als Nächstes muss das Getriebeöl gewechselt werden. Seitlich am Getriebegehäuse sitzen in der Regel zwei Verschlussschrauben, die gelöst werden müssen, damit das Öl herausfließen kann. Vorher säubert man das Skeg ganz unten am Außenborder und befestigt an dessen Ende ein langes Stück Klebeband, das mit dem anderen Ende in einem geeigneten Ölauffangbehälter hängt.

Nach dem Lösen der Verschlussschrauben fließt dann das Öl an den Kanten des Bands entlang in den Behälter.

Wenn vor dem Öl eine Menge Wasser austritt oder wenn das Öl milchig aussieht, ist wahrscheinlich durch eine defekte Dichtung Wasser in das Getriebegehäuse gelangt. Wenn man sich nicht sicher ist, lässt man das Altöl in eine transparente Plastik- oder Glasflasche laufen und wartet ein paar Stunden, bis sich die Flüssigkeit gesetzt hat. Das Wasser befindet sich dann unten in der Flasche, während das Öl obenauf schwimmt. Falls Wasser vorhanden ist, muss der Motor von einem Fachmann überprüft werden, der dann gegebenenfalls die Dichtung erneuert.

Das Öl sollte eine normale braune Farbe aufweisen, möglicherweise schwimmen ein paar Metallspäne darin. Die untere Ablassschraube besitzt möglicherweise eine magnetische Aufnahmevorrichtung für solche Späne, die dann zu säubern ist. Auch die Dichtringe der Ölablassschrauben müssen überprüft und bei Beschädigung ersetzt werden.

Zur Neubefüllung muss Öl nach den Vorgaben des Motorherstellers verwendet werden. Autogetriebeöl ist nicht geeignet. Das Öl für Bootsmotoren enthält Wasserdispersionsmittel und ähnelt teilweise eher der Flüssigkeit für Automatikgetriebe.

Damit das Öl das Getriebegehäuse voll ausfüllt, muss es von unten eingefüllt werden. Wenn man den anscheinend leichteren Weg über die obere Öffnung wählt, bilden sich wahrscheinlich Luftblasen im Öl. Bei heißem Motor dehnt sich die Luft dann aus und übt Druck auf die Dichtungen aus. In der Folge läuft Öl aus, Wasser dringt ein, und das Getriebe nimmt Schaden.

Getriebeöl wird in der Regel – wie Zahnpasta – in einer Tube gekauft, die fest gegen die untere Öffnung gedrückt werden kann; möglicherweise benötigt man aber auch eine Pumpe, die man am besten

Vor dem Lösen der Ölablassschraube ein langes Stück Klebeband so am Skeg befestigen, dass das Öl daran entlang in den Behälter fließt.

gleich mitkauft. Diese Pumpen sind meist so ausgelegt, dass sie in das Gewinde der Ablassöffnung geschraubt werden können und dort eine öldichte Verbindung bilden.

Per Hand oder mit der Pumpe Öl in das Getriebe drücken, bis es an der oberen Öffnung sichtbar wird. Nicht überfüllen, damit sich kein schädlicher Druck bildet, wenn das Öl heiß wird und sich ausdehnt. Zuerst die obere Schraube hineindrehen. Dadurch wird verhindert, dass das Öl unten wieder herausläuft, wenn die Tube oder Pumpe abgenommen wird.

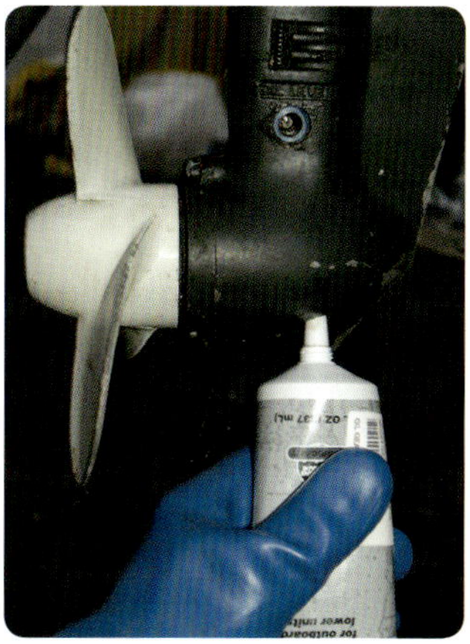

Öl wird in die untere Öffnung gepresst, bis es oben herauszulaufen beginnt.

Die untere Schraube mit Dichtring versehen, Öltube oder –pumpe absetzen und schnell die Schraube eindrehen und festziehen. Ausgelaufenes Öl beseitigen und nach undichten Stellen suchen.

Kühlsystem

Das Kühlsystem gründlich mit Frischwasser durchspülen. Das geht am besten, indem man den Motor in einem großen stabilen Behälter mit Wasser laufen lässt. Manche Motoren sind so ausgestattet, dass sie auf andere Art und Weise gespült werden können, beispielsweise durch Anschließen eines Wasserschlauchs mittels eines »Spüladapters«. Motoren, die nicht dafür vorgesehen sind, dürfen keinesfalls auf diese Art und Weise durchgespült werden, da es zu Personen- und Sachschäden kommen könnte.

Möglicherweise muss der Impeller, der das Kühlwasser durch das System zirkulieren lässt, ersetzt werden. Wie häufig das der Fall ist, richtet sich nach dem betreffenden Modell. Manche Hersteller empfehlen einen jährlichen Austausch, andere raten, ihn nur bei Verschleiß zu ersetzen. Wenn der Motor viel in Revieren genutzt wird, in denen Sand mit dem Kühlwasser angesaugt wird, oder wenn er auf See benötigt wird, sollte man den Impeller jedes Jahr ersetzen, um auf der sicheren Seite zu sein.

Je nach Fabrikat und Modell des Außenborders kommt man nur schwer an den Impeller heran. Das Handbuch bietet sicherlich Hilfe, aber vielfach ist es besser, einen erfahrenen Mechaniker zurate zu ziehen.

Wahlweise kann die Verdichtung geprüft werden, aber das ist eine Aufgabe für einen mit dem Motor vertrauten Fachmann. Sie kann sich aber lohnen, um vielleicht schon im Vorfeld kleine Probleme aufzuspüren, bevor sie sich zu einem ernsthaften Fall auswachsen. Jede Abweichung von den normalen Kompressionswerten kann auf Verschleißerscheinungen oder Defekte hinweisen, die dann gleich beseitigt werden können, wenn der Motor in der Werkstatt ist.

Auch wenn die nötige Ausrüstung zur Verfügung steht, kann die Prüfung der Verdichtung schwierig werden, weil die Werte auch im Handbuch nicht immer leicht zu finden sind.

Der Zündzeitpunkt und der Vergaser brauchen nur angepasst zu werden, wenn der Motor nicht rund läuft. Auch das sind Aufgaben, die man besser einem Fachmann mit der nötigen Ausrüstung und den entsprechenden Kenntnissen überlässt.

Öle für Viertakt-Außenborder und deren Getriebe.

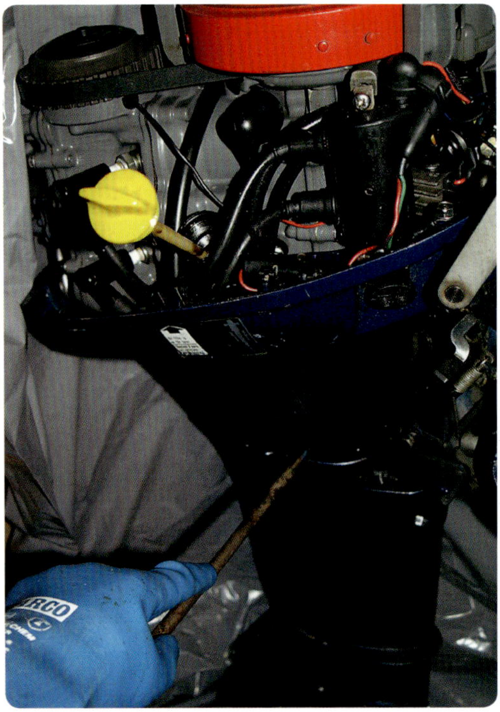

Ölablassschraube am Schaft des Außenborders lösen und das Öl in einem Behälter auffangen.

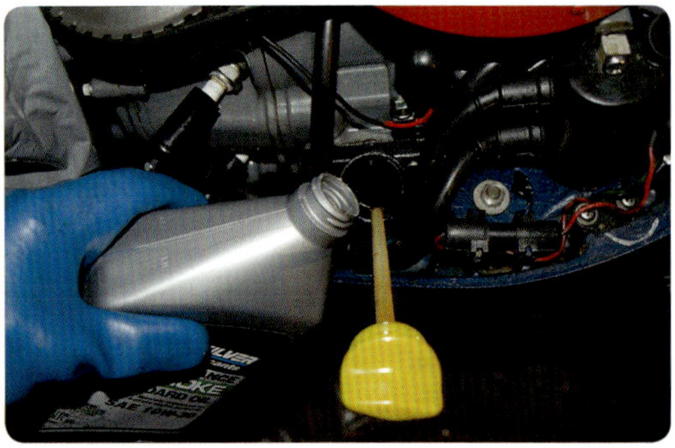

Neues Öl einfüllen.

Keilriemen auf Verschleiß und Spannung prüfen.

Zusätzliche Aufgaben bei Viertakt-Außenbordern

Neben den genannten fallen bei Viertakt-Außenbordern die folgenden zusätzlichen Arbeiten an. Viertakter besitzen einen Ölsumpf und eine Druckumlaufschmierung.

Motoröl wechseln

Motor mit Kühlwasser vorwärmen. Dadurch wird das Öl so dünnflüssig, dass es problemlos in einen bereitstehenden Behälter läuft.

Mit Schutzhandschuhen die Ölablassschraube lösen und darauf achten, dass die Dichtung nicht in den Behälter fällt. Sie muss möglicherweise ersetzt werden, wenn sie gequetscht oder beschädigt ist.

Farbe des auslaufenden Öls prüfen. Eine milchige Verfärbung deutet darauf hin, dass das Öl Wasser enthält. Das wiederum bedeutet in der Regel, dass eine Zylinderkopfdichtung undicht ist. Wer mit solchen Reparaturen nicht vertraut ist, sollte die Dichtung von jemandem ersetzen lassen, der weiß, was er zu tun hat. Ignorieren darf man die Sache nicht, denn das könnte einen schweren Motorschaden nach sich ziehen.

Hobbymechaniker neigen dazu, die Ölablassschraube zu fest anzuziehen, weil sie gut geschmiert bzw. geölt ist. Wenn man später aber in der Lage sein will, sie wieder zu lösen, darf sie nicht »angeknallt« werden.

Als Nächstes muss der Ölfilter ausgebaut und gesäubert werden. Wenn dabei Probleme auftreten, sollte im Handbuch des Außenborders Hilfe zu finden sein. Wenn er nicht beschädigt ist, kann er bei den meisten Außenbordern nach dem Säubern wieder eingebaut werden. Im Zweifelsfall wird er ersetzt. Der Dichtring muss wahrscheinlich erneuert werden, weil er nicht mehr dicht hält, wenn man den Filter wieder aufschraubt. Filter mit der Hand aufschrauben, bis leichter Widerstand zu spüren ist, und dann um eine weitere halbe bis dreiviertel Drehung festziehen. Nicht überdrehen.

Motor in die normale Betriebsstellung bringen und mit dem vom Hersteller empfohlenen Öl in der passenden Menge befüllen. Motor anschließend ein paar Minuten laufen lassen und auf austretendes Öl prüfen. Motor abstellen und Ölstand prüfen.

Keilriemen auf Verschleiß prüfen. Dazu muss in der Regel ein Deckel abgenommen werden. Keilriemen halten bei geringem bis mäßigem Gebrauch mehrere Jahre, müssen aber trotzdem auf ausgefranste Stellen und übermäßige Seitenbewegung geprüft werden.

Den Austausch des Keilriemens kann man bei manchen Motoren selbst erledigen, sollte ihn aber einem Fachmann überlassen, wenn es Komplikationen gibt. Auch das Einstellen des Ventilspiels ist nur etwas für Leute, die davon Ahnung haben.

Außenborder winterfest machen

Bevor der Winter einsetzt oder auch früher, wenn der Motor mehrere Monate nicht gebraucht wird, ist eine Reihe von Maßnahmen zu treffen, um ihn vor Korrosion und anderen Schäden zu schützen. Die folgende Auflistung umfasst viele Arbeiten, die im vorliegenden Kapitel schon detaillierter behandelt wurden. Viele Bootseigner, die einen nur wenig benutzten Hilfsaußenborder besitzen, erledigen in dieser Zeit gleichzeitig die Hauptwartungsarbeiten. Defekte, die eines Fachmanns bedürfen, können im Winter behoben werden, damit die nächste Saison möglichst störungsfrei verläuft. Zusätzlich zu den im Folgenden aufgeführten Maßnahmen finden sich für bestimmte Motortypen möglicherweise noch ein paar Empfehlungen im Handbuch.

- Kühlsystem mit Frischwasser durchspülen.
- Bei in Frischwasser laufendem Motor die Benzinzufuhr abstellen, damit der Vergaser leerläuft. In den letzten zehn Sekunden Konservierungsöl einspritzen.
- Batterie des Außenborders, sofern vorhanden, abklemmen, laden und an einem trockenen Ort lagern.
- Kraftstofffilter warten.
- Zündkerzen ausbauen und etwas Motoröl in die Zylinder einspritzen. Motor am Schwungrad durchdrehen, damit das Öl sich verteilt, und Zündkerzen wieder einsetzen.
- Motor außen säubern, Lack ausbessern, trocknen lassen und mit Wasserdispersionsmittel wie WD40 einsprühen. Salzverkrustungen mit einer alten Zahnbürste entfernen.
- Propeller abnehmen und inspizieren. Schaft einfetten, bevor der Propeller wieder angebaut wird.
- Opferanode überprüfen und ersetzen, wenn sie zu mehr als der Hälfte verbraucht ist.
- Alle beweglichen Teile schmieren.
- Anlasserleine prüfen und gegebenenfalls ersetzen.
- Getriebeöl wechseln.
- Bei Viertaktern Motoröl wechseln.
- Kraftstoffleitungen prüfen und gegebenenfalls ersetzen.
- Benzin kann im Laufe der Zeit an Qualität verlieren, und zwar besonders im Gemisch mit Öl. Nach Entsorgungsmöglichkeit suchen – vielleicht bei einer Autowerkstatt. Der Tank muss unter Beachtung aller Sicherheitsvorschriften entleert werden.

Lagerung

Nach Abschluss der obigen Arbeiten bringt man den Motor in einer abschließbaren Garage oder einem einigermaßen frostgeschützten Schuppen aufrecht so an einer Halterung an, dass er nicht umfallen kann und nicht auf dem Skeg ruht, und legt ein Tuch oder eine Decke als Staubschutz darüber.

Wenn die Gefahr besteht, dass sich Mäuse darunter einnisten und sich über die Isolierung und den Schallschutz hermachen, sollte man entsprechende Vorsichtsmaßnahmen ergreifen und beispielsweise Mausefallen aufstellen.

Elektroaußenborder

Bei einem elektrischen Außenborder entfällt der Großteil der angesprochenen Wartungs- und Instandhaltungsarbeiten. Weitere Vorteile sind der sehr leichte Start, der sehr leise Betrieb, das Fehlen von Abgasen und gefährlichen Benzindämpfen so-

Ein Elektroaußenborder mit tief entladbarer 12-V-Batterie ermöglicht mehrere Stunden sehr leiser Fahrt in geschützten Gewässern und ist sehr einfach zu bedienen und instand zu halten.

Links: Ein »Minn Kota«-Elektroaußenborder bietet ausreichend Leistung, um einen Liegeplatz in geschützten Gewässern anzusteuern.

Rechts: Der »Riptide«-Motor von Minn Kota für den Einsatz in Salzwasser.

wie die Tatsache, dass der Motor leichter, besser zu transportieren und schneller auf den Einsatz vorzubereiten ist. Ein E-Außenborder kann außerdem erstaunlich effiziente Dienste als Hilfsmotor für kleine Kreuzer auf Binnengewässern und in geschützten Flussmündungen leisten, wenn er als Alternative zur Hauptmaschine eingesetzt wird, um Wild und Fische nicht zu verscheuchen.

Wirkungsgrad und Leistung von E-Außenbordern sind in den letzten Jahren stark verbessert worden. Aufgrund ihrer zunehmenden Beliebtheit und weil Benzinmotoren auf manchen Gewässern bereits verboten sind, ist das Angebot größer geworden und sind die Preise gesunken. Die meisten Elektroaußenborder waren ursprünglich so genannte »Trolling Motors«, die besonders auf den vielen Seen in Nordamerika zum Fischen mit einer nachgeschleppten Köderleine benutzt wurden. Durch ihren leisen Betrieb eignen sie sich auch als Hilfsmotor in Gewässern, in denen Ruhe und Frieden erwünscht sind.

Amüsant an einem E-Außenborder ist die Tatsache, dass man damit anscheinend das Unmögliche erreicht. Der Motor kann so unauffällig sein, dass er beim flüchtigen Hinsehen gar nicht bemerkt wird. Die erstaunten Gesichter der Zuschauer beim lautlosen Vorübergleiten des Boots sind äußerst unterhaltsam!

Ein Nachteil besteht darin, dass eine oder mehr 12-V-Batterien benötigt werden. Bleisäurebatterien sind schwer, aber man muss das gemeinsame Gewicht von Außenborder und Batterie mit dem Gesamtgewicht eines Benzinaußenborders plus Kraftstoff, Ersatzteilen und Werkzeug vergleichen. Es ist ein Jammer, dass wir immer noch so stark von Bleisäurebatterien abhängig sind, und die Entwicklung leichter Alternativen mit hoher Kapazität zu vernünftigen Preisen ist nicht nur längst überfällig, sondern unerlässlich angesichts der Tatsache, dass die welt-

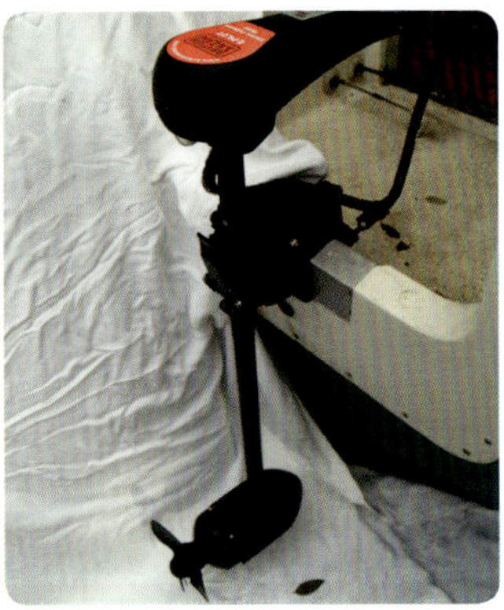

Beim E-Pilot von British Anzani sitzt der Propeller wie bei anderen elektrischen Außenbordern auch direkt am Motor und sorgt so für maximale Leistung. Die Bedienung ist ganz einfach: Einschalten und am Griff einen der drei Vorwärts- oder zwei Rückwärtsgänge wählen.

E-Außenborder des Typs Torqeedo Travel mit abnehmbarem Batteriesatz.

Außenborder Torqeedo Cruise 6 PS.

weite Nachfrage nach Erdöl das Angebot übersteigt; aber es sind Fortschritte zu verzeichnen, wie der Torqeedo-Elektroaußenborder beweist.

Elektro- und Benzinaußenborder lassen sich nur schwer vergleichen, weil bei Ersteren der Motor meist am Propeller sitzt und somit als Direktantrieb wirkt, ohne dass wie bei den meisten Benzinaußenbordern Leistung durch das Getriebe verloren geht. Die Leistung des Elektroaußenborders wird in der Regel nicht in PS bzw. Kilowatt, sondern in Kilopond gemessen.

Ein besonders bekannter Hersteller ist die amerikanische Firma Minn Kota, die auch nach Europa exportiert (die Website der Generalvertretung für Deutschland, Österreich und die Schweiz ist über *www.minnkota.de* zu erreichen). Auch andere Hersteller haben ihr Angebot erweitert. Ursprünglich für nur wenige Stunden Nutzung auf Binnengewässern vorgesehen, können die heute verfügbaren stärkeren Elektroaußenborder wie der »Riptide« von Minn Kota in der 24-V- und 36-V-Ausführung auch in Salzwasser eingesetzt werden. Dabei eignen sie sich für kleine offene Boote und auch kleine Kajütkreuzer in geschützten Küstengewässern. Auf offener See und bei starkem Strom kommt ein Benzinaußenborder mit seiner höheren Leistung aber immer noch besser gegen Wind und Tide an.

Zu den neueren Entwicklungen in Richtung auf leistungsfähigere E-Außenborder gehören der Torqeedo und der E-Pilot der Firma British Anzani. Letzterer benötigt drei 12-V-Batterien, die aber für beträchtlich mehr Leistung und höhere Nutzungsdauer als bei 12-V-Motoren sorgen. Die Batterien sind zwar schwer, aber der Motor selbst wiegt nur 9,4 kg.

Die E-Außenborder der deutschen Firma Torqeedo sind vielleicht teurer als andere Modelle, zeigen aber große Fortschritte im Hinblick auf den Wirkungsgrad. Der kleinere faltbare Torqeedo Travel wird in einem wasserdichten Packsack geliefert und durch einen Lithium-Mangan-Hochleistungsakku mit Strom versorgt. Das größere Modell Torqeedo Cruise besitzt laut Werbung die Schubkraft eines Verbrennungsmotors mit 6 PS. Beim Preisvergleich muss man natürlich auch die Betriebs- und Wartungskosten eines entsprechenden Benzinaußenborders berücksichtigen. Torqeedo-Außenborder sind etwas lauter als andere Motoren, aber immer noch leiser als die meisten Benzinaußenborder. Die Motoren der neuen Torqeedo-Serie »Cruise R« versprechen einen noch höheren Wirkungsgrad und die Schubkraft eines 9,9-PS-Außenborders mit Verbrennungsmotor. Weitere Informationen finden sich auf der Website *www.torqeedo.com.*

Elektroaußenborder verursachen keine Ausgaben für Benzin und Öl und kosten praktisch nichts im Hinblick auf Wartung und Ersatzteile wie Zündkerzen. Eine 12-V-Standardbatterie aufzuladen kostet nur einen Bruchteil von einem Liter Benzin, und eine geeignete Batterie hat eine Lebensdauer von zwei- bis dreihundert Lade-/Entladezyklen. Damit hält sie fünf Jahre und länger, wenn sie nicht vernachlässigt wird.

Die Batterie für einen elektrischen Außenborder sollte eine Kapazität von mindestens 85 Ah haben. Sie ist bei Höchstgeschwindigkeit in einer oder zwei Stunden leer, hält aber viel länger durch, wenn man auf »Halbgas« zurückgeht. Für längere Fahrten kann man natürlich mehrere Batterien parallel schalten.

Bei diesem in verschiedenen Farben lackierten Bootsmotor sind die einzelnen Teile besser zu erkennen als in der Enge des Motorraums.

E-Außenborder warten

Bei der Wartung geht es hauptsächlich darum, die Batterie – oder Batterien – in gutem Zustand zu halten, d.h., sie unverzüglich aufzuladen und bei Bedarf aufzufüllen.

Der Propeller muss von anhaftenden Fremdkörpern befreit werden. Propeller nach Maßgabe des Handbuchs abbauen und Angelschnüre, die sich möglicherweise um den Schaft gewickelt haben und die Motordichtung beschädigen könnten, entfernen. Vorderkanten der Propellerflügel mit feinem Papier glattschleifen.

Schmutz und Salz abwaschen, die wenigen beweglichen Teile leicht einfetten und die elektrischen Verbindungen auf festen Sitz prüfen – das ist alles, was an regelmäßiger Wartung erforderlich ist.

Innenbordmotoren

Die folgende Einführung zeigt die grundlegenden Aufgaben auf, die bei der Nutzung und Instandhaltung von Innenbordmotoren anfallen. Der überwiegende Teil gilt sowohl für Diesel- als auch für Benzinmotoren.

Ganze Bücher sind schon über die Instandhaltung dieser Motoren geschrieben worden, und für die meisten Fabrikate und Modelle, von denen es sehr viele gibt, stehen Handbücher zur Verfügung. Gegebenenfalls bekommt man ein neues Handbuch vom Hersteller des Motors oder in der Buchabteilung eines Schiffsausrüsters. Wenn nicht, hilft vielleicht eine Suche im Internet. Bei eBay werden viele Handbücher angeboten.

Im Hinblick auf Wartung, Instandhaltung, Reparaturen, Winterfestmachen und Sicherheitsvorkehrungen ist immer das jeweilige Handbuch mit seinen detaillierteren Hinweisen zurate zu ziehen.

Leider ist es in der Enge des Motorraums oft nicht leicht, an die gewünschten Teile heranzukommen. Wer Zweifel an der Zuverlässigkeit seines Motors oder an seiner Fähigkeit hegt, daran zu arbeiten, sollte immer einen Fachmann zurate ziehen. Die folgenden Anmerkungen sollen dazu beitragen, die Arbeitsvorgänge verstehen und vermitteln zu können.

Motorölstand mit dem Peilstab prüfen.

Der Peilstab für das Getriebeöl, hier bei einem Ford-Benzinmotor.

Bei kaltem Motor Kühlwasserstand prüfen und gegebenenfalls auffüllen.

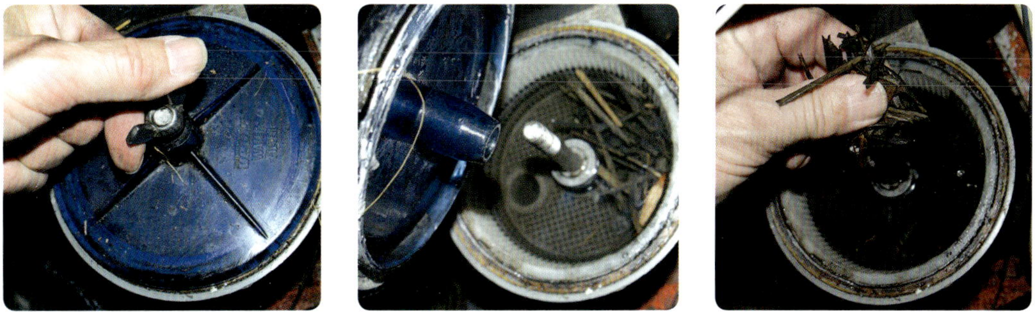

Deckel des Wasserfilters abschrauben und Filter säubern.

Für Fahrten auf See empfiehlt es sich immer, einen zuverlässigen, regelmäßig gewarteten Außenborder mitzunehmen für den Fall, dass der Innenborder ausfällt.

Prüfungen vor dem Anlassen und Losfahren

Viele der Sicherheitsmaßnahmen aus dem Abschnitt über Außenborder gelten gleichermaßen für die Arbeit an Innenbordmotoren. Bei Benzinmotoren dürfen auf keinen Fall Benzin oder Benzindämpfe austreten, die sich beim Anlassen durch einen Funken entzünden könnten. Aber auch bei Dieselkraftstoff ist dieser Punkt wichtig. Diesel ist zwar nicht so feuergefährlich wie Benzin, brennt aber trotzdem heftig, wenn er angezündet wird.

Man muss aufpassen, dass Haar und Kleidung sich nicht in beweglichen Teilen verfangen, und beim Umgang mit Öl und anderen Flüssigkeiten und Chemikalien Schutzhandschuhe tragen.

Alle Verbrennungsmotoren produzieren schädliche Abgase, die im Boot eine gefährliche Konzentration erreichen können. Deshalb sollte man in den Kabinen Rauch- und Kohlenmonoxidmelder installieren und für ausreichende Entlüftung sorgen. Ein Entlüftungsgebläse kann gefährliche Gase beseitigen und sollte deshalb vor dem Anlassen und beim Betrieb des Motors eine Zeit lang laufen.

Die Kraftstoffleitung wird in der Regel mit einem Knebel geöffnet.

Bei Arbeiten am Motor besteht die Gefahr, dass man kopfüber in den engen Motorraum fällt. Es ist durchaus schon vorgekommen, dass jemand aus dieser Lage befreit werden musste, nachdem man vom Nachbarboot aus gesehen hatte, wie seine Beine wild in der Luft strampelten. Deshalb ist es keine schlechte Idee, für solche Arbeiten ein Mobiltelefon in die Tasche zu stecken.

Werkzeug und Schrauben haben die schlechte Angewohnheit, herunterzufallen und in unzugänglichen Ecken der Bilge zu verschwinden. Eine saubere Bilge erleichtert die Suche, und ein unter den abzuschraubenden Teilen platzierter Behälter verhindert, dass sie zu tief hinunterfallen.

- Motorölpeilstab herausziehen, abwischen, wieder hineinstecken, erneut herausziehen und prüfen, ob der Ölstand bis zur Markierung reicht. Bei Bedarf Öl nachfüllen.
- Auf die gleiche Weise Getriebeölstand prüfen.
- Beide Öle sollten dunkel aussehen. Bei Farbveränderungen, und zwar insbesondere, wenn das Öl milchig wirkt, sind weitere Nachforschungen erforderlich, weil wahrscheinlich Wasser in das Öl gelangt ist.
- Je nach Art der Kühlung muss eventuell bei kaltem Motor der Kühlwasserstand geprüft werden.
- Seeventil öffnen, damit Wasser in das Kühlsystem gepumpt werden kann.
- Bilge auf Öl-, Wasser- und Kraftstofflachen prüfen und gegebenenfalls die Ursache suchen.
- Kraftstoff- und Wasserfilter prüfen und bei Bedarf säubern.
- Keilriemen auf Spannung und Verschleiß prüfen.

- Alle Kabel, Schläuche und Anschlüsse auf festen Sitz prüfen.
- Wenn vorhanden, den Schmierfettspender der Stevenrohrbuchse betätigen.
- Lose Gegenstände wie Öldosen, Putzlappen oder Leinen, die sich in beweglichen Teilen verfangen könnten, aus dem Motorraum nehmen.
- Hinter dem Boot nach Leinen und Schnüren im Wasser schauen, die sich um den Propeller wickeln könnten.
- Kraftstoffabsperrhahn vollständig aufdrehen.
- Kraftstoffeinspritzvorrichtung betätigen, sofern vorhanden.
- Auf eventuell austretenden Kraftstoff achten. Das ist sehr wichtig bei Benzinmotoren wegen der höchst entflammbaren Dämpfe.
- Batterietrennschalter auf »ein« stellen.
- Darauf achten, dass die doppelte Menge des wahrscheinlich benötigten Kraftstoffs an Bord ist und dass der Tank mindestens halb voll ist.
- Bei einem Dieselmotor fünfzehn Sekunden vorglühen.
- Bei einem Benzinmotor den Choke ziehen und mit zunehmender Motorwärme nach und nach wieder hineindrücken.
- In Leerlaufstellung bei sicher festliegendem Boot den Motor anlassen und vor dem Ablegen warmlaufen lassen. Dieselmotoren sollten vor Erreichen der vollen Betriebstemperatur nicht wieder abgestellt werden.
- Nachsehen, dass Kühlwasser austritt. Das ist sehr wichtig, weil es beweist, dass die Motorkühlung funktioniert.
- Wenn alles in Ordnung ist, Leinen lösen, Vorwärtsgang einlegen und gleichmäßig beschleunigen. Mehr zum Umgang mit dem Boot ist in Kapitel 8 zu finden.

Fest eingebaute Ölablasspumpe.

Wenn der Motor nicht in Betrieb ist und beim Auftanken immer den Kraftstoffhahn schließen.

Regelmäßige Instandhaltungsarbeiten

Die regelmäßige Instandhaltung umfasst die oben aufgeführten und die folgenden Maßnahmen:

Die Stelle, an der Motoröl nachgefüllt wird, sollte leicht zu finden sein, ist allerdings nicht notwendigerweise so deutlich gekennzeichnet wie hier.

Schmierung

Es ist wichtig, dass Motoröl und -filter mindestens so oft gewechselt werden, wie im Handbuch angegeben ist. Das bedeutet einen Ölwechsel im Jahr, auch wenn der Motor nur wenig benutzt worden ist. Das Öl enthält Additive, die als Korrosionsschutz fungieren, aber nur eine begrenzte Lebensdauer haben. Das Öl wird abgelassen, wenn der Motor warm ist, d.h., nachdem er benutzt wurde. Viele Motortypen verfügen über eine Ölablasspumpe.

Alternativ kann man auch eine Pumpe kaufen, mit der das Öl über die Öffnung für den Ölpeilstab abgesaugt wird.

Auch das Getriebeöl muss gewechselt werden. Dabei muss man auf die richtige Sorte achten.

Das Altöl ist in einer geeigneten Einrichtung zu entsorgen. In der Regel findet sich bei den kommunalen Abfallentsorgungsstellen ein Behälter für Altöl. Möglicherweise nimmt auch eine Autowerkstatt das Altöl zur Entsorgung an.

Kühlsystem

Boote besitzen nicht den vom Auto bekannten Kühler, der die Wärme abführt. Stattdessen gibt es im Wesentlichen zwei Arten von Kühlung. Die eine ist die Direktkühlung, bei der Wasser von außen durch das Kühlsystem und anschließend durch den Auspuff wieder nach draußen gepumpt wird. Die andere, gebräuchlichere, ist die indirekte Kühlung mittels eines Frischwasserbehälters mit Frostschutzmittel. Auch dabei wird Wasser von außen angesaugt, das dann aber nicht durch den Motor fließt, sondern durch einen Wärmetauscher geleitet wird und so das Frischwasser kühlt, bevor es durch den Auspuff wieder ausströmt. In einem geschlossenen Kühlwasserkreislauf muss das Kühlmittel, das auch einen Kor-

Der Deckel muss abgeschraubt werden, um den Impeller der Wasserpumpe auszubauen.

Dichtung vorsichtig abnehmen und beim späteren Zusammenbau nicht vergessen.

Ausbau des Impellers.

rosionsschutz enthält, alle zwei Jahre gewechselt werden.

Bei direkt gekühlten Motoren muss das System vor dem Winter mit Frischwasser durchgespült und entleert werden. Um sich nicht an heißem Dampf und Wasser zu verbrühen, darf man nur bei kaltem Motor am Kühlsystem arbeiten.

Zum Entleeren des Kühlsystems braucht man eine Schüssel zum Auffangen des Wassers, das giftiges Ethylenglykol enthält und ja nicht in die Bilge fließen soll. Kappe des Füllstutzens abnehmen und die Ablasshähne öffnen. Darauf achten, dass wirklich sämtliches Wasser ausläuft. Möglicherweise muss man noch einige Schläuche abklemmen, um ganz sicherzugehen. Um Frostschäden zu verhindern, wird das System anschließend durchgespült und mit einem Gemisch aus jeweils 50 Prozent Frostschutzmittel und Frischwasser befüllt.

Gegebenenfalls vorhandene Opferanoden sind einmal im Jahr zu prüfen und zu ersetzen, wenn sie zu mehr als der Hälfte verbraucht sind.

Der Impeller der Wasserpumpe wird jährlich erneuert. Für den Ausbau gibt es ein Spezialwerkzeug, man bekommt ihn aber auch mit zwei Schraubendrehern heraus. Damit der neue Impeller richtig herum eingebaut wird, muss man sich die Ausrichtung der Flügel merken. Vor dem Einsetzen säubert man Gehäuse und Stirnplatte und reibt den Impeller mit Spülmittel ein, damit er leichter an seinen Platz gleitet. Die Flügel müssen wie beim alten Impeller ausgerichtet sein, und der Stift muss in der Nut sitzen. Neue Dichtung für den Deckel nehmen.

Zustand des Wassereinspritzpunkts der Abgasanlage prüfen. Hier kann es zu Korrosion kommen, sodass Abgase und Wasser in die Bilge gelangen.

Kraftstoffsystem

Lecks und Defekte im Kraftstoffsystem machen sich durch den typischen Geruch und durch kleine Lachen bemerkbar.

Bei Benzinmotoren muss man darauf achten, dass kein Kraftstoff und keine Dämpfe in die Bilge gelangen; riskante Arbeiten am System überlässt man klugerweise einem Fachmann. Anders als beim Auto können die schweren Benzindämpfe nicht problemlos entweichen, sondern sammeln sich in gefährlicher Konzentration an. Dann braucht es nur noch einen Funken, und es kommt zur Explosion.

Kraftstofffilter werden jährlich ausgewechselt. Speziell bei Dieselmotoren finden sich normalerweise zwei Filter im System, nämlich ein Vorfilter und ein Feinfilter. Der Vorfilter sollte über ein transparentes Unterteil verfügen, damit Schmutz und Wasser im Kraftstoff zu erkennen sind. Über einen Ablasshahn oder Stöpsel unten am Filter kann man Wasser und schwere Ablagerungen ablassen. Anschließend den Hahn wieder fest schließen. Wenn der Kraftstoff verunreinigt ist, muss dringend Abhilfe geschaffen werden – von einem Fachmann, da möglicherweise eine Innenreinigung des Tanks erforderlich wird, und der ist auf vielen Booten schwer zu erreichen.

Vor Auswechseln des Vorfilters den Absperrhahn in der Leitung schließen. Eine Schüssel oder eine Plastiktüte unter dem Filter platzieren, um auslaufenden Kraftstoff aufzufangen. Filter abschrauben und mitsamt den Dichtungen ersetzen.

Der Feinfilter ist in der Regel ähnlich gebaut wie der Vorfilter oder er ähnelt mehr dem Ölfilter bei Autos. In diesem Fall kann man ihn mit einem speziellen Filterschlüssel lösen.

Viele Vorfilter besitzen ein transparentes Unterteil, sodass leicht zu erkennen ist, ob der Kraftstoff durch Schmutz und Wasser verunreinigt ist.

Beim Filterwechsel gelangt Luft in die Kraftstoffleitungen, die daher anschließend entlüftet werden müssen, damit der Motor gleichmäßig mit Kraftstoff versorgt wird. Das ist teilweise etwas kompliziert, und das genaue Vorgehen richtet sich nach dem Typ des Motors. Man sollte aber auf jeden Fall die Beschreibung im Betriebshandbuch lesen, damit man weiß, was zu tun ist, wenn es während eines Törns erforderlich wird. Besser lernt man es, wenn man einmal einem Fachmann dabei zuschaut.

Es gibt verschiedene Arten von Luftfiltern; hier müssen zum Wechseln die Schrauben gelöst werden.

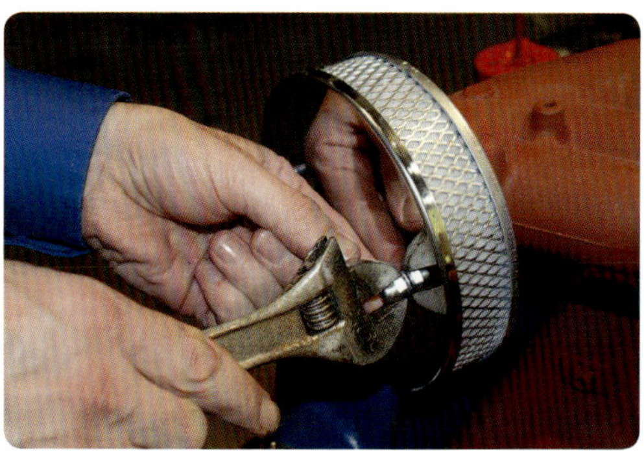

Luftansaugsystem

Der Lufteinlassfilter wird jährlich gesäubert oder ausgewechselt. Papierfilter können einfach ausgetauscht werden. Manche Filter besitzen eine Art Watteschicht, die gewaschen und wieder verwendet werden kann. Alte Motoren verfügen möglicherweise über einen Ölbadluftfilter; in diesem Fall muss das Sieb gesäubert und das Öl gewechselt werden.

Elektrische Anlage

Für Arbeiten an der elektrischen Anlage muss zuerst die Batterie abgeklemmt werden.

Alle elektrischen Verbindungen säubern und auf festen Sitz prüfen. Bei Benzinmotoren ist es besonders wichtig, jeden Funken im Motorraum zu vermeiden. Die Batterie muss sauber und trocken gehalten werden. Batteriepole mit Vaseline oder Ähnlichem einreiben. Beim Umgang mit Batterien Schutzbrille und Handschuhe tragen.

Wenn das Boot länger nicht benutzt wird, muss die Batterie monatlich oder alle zwei Monate aufgeladen werden. Ein kleines 12-V-Solarpaneel an der Batterie verhindert, dass sie die Ladung verliert.

Zusätzliche Arbeiten bei Benzinmotoren

Zündkerzen

Bei Innenbordern fallen die gleichen Wartungs- und Instandhaltungsarbeiten an wie bei Außenbordern.

Verteiler

Die beiden Federklemmen lösen und den Deckel abnehmen. Dann den Verteilerfinger abnehmen und die Aufnahme der Verteilerwelle innen mit ein paar Tropfen Motoröl einfetten. Die Zündnocken sehr dünn mit Lithiumfett einreiben und gegebe-

Der Filter wird in das Gittergewebe eingesetzt, bevor der Deckel wieder aufgeschraubt wird.

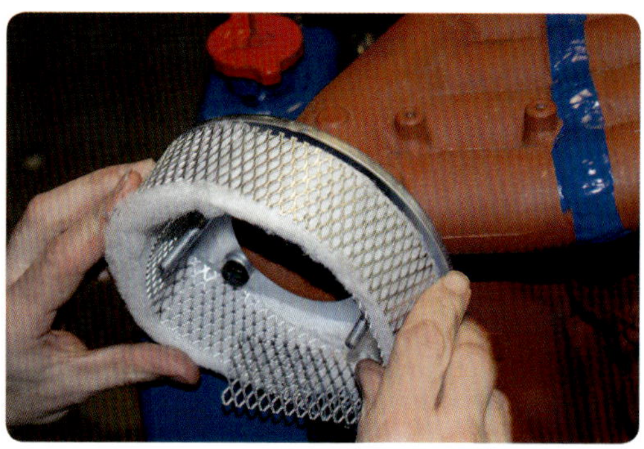

Alle elektrischen Verbindungen, Keilriemen, Schlauchklemmen, andere Befestigungen und die Motoraufhängungen säubern und auf festen Sitz prüfen.

nenfalls die Unterbrecherkontakte mit den Stellschrauben auf den richtigen Wert gemäß Handbuch einstellen. Kontakte bei starker Abnutzung oder Abbrand an den Kontaktflächen austauschen. Starker Abbrand kann darauf hindeuten, dass der Kondensator ausgewechselt werden muss.

Keilriemen auf Verschleiß und Spannung prüfen. Wenn der Keilriemen sich mit dem Finger um 12 mm herunterdrücken lässt, hat er in den meisten Fällen die richtige Spannung.

Kraftstoffsystem

Wegen der Gefahr, dass sich Benzindämpfe im Boot ansammeln, sollten Arbeiten am Kraftstoffsystem nur von einem erfahrenen Fachmann vorgenommen werden. Wenn die Leerlauf- und Mengenreglerschrauben am Vergaser neu eingestellt werden müssen, muss der Motor seine volle Betriebstemperatur erreicht haben. Auf keinen Fall versuchen, die

Auf manchen älteren Kajütkreuzern finden sich noch Ford-Benzinmotoren des Typs »Water Mola«. Sie müssen sorgfältig gewartet werden, weil sie stärker als Dieselmotoren unter der feuchten Umgebung leiden und weil auf jeden Fall verhindert werden muss, dass sich Benzindämpfe entzünden.

Düsen mit einem Stück Draht zu säubern. Am Vergaser sollte nur jemand arbeiten, der die erforderliche Erfahrung und das nötige Werkzeug besitzt, darunter auch eine Druckluftpistole zum Säubern der Düsen.

Antriebssysteme

Wie in Kapitel 3 erläutert, gibt es im Wesentlichen zwei Arten der Verbindung zwischen Motor und Propeller. Nachfolgend werden die grundlegenden Wartungs- und Instandhaltungsmaßnahmen beschrieben.

Wellenantrieb

Der Motor ist über eine durch den Rumpf geführte Welle mit dem Propeller verbunden, gesteuert wird mit einem Ruder. Das ist eine vergleichsweise simple Anordnung, bei der Motor und Getriebe sich gemeinsam in einem vom Cockpit oder von der Kajüte aus zugänglichen Raum befinden. An der Stelle, an der die Welle durch die Außenhaut geführt wird, sitzt eine »Stopfbuchse«, in der die Welle sich drehen kann, die aber gleichzeitig verhindert, dass Wasser eindringt.

Dass gelegentlich ein Tropfen Wasser durch die Stopfbuchse eindringt, lässt sich nicht verhindern, aber im Laufe der Zeit wird die eindringende Wassermenge durch Verschleiß nach und nach immer größer. Damit sie nicht zu groß wird, muss die sogenannte Stopfbuchsbrille fester angezogen werden. Bei manchen Stopfbuchsen wird regelmäßig Fett nachgepresst.

Die Stopfbuchsbrille darf nicht zu fest angezogen werden. Bei drehender Welle sollte immer noch gelegentlich ein Tropfen Wasser eindringen. Wenn das nicht der Fall ist oder wenn sich die Stopfbuchse bei drehender Welle stark erwärmt, muss der Anpressdruck der Stopfbuchspackung verringert werden.

Irgendwann wird es erforderlich, die Stopfbuchspackung zu erneuern. Dazu muss das Boot aus dem Wasser genommen werden. Das Erneuern überlässt man am besten einem Fachmann, da jeder Fehler in einer ernsthaften Leckage bzw. beträchtlichem Schaden resultieren könnte.

Eine Stopfbuchse, durch die die Welle zum Propeller geführt wird.

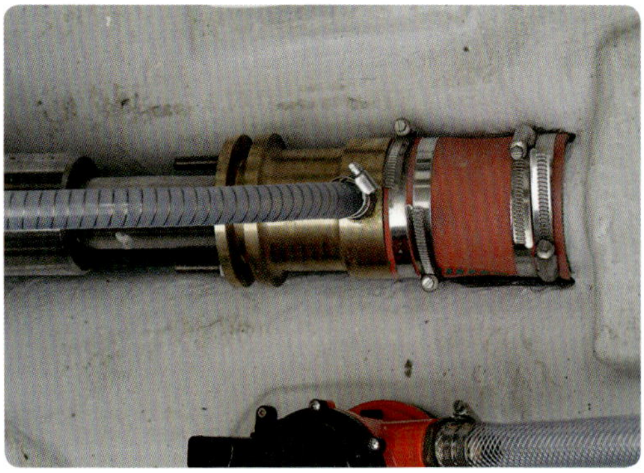

Innenborder winterfest machen

Viele von den oben genannten Wartungsmaßnahmen gelten auch für das Winterfestmachen der meisten Motoren.

Der größte Feind eines Motors – insbesondere in einer Umgebung mit viel Feuchtigkeit – ist die Kondenswasserbildung, die letztlich zur Korrosion führt. Wenn das Boot für den Winter aufgelegt wird, müssen alle Öffnungen verschlossen werden, durch die feuchte Luft eindringen und sich auf kalten Metallflächen niederschlagen kann. Dazu gehören auch Lufteinlässe und Auspuff.

Ein Ölwechsel, bevor der Motor zum letzten Mal in der Saison läuft, überzieht die beweglichen Teile mit einem frischen Schutzfilm. Ein öliges Wasserdispersionsmittel tut ein Weiteres.

Das Kühlwasser-Seeventil schließen und alle Entleerungsleitungen öffnen, damit kein Wasser im Motor zurückbleibt. Leitungen anschließend wieder schließen. Kühlsystem mit geeignetem Frostschutzmittel befüllen, damit alle Teile vor Frost geschützt sind. Das genaue Vorgehen ist abhängig vom jeweiligen Kühlsystem.

Batterie ausbauen und im Winter regelmäßig aufladen. Im Motorhandbuch nachsehen, ob weitere Maßnahmen erforderlich sind.

Bevor der Motor im Frühjahr wieder in Betrieb genommen wird, muss er natürlich in den Normalzustand versetzt werden, indem die Lufteinlässe freigemacht, der Impeller ersetzt, die Batterie wieder eingebaut und das Kühlsystem und andere winterfest gemachte Teile auf Sommerbetrieb eingerichtet werden. Vorsichtshalber sollte man an gut sichtbarer Stelle eine Liste mit allen erforderlichen Maßnahmen aufhängen.

Motorgeräusch reduzieren

Obwohl es in diesem Buch in erster Linie um einfache Wartungs- und Instandhaltungsarbeiten und nicht um Verbesserungen und den Einbau von zusätzlichem Gerät geht, soll hier eine Maßnahme angesprochen werden, die das Motorbootfahren viel angenehmer macht: die Verringerung des Motorgeräuschs. Die Lärmbelästigung durch Bootsmotoren auf Binnengewässern ist zu einem signifikanten Problem geworden, und die Behörden sind regelrecht erpicht darauf, diesen störenden Lärm zu verringern. Besonders ärgerlich wird es, wenn stundenlang der Motor laufen muss, damit die Batterien geladen werden.

Neuere Dieselmotoren sind zwar viel leiser, aber es sind immer noch viele ältere Motoren in Betrieb, und deren Besitzer würden zusammen mit der Umwelt von einer substanziellen Lärmminderung profitieren. Die folgenden Bilder und Anleitungen wurden freundlicherweise von der Firma *Halyard Noise Insulation* zur Verfügung gestellt.

Schalldämmung

Schritt 1

Alle Flächen im Motorraum, an denen Dämmmaterial angebracht werden soll, möglichst genau ausmessen. Wenn die genauen Maße feststehen, das Dämmmaterial entsprechend zuschneiden. Dabei am besten die einzelnen Teile mit dem Bestimmungsort kennzeichnen, z. B. hinten, vorn, oben, Steuerbord oder Backbord.

Ziel ist es, den Motorraum möglichst so auszukleiden, dass keine Lücken vorhanden sind, durch die der Schall entweichen könnte, und keine harten Oberflächen, die ihn reflektieren würden. Beim Anbringen des Material ist die Luftzirkulation zu bedenken. Alle Motoren brauchen Luft für den Verbrennungsvorgang – je größer der Motor, desto mehr Platz wird im Motorraum benötigt.

Schritt 2

Die Oberfläche, auf der das Dämmmaterial angebracht werden soll, muss trocken und sauber sowie staub- und fettfrei sein. Das Dämmmaterial der Firma *Halyard Noise Insulation* klebt auf geraden, aber nicht auf gekrümmten Flächen.

Auf GFK kann die Dämmung direkt mit der selbstklebenden Rückseite angebracht werden. Das funktioniert nicht, wenn das GFK rau oder gekrümmt ist. Das Gelcoat leicht anschleifen, damit es einen geeigneten Untergrund abgibt. Den Schleifstaub abwischen.

Stahlflächen mit Haftgrundierung sind ideal. Normaler Stahl geht auch in Ordnung. Der muss dann aber leicht geschliffen und gesäubert werden. Aluminium wird vor dem Säubern leicht angeschliffen. Die Oberfläche wird mit einem fettfreien Reinigungsmittel unter Verwendung eines fusselfreien Tuchs gesäubert.

Holzflächen werden mit einer normalen Holzgrundierung vorgestrichen. Selbstklebendes Material kann auf Holzarten wie etwa Teak nicht verwendet werden. Es klebt auf normal gemasertem Holz, aber nicht auf wirklich grob gemaserten Oberflächen.

Zum Abwischen Tetrachlorkohlenstoff, Nitroverdünner, Waschbenzin, Isopropylalkohol oder Spiritus verwenden, keinesfalls denaturierten Alkohol, Benzin oder Entfettungsmittel. Hinweise des Hersteller bezüglich Atem-, Augen- und Handschutz beachten.

Fläche nicht in Kreisen abwischen. Immer in Richtung auf eine Ecke wischen und Staub und Fett dort abnehmen. Oberfläche immer zweimal säubern. Sie muss vollkommen trocken sein – Restfeuchte beseitigt man am besten mit einem Haartrockner.

Schritt 3

Wenn sich die Oberflächen im Motorraum für selbstklebendes Dämmmaterial eignen, kann dieses jetzt angebracht werden; weiter geht es dann mit Schritt 6.

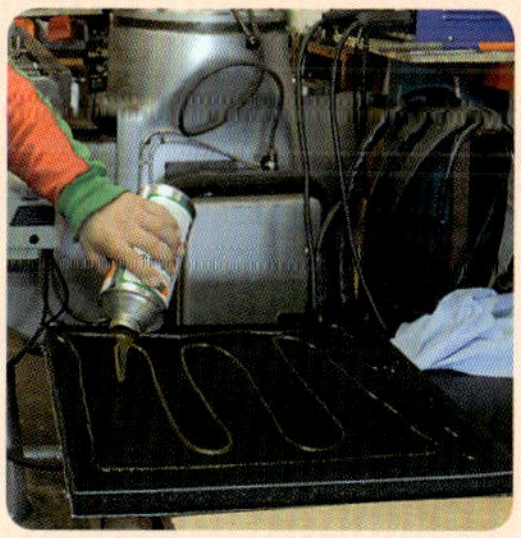

Wenn ein Kleber zum Anbringen erforderlich ist, streicht man unter Berücksichtigung der Anleitung und der Sicherheitsvorschriften das Dämmmaterial auf der Rückseite damit ein. Kleber gleichmäßig auftragen, damit das Material fest haftet. Den Motorraum schrittweise auskleiden; dabei hinten beginnen.

Die Kleber müssen meistens auf beide Oberflächen aufgetragen werden und »handtrocken« werden. Das dauert in der Regel etwa 15 Minuten und ist ein weiterer Grund dafür, immer nur eine Seite des Motorraums zurzeit zu dämmen.

Schritt 4
Wenn die Wände des Motorraums ausgebaut werden können, sollte man das auch tun, weil dann der Kleber leichter aufgetragen werden kann.

Schritt 5
Kleber im Motorraum und am Dämmmaterial handtrocken werden lassen und die Dämmung anbringen.

Schritt 6
Dämmmaterial sorgfältig andrücken. Je stärker der Druck, desto besser die Verbindung. Ideal wäre es, das Material mit einer Art Spannvorrichtung 48 Stunden lang anzudrücken.

Schritt 7
Wenn das Material an Ort und Stelle sitzt, wird die Klebeverbindung im Laufe von zwei Tagen kontinuierlich fester.

Schritt 8
Alle Halterungen, die zum Anbringen der Dämmung abgebaut wurden, werden jetzt wieder angebracht. An Stellen, an denen sich das Dämmmaterial lösen könnte (z. B. an waagerechten Flächen), wird es

mit Schrauben und Unterlegscheiben, dünnen Latten oder Draht gesichert.

Schritt 9
Überschüssiger Kleber im Motorraum wird weggewischt. Wenn er bereits angetrocknet ist, lässt man ihn weitere zwei Tage trocknen und schleift ihn dann ab.

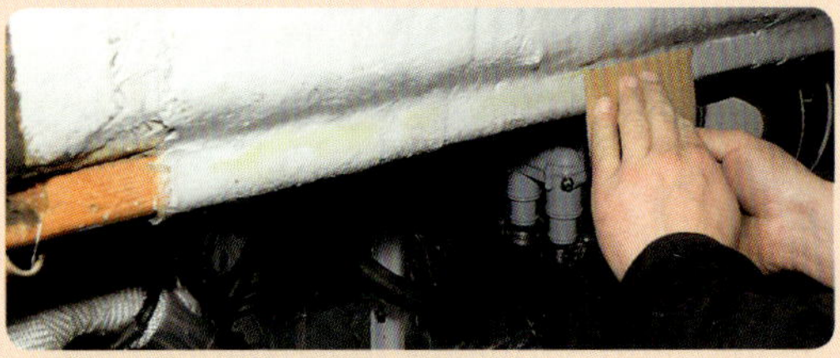

Weitere Empfehlungen

- Soweit möglich, sollte der Motorraum vollkommen umschlossen sein. An den Wänden sollte sich nichts befinden, was eine vollständige, durchgehende Dämmung verhindern würde.
- Das Dämmmaterial muss die gesamte Wand- und Deckenfläche des Motorraums bedecken, nicht nur den Bereich zwischen den Deckenträgern.
- Motorkästen müssen bis hinunter auf die Höhe des Wassers in der Bilge gedämmt werden, weil sich der Schall unter dem Deck ausbreitet.
- Nach Dämmung des Motorraums kann man die Schalldämmung weiter verbessern, indem man die Schotten abdichtet. Zwischen dem Bodenbelag und dem eigentlichen Deck lassen sich hochdichte Sperrschichten einziehen.
- Luken und Niedergangsschotten müssen dicht schließen und sollten ringsherum mit einem Schallschutzband abgedichtet werden.
- Alle Motorboote und insbesondere zweimotorige profitieren enorm von einer Doppeldämmung mit 15 cm Abstand zwischen den Dämmschichten.
- Die Motoren sollten nach Möglichkeit durch ein herausnehmbares Schott getrennt sein.

Dieser Z-Antrieb des Fabrikats Mercruiser ähnelt einem Außenborder, sitzt aber an einem Innenbordmotor.

Z-Antrieb

Bei einem Z-Antrieb sitzt der Motor direkt am Heck des Bootes und ist durch die Außenhaut mit einem Teil verbunden, das Getriebe und Propeller besitzt. Der Z-Antrieb hat eine gewisse Ähnlichkeit mit dem unteren Teil eines Außenborders. Er kann wie dieser hochgekippt werden, um an den Propeller zu kommen. Wartung und Instandhaltung sind komplizierter als beim Wellenantrieb, aber er muss regelmäßig gewartet werden, weil sonst teure Reparaturen die Folge sind. Die Wartung erfolgt in der Regel im Winter, wenn das Boot an Land ist.

Einen Teil der erforderlichen Arbeiten kann man als Laie erledigen, darunter das regelmäßige Auffüllen von Öl, den Ölwechsel und möglicherweise das Anbringen neuer Opferanoden. Für die volle Palette an Wartungsarbeiten einschließlich Auseinanderbauen des Z-Antriebs braucht man jedoch Spezialwerkzeug und die Kenntnisse eines mit dem Fabrikat vertrauten Fachmanns. Das Auseinanderbauen ist erforderlich, um Dichtungen zu ersetzen, die verhindern, dass Öl austritt und Wasser in den Antrieb eindringt.

Der Gummibalg an der Stelle, an der der Antrieb am Rumpf sitzt, muss häufig auf Risse oder Verschleiß geprüft werden.

Ein Z-Antrieb von Volvo wird von einem Techniker mit dem erforderlichen Werkzeug und den nötigen Kenntnissen gewartet.

Bei diesem Z-Antrieb wird der Ölpeilstab oben herausgeschraubt.

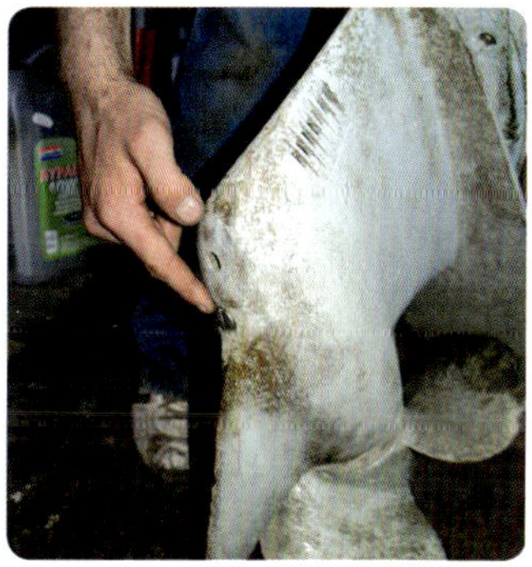

Die Ölablassschraube befindet sich bei diesem Z-Antrieb unten.

Eine der Anoden, die ersetzt werden müssen, wenn sie teilweise abgenutzt sind.

Passende Dichtungen gibt es als Satz zu kaufen.

Techniker Alan Curtis bei der Arbeit an den zerlegten Z-Antrieben aus den vorhergehenden Bildern.

Dieser Kajütkreuzer besitzt den leisen, geruchfreien und einfach zu wartenden Elektromotor aus dem nächsten Bild.

Die gegenwärtig verfügbaren Bleisäurebatterien sind zwar ziemlich massig, aber der Elektromotor ist trotzdem sehr klein.

Der von Cedric Lynch entwickelte Lynch/Agni-Motor mit seinen Bedienelementen auf einer Bootsausstellung. Hier zeigt sich der Trend bei Bootsantrieben und Motoren für Transportmittel allgemein.

Elektrische Innenborder

Wie bei Elektroaußenbordern fallen die meisten der oben genannten Wartungs- und Instandhaltungsarbeiten bei elektrischen Innenbordern weg. Elektromotoren sind erstaunlich klein im Vergleich zu Dieselmotoren; selbst mit Bedienelementen und Batterien nehmen sie weniger Platz ein als der Kraftstofftank und all die Teile eines Diesels.

Bei elektrischen Bootsmotoren hat es beträchtliche Fortschritte gegeben. Insbesondere der Lynch-Motor (auch als Agni-Motor bezeichnet) ist überraschend leistungsstark und sehr kompakt, wie auf den Bildern zu sehen ist.

E-Motoren eignen sich zwar nach wie vor besser für Binnengewässer, aber auch hier macht die Entwicklung schnelle Fortschritte. Mittlerweile gibt es auch Hybridantriebe mit Diesel und Elektromotor. Diese bieten die erforderliche Kraftreserve für Fahrten auf See und die Vorteile des leisen, abgasfreien Fahrens unter ruhigen Bedingungen.

Vor Kurzem erst überquerte der Schweizer Katamaran *Sun 21* den Atlantik nur mit Elektromotoren, die von Solarpaneelen gespeist wurden. Manche Leute bezweifeln immer noch, dass mit Elektromotoren hohe Geschwindigkeiten zu erzielen sind, aber das elektrisch angetriebene Speedboot *An Stradag* mit Helen Loney am Steuer steigerte bereits im November 2005 den Geschwindigkeitsrekord für batteriegetriebene Boote auf knapp 110 km/h.

Elektromotoren haben gute Chancen, als Antrieb für viele Bootstypen und andere Transportmittel erste Wahl zu werden.

Die Energieversorger bieten »grüne Energie« aus Wind, und wenn der Strom zum Laden der Bootsbatterien aus dieser Quelle kommt, ist das Bootfahren mit E-Motor fast so umweltfreundlich wie das Segeln. Die Nutzung von Sonnenenergie und Wind zum Laden der Batterien kommt auch der maritimen Umwelt zugute und schont die Ressourcen.

Ein Treffen des Verbands der E-Boot-Eigner mit einer Vielzahl von Motorbooten mit Elektroantrieb. Auf einigen Booten stammt eine beträchtliche Menge an Strom aus Solarzellen, die auch bei bewölktem Himmel gut funktionieren.

18

BOOTSAUSRÜSTUNG UND ZUBEHÖR

Bei Schiffsausrüstern und in ihren Katalogen findet man eine breite Palette an Ausrüstungsgegenständen.

Das riesige Angebot an Bootsausrüstung lässt die entsprechenden Kataloge auf viele Seiten mehr anschwellen, als das vorliegende Buch hat. Die Vielfalt ist faszinierend, kann aber auch Verwirrung stiften, und so manches ist wohl eher wünschenswert als wesentlich. In Bootszeitschriften finden sich regelmäßig Ausrüstungstests, und manchmal kann man Artikel, die in zurückliegenden Ausgaben besprochen wurden, sogar noch über die Website bestellen.

In diesem Kapitel konzentrieren wir uns auf wesentliche und ein paar sehr empfehlenswerte Ausrüstungsgegenstände. Manches ist bereits in vorhergehenden Kapiteln angesprochen worden.

Ausrüstung für ein offenes Boot

Auf einem offenen Boot, das immer nur ein paar Stunden genutzt wird, gibt es nur begrenzten Stauraum. Deshalb ist es wichtig, dass nichts wahllos herumliegt, damit man sich ungehindert bewegen kann. Die Grundausrüstung sollte Folgendes umfassen:

- Rettungswesten oder Auftriebshilfen (vorzugsweise mit Schrittgurten)
- Eimer, Ösfass und Schwamm
- Paddel oder Riemen
- Kompass
- Messer
- Zange
- Schraubendreher
- Leinen- und Schnurenden
- Erste-Hilfe-Satz
- Anker und Ankerleine
- Kabelbinder
- Passende Muttern, Schrauben und Bolzen
- Passendes Werkzeug für Motor, Muttern, Bolzen und verstellbare Beschläge
- Kork- oder Gummistopfen und Epoxidkitt für Notreparaturen am Rumpf
- Sicher verstautes Motoröl in geeigneten Behältern
- Ersatzteile für den Antrieb, darunter Scherstifte, Kurbelwellenkegel, Öl, Zündkerzen und Schraubenschlüssel
- Handbücher für Motor und Geräte
- Kopie der Versicherungspolice
- UKW-Funkgerät und Mobiltelefon
- Essen und Trinken
- Notsignalsatz

Ausrüstung für einen Motorkreuzer

Auf einem kleinen Motorkreuzer ist die Menge an Ausrüstung in gewissem Maße vom verfügbaren Stauraum abhängig. Die folgende Auflistung umfasst überwiegend Dinge, die unter Sicherheitsaspekten wichtig sind. Sehr vorsichtige Menschen würden sie wohl alle als wesentlich betrachten. Realistisch gesehen dürfte die Mitnahme mancher Dinge wohl davon abhängig sein, ob man sie sich leisten kann, wie groß das Boot ist, wie weit auf See die Fahrt führt und wie lange sie dauert. Praktische Aspekte einiger dieser Ausrüstungsgegenstände werden weiter unten behandelt.

Zusätzlich zu der oben aufgeführten Ausrüstung ist Folgendes erforderlich:

- Rettungswesten mit Schrittgurt
- Notsignalsatz
- Erste-Hilfe-Satz und Sonnenschutzcreme
- Sicherheitsgurt mit Sorgleine, oft verbunden mit Rettungsweste
- Hufeisenförmiger Rettungsring mit Leine und Licht
- UKW-Radio, fest eingebaut oder Handgerät
- Mobiltelefon
- Signalhorn und Trillerpfeife
- Feuerlöscher
- Feuerlöschdecke
- Rauchmelder
- Kohlenmonoxidmelder
- Bootshaken zum Aufnehmen von Muringleinen oder -bojen
- Wasser- und winddichte Kleidung und Schuhe mit rutschfester Sohle
- Schlafsäcke und Kissen in wasserdichten Beuteln
- Werkzeugsatz mit Messer und passendem Werkzeug für die Beschläge
- Ersatzteile für den Antrieb, darunter Scherstifte, Kurbelwellenkegel, Öl, Zündkerzen und Schraubenschlüssel
- Hilfsaußenborder für den Fall, dass der Hauptmotor ausfällt
- Lenzpumpe sowie Eimer und Ösfass
- Fender
- Kompass und Handpeilkompass
- Anker, Kette und Leine
- Reserveleinen
- Positionsleuchten und batteriebetriebene Alternativen für den Notfall

Auftriebshilfen.

Auch für Hunde gibt es Auftriebshilfen, komplett mit Tragegriff.

- Taschenlampen, Batterien, 12-V-Scheinwerfer
- Material für provisorische Rumpfreparaturen, z. B. Stöpsel und Epoxidkitt
- Fernglas
- Kartenmaterial
- Gezeitentafel
- Kopie der Versicherungspolice
- Illustrierte Tafel mit Notsignalen
- Fischfinder (Echolot) zur Tiefenmessung
- GPS-Empfänger zur Positionsbestimmung, ggf. in Verbindung mit Radar als Kartenplotter
- Radarreflektor
- Armbanduhr
- Barometer
- Schlösser und Schlüssel

Dazu kommen Nahrungsmittel und Getränke für den eigenen Geschmack. Die Menge ist abhängig von der Fahrtlänge, aber auch bei einem Kurztrip sollte immer etwas zu essen an Bord sein für den Fall, dass man auf Grund läuft und länger als erwartet festsitzt. Ein Notvorrat an Trinkwasser ist wärmstens zu empfehlen.

Rettungswesten und Auftriebshilfen

Echte Rettungswesten und Auftriebshilfen werden der Kürze halber oft einfach als »Rettungswesten« bezeichnet, aber es gibt Unterschiede zwischen ihnen.

Eine Auftriebshilfe ist wie eine gepolsterte Weste. Der integrierte Schaumstoff hält jemanden an der Wasseroberfläche, der bei Bewusstsein ist und schwimmen kann. Er sorgt weiterhin dafür, dass die Körperwärme nicht so schnell verloren geht. Diese Art von Rettungsmittel ist ideal, wenn man damit rechnen muss, bei sportlichen Aktivitäten wie Wasserskilaufen baden zu gehen. Auftriebshilfen mit Aufprallschutz müssen zu diesem Zweck besonders fest sitzen. Sie absorbieren einen Teil der Aufprallwucht.

Auftriebshilfen sind zudem meist billiger als Rettungswesten, und manch einer verlässt sich lieber auf den fest eingebauten Auftrieb als darauf, dass sich die Rettungsweste schnell aufbläst.

Moderne Rettungswesten sind in der Regel aufblasbar und so ausgelegt, dass sie einen Bewusstlosen automatisch auf den Rücken drehen, damit er

Links: Aufgeblasene Rettungsweste mit Spritzwasserschutz und reflektierenden Streifen.

Rechts: Darstellung einer aufblasbaren Rettungsweste mit Schrittgurten.

nicht mit dem Gesicht im Wasser liegt. Sie gelten vielfach als bestes Rettungsmittel für Leute, die normalerweise nicht ins Wasser gehen. Rettungswesten werden mit dem Mund aufgeblasen oder durch eine Gaspatrone, die man von Hand auslöst. Daneben gibt es Westen, bei denen die Patrone automatisch bei Wasserkontakt ausgelöst wird.

Jede Rettungsweste und Auftriebshilfe sollte über Schrittgurte verfügen, damit sie nicht über den Kopf rutschen kann. Für Rettungswesten ist zudem ein Spritzwasserschutz zu empfehlen. Darunter kann der Betroffene leichter atmen, ohne Wasser einzuatmen oder zu schlucken, und kühlt auch nicht so schnell aus. Eine Trillerpfeife, reflektierende Streifen und eine Leuchte an der Rettungsweste erleichtern die Suche nach dem Betroffenen.

Der Auftrieb wird in Newton (N) gemessen. In der Europäischen Union gibt es vier Standardgrößen für Rettungsmittel:

- Auftriebshilfen mit 50 N reichen für viele Binnengewässer. Sie bieten nicht genügend Auftrieb, wenn sich der Betroffene nicht selbst helfen kann, und drehen ihn auch nicht in die Rückenlage.
- Auftriebshilfen/Rettungswesten mit 100 N empfehlen sich für geschützte und ruhige Gewässer. Sie bieten nicht genügend Auftrieb, wenn sich der Betroffene nicht selbst helfen kann, und drehen ihn auch nicht in die Rückenlage; das gilt insbesondere für den Fall, dass er schwere Kleidung trägt.
- Rettungswesten mit 150 N werden für küstennahe Gewässer empfohlen, und zwar auch bei schwerem Wetter. Sie drehen einen Bewusstlosen in die Rückenlage, sodass das Gesicht frei bleibt. Schwere bzw. wasserfeste Kleidung beeinträchtigt ihre Leistung.
- Rettungswesten mit 275 N werden für die hohe See empfohlen. Sie sind in erster Linie vorgesehen für extreme Bedingungen und für den Fall, dass der Betroffene schwere Schutzkleidung trägt, sodass kleinere Westen ihn nicht in Rückenlage drehen könnten.

Viele Rettungswesten verfügen über integrierte Sicherheitsgurte, die mittels einer Sorgleine mit Karabinerhaken an geeigneten Stellen an Deck eingehakt werden. Das verhindert, dass man an Deck das Gleichgewicht verliert und möglicherweise über Bord geht. Zusätzlich gilt immer der traditionelle Ratschlag »eine Hand für den Mann und eine für das Boot« – mit anderen Worten, man hält sich immer mit einer Hand fest, während man mit der anderen etwas erledigt.

Bei der Wahl einer Rettungsweste für Kinder ist besondere Sorgfalt erforderlich, damit sie gut sitzt. Insbesondere darf sie im Wasser nicht über den Kopf rutschen können.

Auch wenn vielfach nur auf See und bei gefährlichen Wetterbedingungen eine Rettungsweste getragen wird: Sie sollte beim Anbordgehen so automatisch angelegt werden wie der Sicherheitsgurt im Auto.

Nutzlose und gefährliche Ausrüstungsteile.

Diese korrodierten Patronen würden eine Rettungsweste im Notfall nicht automatisch aufblasen.

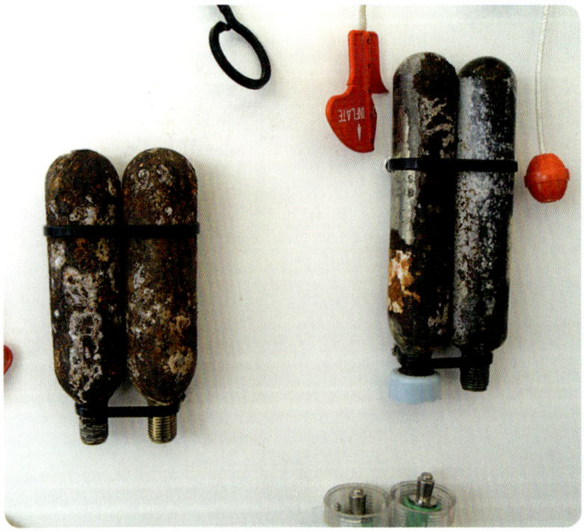

Instandhaltung von Rettungswesten

Auftriebshilfen können optisch auf Abnutzung, Risse und lose Nähte geprüft werden. Zum Testen legt man sie an und geht schwimmen. Dabei zeigt sich dann auch, wie gut sie sitzen – eine besonders wichtige Überlegung bei Kindern, die ja größer werden und ihre Westen an die jüngeren Geschwister weitergeben.

Von Mund aufgeblasene Rettungswesten kann man testen, indem man sie mit dem Aufblasventil bis zum richtigen Druck füllt und 24 Stunden ruhen lässt. In dieser Zeit dürfen sie keine Luft verlieren. Um die Luft komplett herauszulassen, drückt man das Ventil zusammen und presst die Weste auf eine glatte Fläche.

Ältere Rettungswesten, die man beispielsweise beim Kauf eines Gebrauchtboots übernommen hat, müssen geprüft und gewartet werden. Das Bild auf S. 214 links zeigt ein paar lebensgefährliche Rettungswesten, die längst in den Müll gehört hätten.

Aufblasbare Rettungswesten müssen einmal im Monat auf abgescheuerte Stellen, Risse und Verschleiß geprüft und mindestens alle zwei Jahre von einem Fachmann gewartet werden. Dabei darf man auch die Gurte und Befestigungen nicht vergessen.

Die automatischen Rettungswesten besitzen eine kleine CO_2-Patrone, die nach jedem Aufblasen und in regelmäßigen Abständen nach den Vorgaben des Herstellers ersetzt werden muss. Diese Patrone wird nur allzu oft vernachlässigt und ist dann korrodiert. Sie muss handfest eingeschraubt sein.

Auf Bootsausstellungen wird gelegentlich gezeigt, wie man Rettungswesten inspiziert. Da das genaue Vorgehen von Fabrikat und Typ abhängig ist, muss man sich genau an die Vorgaben des Herstellers halten. Beim geringsten Zweifel, ob man die Patrone selbst ersetzen kann, lässt man das besser vom Hersteller oder Händler erledigen.

Viele Hersteller und Händler von Rettungswesten bieten auf ihren Webseiten Hinweise zu Wartung und Pflege, z. B. *www.secumar.com* oder *www.kadematic.de*.

Rettungswesten dürfen nicht als Kissen missbraucht werden und müssen nach Gebrauch immer trocknen und trocken gelagert werden.

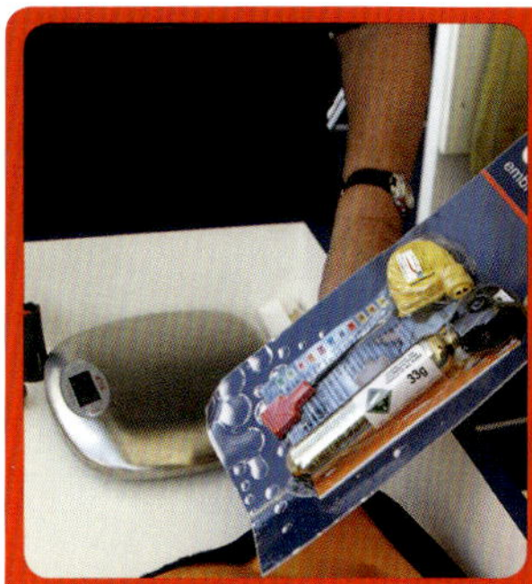

Ersatzpackungen für die Patronen sind bei Händlern und Herstellern erhältlich. Der Austausch muss unter Beachtung der Vorgaben erfolgen oder von einem Fachmann vorgenommen werden.

Oben und unten: **Eine Rettungsweste kann zum Testen natürlich nicht mithilfe der Patrone aufgeblasen werden, weil die dann leer wäre; man sollte sie aber regelmäßig über den Mundschlauch aufblasen. Anschließend darf sie 24 Stunden lang keine Luft verlieren.**

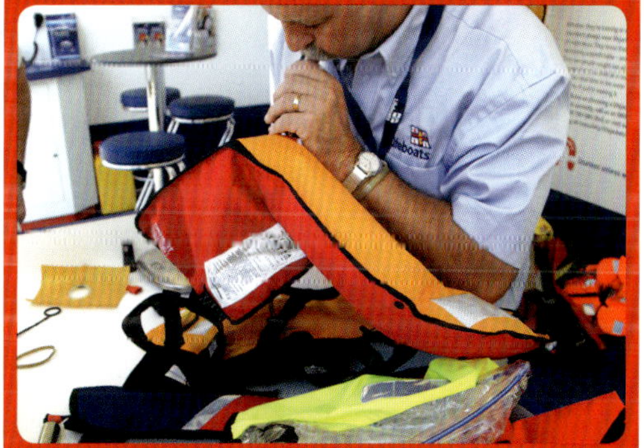

Aufgeblasene Rettungsweste mit Schrittgurten, die das Hochrutschen verhindern.

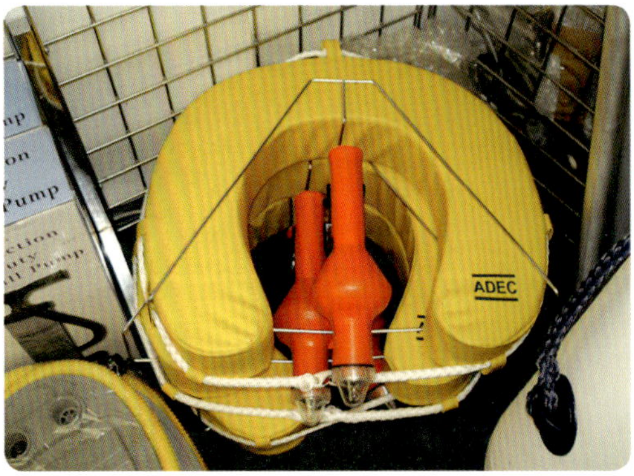

Hufeisenförmiger Rettungsring mit Leine und Leuchten. Er wird mit einem Metallrahmen an leicht erreichbarer Stelle montiert.

Signalhorn mit Druckluftflasche.

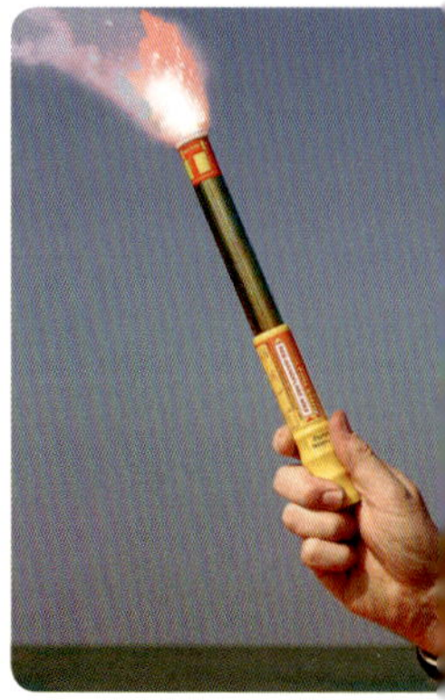

Rote Handsignalfackel als Hinweis auf die Position eines Schiffs in Seenot.

Hufeisenförmiger Rettungsring mit Leine und Leuchte

Ein Rettungsring an der Reling muss leicht zu erreichen sein, damit man ihn einer Person im Wasser zuwerfen und sie daran zum Boot ziehen kann. Das Ende der Rettungsleine muss sicher am Boot belegt sein. Das »Mann über Bord«-Manöver wird in der Ausbildung gelehrt und geübt.

Leuchtraketen und Notsignale

Das Folgende mag ziemlich alarmierend klingen, sollte aber niemanden vom Motorbootfahren abhalten. Die meisten Notsignale werden niemals benötigt, gehören aber einfach zur Sicherheitsausrüstung eines jeden Boots.

Wenn man in Schwierigkeiten gerät, muss man in der Lage sein, Aufmerksamkeit zu erregen und Hilfe herbeizurufen. Eine anerkannte Methode besteht darin, sich aufrecht hinzustellen und beide Arme ausgestreckt auf und nieder zu bewegen. Aber akustische Signale sind weitaus effizienter. In der Nähe von Land oder anderen Booten ruft man um Hilfe oder gibt mit einer Trillerpfeife oder einem Signalhorn das SOS-Signal: dreimal kurz, dreimal lang und dreimal kurz.

In einer Notfallsituation greift man zu Signalfeuern, um Aufmerksamkeit zu erregen und auf die eigene Position hinzuweisen. Ein weißes Leuchtsignal bedeutet keinen Notfall, sondern dient dazu, andere Boote auf sich aufmerksam zu machen, um eine

Der dichte Rauch des orangefarbenen schwimmfähigen Signalmittels weist beispielsweise Flugzeuge auf die Schiffsposition hin.

Leuchtsignale zeigen dem Rettungsboot und dem Hubschrauber, wo das betreffende Boot zu finden ist.

Wenn ein 12-V-Anschluss vorhanden ist, kann man in der Kajüte ein UKW-Funksprechgerät installieren.

Als Alternative stehen Handfunkgeräte mit aufladbaren Akkus zur Verfügung.

Kollision zu verhindern. Andere Leuchtsignale umfassen Päckchen mit Minisignalleuchten, die in die Hosentasche passen, und rote Fallschirmsignale.

Beim ersten Anbordgehen müssen alle Crewmitglieder sich mit der Seenotausrüstung und den entsprechenden Verfahren vertraut machen, damit sie sich im Notfall daran halten können.

Leuchtsignalmittel besitzen ein Haltbarkeitsdatum, nach dessen Ablauf sie ersetzt werden müssen, damit sie auch funktionieren, wenn man sie dringend benötigt. Nach dem Haltbarkeitsdatum kann es zu Versagern mit Sach- und Personenschäden kommen. Aus diesem Grund und wegen der offensichtlichen Gefahr eines Fehlalarms dürfen alte Signalmittel auch nicht im Rahmen eines Feuerwerks verwendet werden.

Abgelaufene Leuchtsignalmittel müssen vorschriftsmäßig entsorgt werden. Beim Kauf neuer Signalmittel fragt man am besten den Verkäufer nach den derzeit gültigen Bestimmungen. Vielleicht übernimmt er dann sogar die Entsorgung. Entsprechende Hinweise sollten auch bei der Feuerwehr zu bekommen sein.

Mobiltelefon und UKW-Funkgerät

Statt eines Mobiltelefons verwendet man besser ein UKW-Funkgerät. Das Gerät muss eine Zulassungsnummer besitzen. Die Tatsache, dass man für den Betrieb einer Funkanlage auch ein Funkzeugnis benötigt, trägt dazu bei, dass die Geräte ordnungsgemäß verwendet werden. Leider lassen sich manche Bootseigner davon abschrecken. Viele Motorbootclubs und Segelvereine bieten die kurzen Lehrgänge mitsamt der abschließenden Prüfung an.

Hafenmeistereien und Küstenwache sind fast immer über UKW zu erreichen und geben Hinweise zu Navigation, Gefahrenstellen, Wetter, Liegeplätze usw.

Im Notfall bildet ein Mobiltelefon eine wertvolle Reserve; über die Notrufnummer 112 kann man die Rettungsstellen informieren, wenn es Probleme mit dem Funkgerät gibt. Das ist aber nicht so effizient wie das Absetzen eines Notrufs über UKW. Dabei können nämlich die Rettungskräfte das Boot lokalisieren, und andere Boote hören den Notruf und können zu Hilfe kommen. Ein fest eingebautes UKW-Sprechfunkgerät besitzt eine größere Reichweite als ein Mobiltelefon und hängt an einer kräftigen 12-V-Batterie. Das Mobiltelefon besitzt demgegenüber eine begrenzte Reichweite, geringe Signalstärke und viel weniger Batterieleistung.

Wenn kein 12-V-Anschluss zur Verfügung steht, kann man ein UKW-Handfunkgerät mit eigenen Batterien verwenden. Es gibt ein breites Angebot an solchen Geräten, darunter auch wasserdichte und sogar schwimmfähige Ausführungen. Ein UKW-Handfunkgerät kann notfalls auch als Ersatz bei Ausfall der fest eingebauten Funkanlage oder zur Verbindung zwischen Beiboot und Mutterschiff dienen.

Positionsleuchten

Dieses Thema wird in Kapitel 16 behandelt.

Lenzpumpen

In einem Boot mit 12-V-Anlage kann man eine elektrische Lenzpumpe installieren. Ein Schwimmer-

12-V-Lenzpumpe mit Schwimmerschalter.

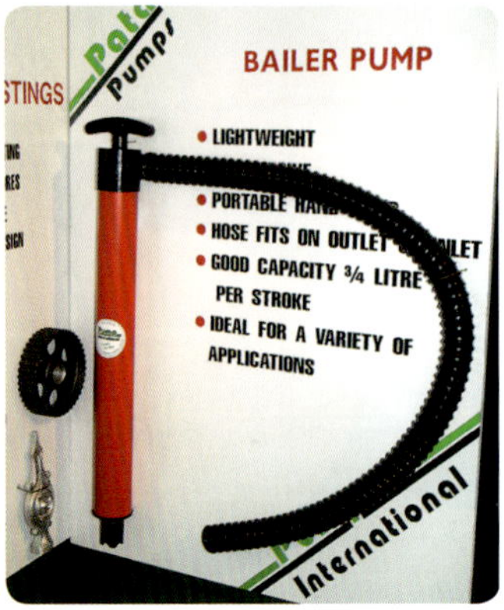

Handbetätigte Lenzpumpen.

schalter stellt die Pumpe an, sobald sich Wasser in der Bilge ansammelt – das ist besonders nützlich, wenn das Boot im Wasser bleibt. Die Lenzpumpe hilft auch bei eindringendem Regenwasser und verringert das Sinkrisiko bei einem Wassereinbruch.

Im Falle der Lenzpumpe gilt, dass »doppelt genäht besser hält«. Auch wenn eine elektrische Pumpe vorhanden ist, sollte man immer eine Handpumpe und einen oder zwei Eimer an Bord haben für den Fall, dass die Batterie leer ist oder überflutet wird.

Fender

Es gibt nur wenige Boote, deren Scheuerleisten so ausgelegt sind, dass sie den ständigen Kontakt mit Anlegern und anderen Booten schadlos überstehen. Das schreckliche Geräusch, wenn sich GFK knirschend an Beton oder Stahl reibt, lässt sich mit sorgfältig platzierten Fendern verhindern. Die meisten Kunststofffender sind aufblasbar und sollten einigermaßen fest, aber nicht steinhart sein. Wenn sich der Fender in der Mitte mit dem Finger etwa 15 mm eindrücken lässt, sollte er etwa den richtigen Innendruck aufweisen, um Stöße aufzunehmen, ohne selbst Schäden am Boot zu verursachen.

Fender, an denen Schmutz und Sand haften, können das Gelcoat zerkratzen, deshalb sorgt man besser für Sauberkeit. Manche Bootseigner beziehen ihre Fender mit Fendersocken, um die Scheuergefahr weiter zu verringern.

Echolot oder Fischfinder

Das elektrische Gerät, das ursprünglich als Echolot bezeichnet wurde, wird heute mehr und mehr auch als Fischfinder angeboten. Diese Namensänderung deutet auf die höhere Empfindlichkeit dieser Geräte

Eine Auswahl an aufblasbaren Fendern.

Fender gibt es in einer Vielzahl von Formen und Größen für jeden Bedarf.

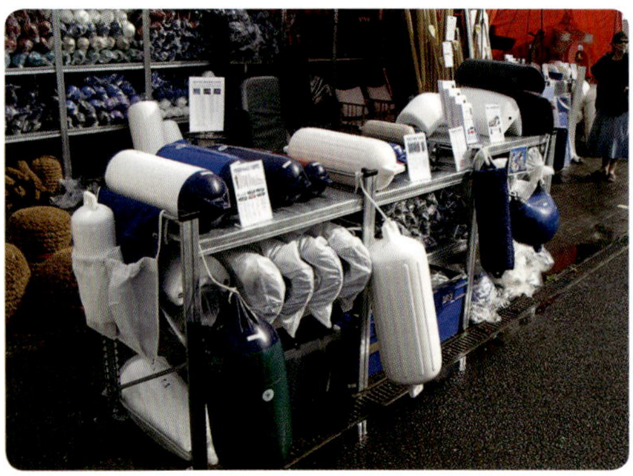

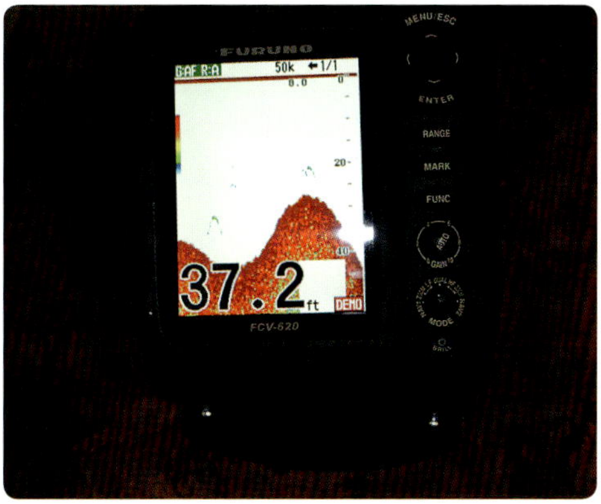

Ein Fischfinder zeigt deutlich die Wassertiefe unter dem Boot.

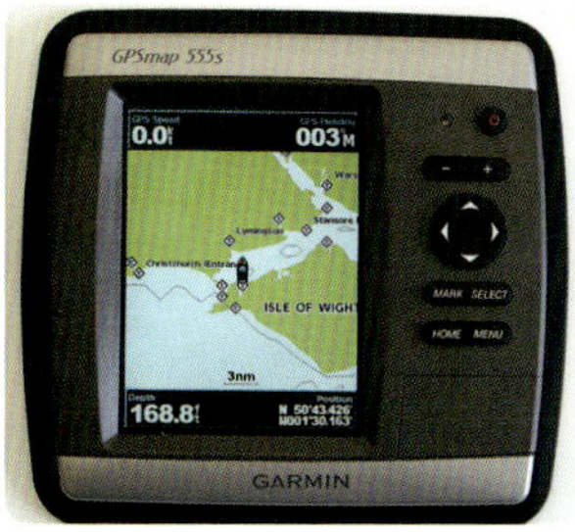

Oben: **Das Navigieren ist mit GPS viel einfacher.**

Rechts: **GPS-Handempfänger mit aufladbaren Akkus kommen auf offenen Booten ohne elektrische Anlage oder als Reserve zum Einsatz.**

hin, die nicht nur auf den Meeresgrund ansprechen, sondern auch auf Fische, wodurch sie besonders attraktiv für Bootseigner sind, die gern angeln. Für das Motorbootfahren selbst sind die Wassertiefe und die Form des Meeresgrunds von größerer Bedeutung. Mehr zu Fischfindern ist in Kapitel 16 zu finden.

GPS

GPS- oder SatNav-Geräte sind mittlerweile weit verbreitet und durch Massenproduktion billiger geworden. Wenn die erforderliche Stromversorgung sichergestellt ist, bilden sie sicherlich eine gute Navigationshilfe. Falls – etwa auf einem kleinen offenen Boot – kein Strom zur Verfügung steht, kann man zu einem GPS-Handempfänger mit Batterien oder Akkus greifen. Diese Geräte zeigen außerdem die Geschwindigkeit über Grund an, die man für nautische Berechnungen und zur Einhaltung von Geschwindigkeitsbegrenzungen benötigt.

Die technisch hoch entwickelten Systeme aus Kartenplotter, Radar und Fischfinder, die oft auf Bootsmessen gezeigt werden, sind recht teuer und eigentlich eher auf Hochseeyachten angebracht, aber wenn ein Technikfreak sich daran begeistert – warum nicht?

Bekleidung und Schuhwerk

An warmen Sommertagen mit einer leichten Brise tragen viele Leute zum Bootfahren auf Binnen- und sehr geschützten Küstengewässern ganz normale Freizeitkleidung. Aber es ist wichtig, dass die Schuhe rutschfeste Sohlen besitzen und die Kleidung ausreichend wärmt, weil es auf dem Wasser fast immer beträchtlich kälter ist als an Land. Außerdem muss man auf einen plötzlichen Wetterumschwung vorbereitet sein. Für den Fall, dass plötzlich ein unerwarteter Regenschauer niedergeht, sollte immer ein wasserdichtes Kleidungsstück an Bord sein.

Wenn es kühl ist, braucht man zum Wasserskilaufen und für ähnliche Sportarten einen Nassanzug. Das Funktionsprinzip solcher Anzüge besteht darin, dass sich zwischen der Haut und dem Neopren ein Wasserfilm befindet. Dieses Wasser wird durch den Körper erwärmt und schützt so vor dem Auskühlen. Der Anzug bietet zudem etwas Schutz beim Aufprall auf das Wasser. Nassanzüge gibt es in verschiedenen Materialstärken. Sie müssen eng anliegen, um ordnungsgemäß zu funktionieren.

Der teurere Trockenanzug ist vollkommen wasserdicht und besitzt an Ärmeln und Hals entsprechende Manschetten. Unter einem Trockenanzug muss man Kälteschutzkleidung tragen.

Nassschuhe aus Neopren funktionieren nach demselben Prinzip wie Nassanzüge. Auch Handschuhe gibt es aus Neopren. Sie wärmen nicht nur, sondern schützen bei Verstärkung mit Leder auch die Hände und bieten besseren Griff.

Hoch spezialisierte und modische Kleidung für den Wassersport ist teuer. Aber die neuesten atmungsaktiven und wasserdichten Kleidungsstücke machen das Leben angenehmer und lohnen die Anschaffung auf jeden Fall, wenn man bei Wind und Wetter mit dem Boot hinausfährt.

Für den Wassersport gibt es wind- und wasserdichte Kleidung. Eine Kopfbedeckung sollte nicht fehlen, weil der Körper viel Wärme über den Kopf verliert. Auch als Sonnenschutz hat sie ihre Berechtigung.

Nassanzüge pflegen

Bei Beachtung der folgenden Tipps verlängert sich das Leben eines Nassanzugs und ähnlicher Kleidungsstücke um viele Jahre:

- Nassanzüge nie in der Maschine waschen und nicht reinigen lassen. Von Hand in sauberem Frischwasser spülen, um Salz und Schmutz zu entfernen. Flecken mit mildem Shampoo oder speziellem Neoprenreiniger behandeln.
- Zum Trocknen auf einen dicken Bügel hängen, damit sich der Anzug nicht verzieht, und keiner direkten Hitze aussetzen.
- Steif gewordene und verschmutzte Reißverschlüsse vorsichtig mit einer alten Zahnbürste säubern und mit Kerzen- oder Bienenwachs einreiben.
- Kontakt mit Benzin, Aerosolen, Öl und Lösungsmitteln vermeiden. Aufpassen, dass das Material nicht durch abgebrochene oder spitze Fingernägel beschädigt wird.
- Das Neopren auf Risse prüfen. Kleinere Reparaturen können mit Neoprenkleber vorgenommen werden. Größere Risse lassen sich möglicherweise mit aufgeklebtem und mit starkem Polyestergarn festgenähtem Neopren schließen.
- Anzug an einem trockenen, gut belüfteten Ort auf dem Bügel aufbewahren.

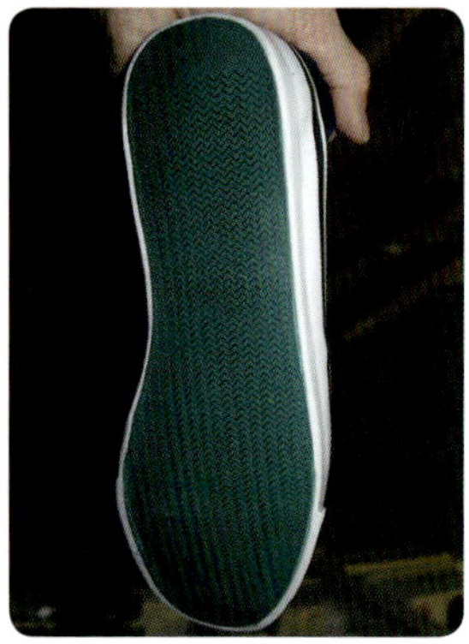

Das Wichtigste an Bootsschuhen ist die rutschfeste Sohle.

Wer außerhalb des Boots Wassersport mit hoher Geschwindigkeit treiben will, braucht einen Nassanzug.

- Ein nicht oft benutzter Nassanzug verliert möglicherweise an Elastizität und sieht aus, als wenn er eingelaufen wäre. Er wird wieder elastisch, wenn man ihn in lauwarmem Wasser einweicht und dann abseits direkter Wärmestrahlung gründlich durchtrocknen lässt.

Schlösser und Sicherungseinrichtungen

Leider kommt es vor, dass Außenborder und anderes Gerät gestohlen werden, wenn das Boot unbeaufsichtigt am Liegeplatz oder in einem nicht so gut gesicherten Lager liegt. Die Zahl der Diebstähle schwankt von Ort zu Ort. In manchen Gegenden verzichten die Bootseigner auf jede Sicherung und haben keine Probleme damit, während anderswo alles gestohlen wird, was nicht niet- und nagelfest ist.

Aber vorsorgen ist besser als heilen. Wenn der Außenborder nicht abgebaut und sicher weggeschlossen werden kann, braucht man eine Diebstahlsicherung wie auf den Fotos auf dieser Seite. Loses Gerät sollte möglichst weggeschlossen oder nach Hause mitgenommen werden. Die Tür zur Kajüte muss natürlich abgeschlossen werden wie die Türen eines Autos.

Dann stellt sich noch die Frage, was die Versicherung im Hinblick auf Schlösser und Diebstahlschutz verlangt. Der Trailer muss an der Deichsel oder mit einer Radkralle gesichert werden, ob mit oder ohne Boot.

Ein batteriebetriebener Einbruchmelder in der Kajüte kann zum Schutz beitragen, aber nur, wenn jemand ihn hört und willens ist, etwas zu tun.

Ein Manometer zeigt bei vielen Feuerlöschern deren Zustand an.

Im Motorraum kann man einen automatischen Feuerlöscher installieren, der in Aktion tritt, wenn er sich durch einen Brand über einen bestimmten Wert hinaus erwärmt.

Feuerlöscher

Wie bereits in Kapitel 15 erklärt, müssen sich geeignete Feuerlöscher und eine Löschdecke an einer leicht erreichbaren Stelle befinden. Die Feuerlöscher müssen regelmäßig daraufhin überprüft werden, ob das Manometer noch ausreichend Druck anzeigt, und nach Ablauf des auf der Flasche befindlichen Datum ersetzt werden.

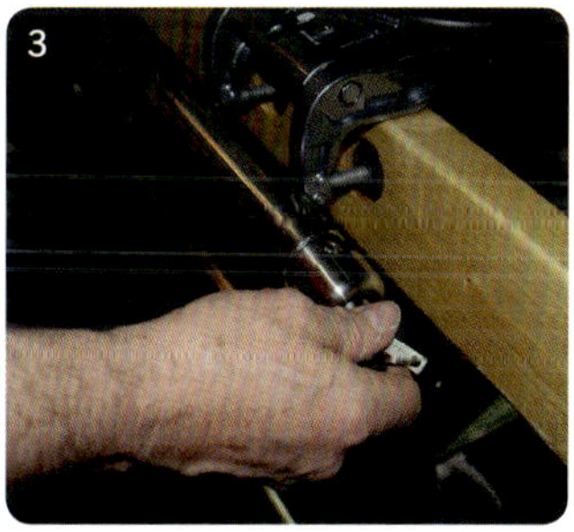

Dieses einfache Zylinderschloss wird auf die Klemmen der Außenborderhalterung gesetzt.

Ein automatischer Feuerlöscher kann Brandschäden wie auf diesen Bildern verhindern.

Angelgerät

Angel und Angelschnur sind zwar eindeutig keine wichtigen Ausrüstungsgegenstände, können aber den Spaß am Motorbootfahren beträchtlich vergrößern. Begeisterte Seeangler besitzen im Wesentlichen nur deshalb ein Boot, weil sie Fische finden und fangen wollen. Aber auch viele andere Eigner haben eine Mindestausrüstung an Bord für den Fall, dass sich ein paar Fische praktisch zum Fang anbieten. Die oben erwähnten Fischfinder stellen eine große Hilfe dar, aber in Küstenrevieren sollte man auch auf Seevogelschwärme achten, die von Schwärmen kleiner Fische an der Wasseroberfläche angelockt werden – wie auch die größeren Fische wie Makrelen, die sich von ihnen ernähren. Angel und ein paar künstliche Köder bieten dann eine Gelegenheit, sich an der Jagd zu beteiligen. Wenn man erst einmal ein paar Makrelen gefangen hat, kann man einen Streifen Haut und Fleisch als Köder für andere Spezies verwenden.

Das Angeln dürfte besonders für die jüngeren Familienmitglieder interessant sein. Eine vernünftige Angelausrüstung mit einer Teleskopangel, die sich auf jedem Boot problemlos verstauen lässt, bekommt man nicht in den Souvenirläden an der Promenade, sondern nur im Fachgeschäft. Dort erhält man auch Auskunft darüber, was für gelegentliche Angelausflüge zwingend erforderlich ist. Mit dem Angeln selbst befassen sich viele Bücher und Zeitschriften, mit deren Hilfe man sein Geschick verbessern und die Erfolgsaussichten erhöhen kann.

Für den nicht kommerziellen Fischfang auf See braucht man in der Regel keine Lizenz und keinen Angelschein; anders sieht es möglicherweise schon in Mündungsgebieten aus. Dort sollte man vorsichtshalber bei den zuständigen Stellen nachfragen.

Zum Angeln an und auf Binnengewässern ist praktisch überall ein Angelschein erforderlich.

Pannenhilfe

Es ist zu empfehlen, die Telefonnummern nahe gelegener Werften oder Marinas mitzuführen für den Fall, dass man Rat oder Hilfe benötigt. In einer gefährlichen Lage oder einem echten Notfall kann man natürlich die Rettungsbehörden kontaktieren.

Einkaufsmöglichkeiten

Die besten Möglichkeiten bieten natürlich Schiffsausrüster. Ihre Online-Shops bieten eine reiche Auswahl zu oft günstigeren Preisen, weil der Wettbewerb zugenommen hat. Viele Kajütkreuzer werden als »Wohnwagen auf dem Wasser« genutzt. Das mag zwar manchen engstirnigen puristischen Wassersportler stören, ist aber absolut in Ordnung, solange es Spaß macht und die Gelegenheit zur Erholung in einer ganz anderen und attraktiven Umgebung bietet.

In diesem Fall kommen auch Campingläden als Einkaufsmöglichkeiten infrage, wenn beispielsweise Haushaltsgeräte angeschafft werden sollen. Das Boot selbst darf aber immer nur mit Produkten ausgestattet und instand gehalten werden, die ausdrücklich für den Bootsbau vorgesehen sind.

Wie man die Kajüte zu einem zweiten Heim macht und was es dafür an Gerät und Ausrüstung gibt, ist nicht Thema dieses Buches.

Bootsmessen und -flohmärkte

Bootsmessen bieten nicht nur die Gelegenheit, einen Blick auf die Ausrüstung zu werfen und Preise zu vergleichen, sondern auch die Möglichkeit, von Fachleuten zu erfahren, wie man all die ausgestellten Dinge benutzt. In der Regel gewähren die Hersteller auch spezielle Messerabatte.

Eine billigere Alternative sind Bootsflohmärkte. Hier ist allerdings Vorsicht geboten, wenn es um den Kauf sicherheitsrelevanter Teile geht. Man muss dabei alle Punkte bedenken, die in diesem Buch im Hinblick auf Festigkeit und Zuverlässigkeit von Ausrüstungsgegenständen aufgeführt wurden, auf die man sich verlassen muss, wenn Wind und Wellen unerwartet zunehmen. Zu berücksichtigen ist außerdem die teilweise vertretene Meinung, dass auf Bootsflohmärkten oft gestohlene Ware verkauft wird.

Internet

In Internetauftritten wie denen von eBay und anderen, in denen Boote zum Kauf angeboten werden, finden sich oft auch Seiten mit gebrauchter und preislich reduzierter Bootsausrüstung. Trotz der Tatsache, dass hier viel gekauft wird, muss man sich vorher versichern, dass die benötigten Teile sich für ihren Zweck eignen und sicher sind.

Auf Bootsflohmärkten bekommt man relativ günstig neues und gebrauchtes Gerät, muss aber sorgfältig drauf achten, dass es qualitativ hochwertig und zuverlässig ist.

19 AUSSICHTEN

Zum Verkauf ausgestellter Kajütkreuzer.

Verkauf und Anschaffung eines größeren Boots

Nach vielen Jahren Freude an ihrem ersten kleinen Motorboot entscheiden sich viele Eigner, ein größeres Boot für Fahrten an der Küste anzuschaffen, auf dem sie auch übernachten können. Möglich wird das beispielsweise, indem man günstig ein »Bootsprojekt« kauft, das Boot ausbaut, es ein oder zwei Jahre nutzt und dann mit einem kleinen Gewinn wieder verkauft. Auf diese Weise finanziert man zumindest teilweise den Aufstieg zu einem größeren Boot.

Ein inspirierendes Beispiel

Dave Flint und Alison Shearing begannen mit einem 5,50 m kurzen Norman River Cruiser, dem ein 7,60 m langes Norman-Boot und schließlich ein viel größerer Bahama-Kajütkreuzer des Typs RML 31 folgten.

In allen Fällen brachten sie das jeweilige Boot auf einen hohen Stand, sodass sie es gut verkaufen und sich schließlich den Traum erfüllen konnten, mit einem Kreuzer auf Küstenfahrt zu gehen, der sowohl seetüchtig als auch komfortabel eingerichtet war. Sie hatten Spaß daran, diese Boote auszubauen und dann eine Zeit lang damit zu fahren, bevor sie sie verkauften und mit dem Erlös ein größeres Boot anschafften. Im Laufe dieser Zeit verbesserten sich ihr Geschick und ihre Kenntnisse so weit, dass sie sich an die ehrgeizigere Aufgabe machen konnten, den Bahama-Kreuzer um- und auszubauen, der heute mehr wert ist, als Kauf und Renovierung gekostet haben.

Dave Flint und Alison Shearing begannen mit der Renovierung kleiner Norman-Kajütboote.

Arbeit am Bahama-Kajütkreuzer RLM 31.

Ein Boot verkaufen

Für den Verkauf eines Motorboots müssen viele von den hier angesprochenen Arbeiten erledigt werden, um das Boot so zu präsentieren, dass ein potenzieller Käufer gern bereit ist, einen fairen Preis zu zahlen. Insbesondere muss man die Hinweise in Kapitel 4 zum Kauf eines Gebrauchtboots beachten, denn es könnte ja sein, dass ein Käufer mit diesem Buch unter dem Arm auftaucht und genau diese Punkte überprüft.

Man mag es kaum glauben, aber auf erstaunlich vielen Booten, die zum Verkauf stehen, finden sich noch Müll, Schmutz und persönliche Dinge des Eigners. Dabei könnten eine Grundreinigung und etwas Politur den großen Unterschied ausmachen. Denn das zeigt, dass das Boot aller Wahrscheinlichkeit nach gut gepflegt worden ist. Besonders Kocher, Spüle, Waschbecken und Toilette müssen porentief rein sein. Leinen werden sauber aufgeschossen. Ausgefranste oder mit Grünalgen überzogene Festmacheleinen werden gesäubert oder ersetzt. Ein Käufer will sich mit Sicherheit den Motor anschauen, der deshalb einen sauberen und effizienten Eindruck machen muss. Wasser aus der Bilge auspumpen und Schränke und Schapps innen reinigen.

Wenn das Unterwasserschiff am Ende der Saison etwas schäbig aussieht, was ja durchaus passieren kann, verbessert man den ersten Eindruck durch einen neuen Anstrich mit Antifouling.

Das Erste, was man aus dem Niedergang heraus von der Kajüte sieht, ist der Fußboden, der deshalb gründlich gereinigt werden oder einen neuen Belag bekommen sollte. Als Nächstes trifft den potenziellen Käufer der Geruch, d.h., die Kajüte muss ausreichend gelüftet sein, und abstoßende Gerüche müssen beseitigt werden. Ein Trockenmittel beseitigt Feuchtigkeit und Kondenswasser, die zum Problem werden können, wenn das Boot längere Zeit geschlossen war. Ein Motorboot mag perfekt in Ordnung sein, doch die obigen Punkte können sich als ernsthaftes Verkaufshindernis erweisen, und zwar besonders, wenn der Käufer in Begleitung kritischer Familienmitglieder erscheint.

Falls für bestimmte Binnenreviere eine TÜV-Abnahme erforderlich ist, sollte der nächste Termin nicht in unmittelbarer Nähe liegen. Ein Käufer könnte sich davon abschrecken lassen oder eine vorherige Prüfung zur Bedingung machen.

Auf jeden Fall muss man mit der Frage rechnen, warum das Boot verkauft wird. Derartige Fragen müssen nach bestem Wissen und Gewissen beantwortet werden, weil es durchaus sein kann, dass

Jetzt können Dave und Alison die Früchte ihrer Arbeit genießen.

der Käufer sich auf benachbarten Booten erkundigt, was alles mit dem Boot passiert ist und wie es gefahren wurde.

Damit es später keine Missverständnisse gibt, erstellt man als Anhang zum Angebot oder zum Kaufvertrag eine Liste mit allem, was im Kauf enthalten ist. Dabei behält man ein oder zwei Extras wie etwa einen Reserveanker oder einen Hilfsaußenborder in Reserve, um sie später bei den Kaufverhandlungen vielleicht noch dazugeben zu können.

Bei der Festlegung des Verkaufspreises ist zu berücksichtigen, dass einige Angebote wahrscheinlich darunter liegen werden. Sehr wahrscheinlich verlangt der Käufer eine Begutachtung, einen Motortest und eine Probefahrt auf See, d.h., man darf sich vorher nicht auf eine Preisreduzierung einlassen, weil der Gutachter mit Sicherheit etwas findet, mit dem der Käufer versuchen wird, den Preis zu drücken. Falls noch Reparaturen anfallen, muss man sich entscheiden, ob man diese selbst ausführen lässt oder entsprechend mit dem Preis heruntergeht.

Mit der Bahama RLM 31 auf dem Weg in die faszinierende Altstadt von Lincoln.

Dokumente

Die erforderlichen Unterlagen müssen bereitliegen, um alle Fragen beantworten – und beweisen – zu können, beispielsweise rechtmäßiger Besitz, Quittungen, Mehrwertsteuer, Liegeplatz- und Versicherungskosten, fachgerechte Reparatur und Wartung sowie gegebenenfalls selbst oder von einem früheren Eigner in Auftrag gegebene Gutachten und nach diesen Gutachten erfolgte Mängelbeseitigung. Wahrscheinlich wird ein potenzieller Käufer auch detail-

Ein Traum wird wahr: die erste Fahrt vor der Küste von Norfolk.

liert nach früheren Eignern fragen, um sicherzugehen, dass rechtlich alles in Ordnung ist und keine finanziellen Belastungen mehr auf dem Boot ruhen.

Ein künftiger Käufer wird die erforderlichen Unterlagen sehen wollen, wenn das Boot unter die EU-Sportbootrichtlinie fällt und nach Mai 1998 gebaut wurde. Wer ein Boot ohne den erforderlichen Konformitätsnachweis verkauft, muss mit Strafverfolgung rechnen. Diese Richtlinie ist in der Fassung von 2008 unter *http://www.bootsbau-recht.de/fileadmin/dokumente/PDF/Boot/94-25-EU-konsolidiert2008.pdf* zu finden.

Werbung

Es mag sinnvoll erscheinen, ein Schild mit der Aufschrift »Zu verkaufen« auf oder am Boot anzubringen. Wenn das Boot aber ohne Aufsicht an einer frei zugänglichen Stelle liegt, lässt man das besser sein. Aus nicht nachvollziehbaren Gründen kann ein solches Schild die Aufmerksamkeit von Vandalen erregen, in deren wirren Köpfen dann anscheinend die Vorstellung entsteht, das Boot sei aufgegeben worden. Andere sehen das Schild möglicherweise als Einladung, auf dem Boot herumzuspazieren, das Verdeck zu öffnen und einen Blick in die Kajüte zu werfen.

Mit Phrasen wie »gut ausgerüstet, fahrbereit« weckt man das Vertrauen potenzieller Käufer. Verkaufsanzeigen sollten in möglichst vielen Internetauftritten, Zeitschriften u.ä. gleichzeitig geschaltet werden. Dann kommen viele Anfragen, unter denen sich zumindest einige ernsthafte befinden sollten. Bei den Preisverhandlungen kann man anschließend getrost auf die vielen Interessenten verweisen. Auf vielen Webseiten wie etwa *http://www.boote24.de* werden Verkaufsanzeigen kostenlos oder gegen eine geringe Gebühr veröffentlicht. Das Internet hat für den Kauf und Verkauf von Booten wirklich große Verbesserungen gebracht, wobei man allerdings immer vorsichtig sein muss, um nicht auf Betrüger hereinzufallen, die sich als Käufer ausgeben, in Wirklichkeit aber das Boot stehlen, Geld erpressen oder Bankdaten erschwindeln wollen. Auf manchen Webseiten wird auf aktuelle betrügerische Maschen hingewiesen, sodass man als Verkäufer gewarnt ist.

Möglicherweise kommt auch eine Auktion bei eBay infrage. Dort werden jede Menge Boote angeboten. Aber viele Leute gehen lieber den Weg über eine direkte Anzeige mit Festpreis, bevor sie sich auf eine Auktion mit ungewissem Ausgang einlassen.

In der Regel kann man die Anzeige im Internet um ein paar Fotos bereichern. Der Textteil sollte möglichst viele Informationen enthalten sowie einen deutlichen Hinweis darauf, dass vor einer Besichtigung noch weitere Bilder und Details zur Verfügung gestellt werden können. Die zusätzlichen Bilder kann man dann auf der eigenen Website einstellen oder per E-Mail schicken. Man könnte sie aber auch ausdrucken und mit der Schneckenpost versenden.

Mit diesem Ansatz verschwendet weder der Verkäufer noch der Käufer nutzlos Zeit. Wenn ein potenzieller Käufer detaillierte Informationen und viele Fotos mit verschiedenen Ansichten – darunter natürlich auch Innenaufnahmen – erhält, wird er nur dann zur Besichtigung kommen, wenn er ernsthaft interessiert ist. Es kommt sogar vor, dass Käufer schon vor der Besichtigung definitiv zusagen unter der Bedingung, dass das Boot genau den Fotos und Beschreibungen entspricht. Oder sie lassen sich vorbehaltlich eines zufriedenstellenden Gutachtens das Vorkaufsrecht einräumen.

Es gibt jede Menge Gelegenheiten, sich zu verbessern und fernere Reviere zu erkunden.

Ein Verkauf wird erleichtert, wenn mit dem Boot auch gleich ein Liegeplatz angeboten werden kann – sei es der vorhandene oder ein anderer in der Nähe.

Da die meisten potenziellen Käufer das Boot am Wochenende besichtigen wollen, muss es dann natürlich an seinem Platz liegen.

Makler

Wenn das Boot weit weg von zu Hause liegt, sodass eine gemeinsame Besichtigung mit dem Käufer größeren Aufwand verursacht, nimmt man am besten einen Makler in Anspruch. Der Vermittlungsauftrag muss sorgfältig geprüft werden, damit klar ist, welche Gebühren anfallen und was darin enthalten ist. Das gilt unter anderem auch für die Frage der Werbung. Im Gespräch mit dem Makler bekommt man auch einen nützlichen Einblick, wie es allgemein auf dem Bootsmarkt aussieht. Der Makler müsste auch wissen, wie ein bestimmtes Boot am besten für den Verkauf vorbereitet wird. Er sollte zudem die Kommentare der Interessenten weitergeben, damit man vielleicht noch Verbesserungen vornehmen kann, um das Boot schneller zu verkaufen.

Manche Makler agieren nur aus der Ferne als Vermittler und gehen selbst zu Besichtigungen nicht mit. Nach Möglichkeit sollte das Boot aber in oder an den Geschäftsräumen des Maklers ausgestellt werden, damit Interessenten es sich direkt ansehen können.

Die Versicherung muss informiert werden, dass das Boot zum Verkauf steht, wo es ausgestellt ist und wer für Besichtigungsfahrten verantwortlich ist. Makler übernehmen in der Regel nicht die Versicherung für die von ihnen vermittelten Boote. Deshalb muss die eigene Versicherung bestehen bleiben, bis der Verkauf abgeschlossen ist.

Normalerweise geht man davon aus, dass die Kosten für Slippen/Kranen für eine See-Erprobung, Motorinspektion und Transport zum Zielort vom künftigen Käufer getragen werden.

Möglicherweise findet sich ein Makler, der das Boot als Anzahlung für einen größeren Kajütkreuzer in Zahlung nimmt. Das gilt auch für Händler, die unbedingt ein neues Boot verkaufen wollen. Bevor man aber sein Boot in Zahlung gibt, muss man erst einmal anhand der Preise ähnlicher Boote herausfinden, was es wirklich wert ist. Wie bei Autos erzielt man möglicherweise einen besseren Preis, wenn man den Verkauf selbst in die Hand nimmt.

Ambitionen für die Zukunft

Wer erst einmal genügend Erfahrungen bei einer Vielzahl von Wetter- und Tidenbedingungen gesammelt hat, entwickelt oft den Ehrgeiz, ein größeres Boot zu kaufen, das auch für längere Fahrten geeignet ist.

Das ist eine erregende und lohnenswerte Herausforderung. Aber mit einem größeren Kajütkreuzer weiter hinaus auf See zu gehen, erfordert viel mehr Wissen und Können, als dieses Buch vermitteln kann. Das zusätzliche Geschick und Wissen eignet man sich am besten an, indem man als Crewmitglied mit einem erfahrenen und qualifizierten Skipper fährt. Das kann an sich schon eine schöne Sache sein, sollte aber mit einem entsprechenden Lehrgang verbunden werden, bei dem auch die für die Küstenfahrt erforderlichen Kenntnisse vermittelt werden.

Motorboote jeder Größe bieten eine Reihe von Möglichkeiten, in einer anderen Umgebung Entspannung, Spaß, Vergnügen und – wenn gewünscht – den Nervenkitzel hoher Geschwindigkeiten und spannender Abenteuer zu erleben. Die Wahl muss jeder für sich treffen.

20 ANHANG

Die Mehrheit aller Menschen hat einen Computer zu Hause, und alle können auf das Internet zugreifen – wenn nicht zu Hause, dann in öffentlichen Bibliotheken und anderen Einrichtungen. Man braucht nur ein Produkt oder einen Dienst in eine Suchmaschine einzugeben und erhält jede Menge Informationen.

Informationsquellen und Kontakte

Deutscher Motoryachtverband e.V.
Hier gibt es eine breite Palette an Informationen und Kontaktangaben, darunter Landesverbände, Vereine, Ausbildungsstätten usw.

Deutscher Motoryachtverband e.V.
Vinckeufer 12–14
47119 Duisburg
Telefon: (02 03) 8 09 58 0
Telefax: (02 03) 8 09 58 58
E-Mail: info@dmyv.de
Internet: www.dmyv.de

Wassertourismus-Guide
Umfassende Informationen zum Wassertourismus mit Revierinformationen, Hafenhandbüchern und Branchenverzeichnissen erhält man bei:

vivawasser.de AG
Von-der-Tann-Straße 3a
24114 Kiel
Tel.. (0431) 23 96 864
Fax.: (0431) 23 96 865
E-Mail: service@vivawasser.de
Internet: www.vivawasser.de

Informationsquellen zu Sicherheit und sonstigen Fragen

Europäische Sportbootrichtlinie
Bei den Dokumenten aller Boote, die seit Juni 1998 gebaut wurden, sollten sich die notwendigen Informationen zu dieser Richtlinie finden, die gesetzliche Normen für den Bootsbau beinhaltet.

Zeitschriften

Zeitschriften sind eine ausgezeichnete Informationsquelle mit aktuellen Informationen, Neuigkeiten und anderen Themen. Neben der gedruckten Ausgabe gibt es meistens auch eine Website mit Nachrichten aus dem Wassersport, Tests von Booten und Ausrüstung, Diskussionsforen und Angeboten von Neu- und Gebrauchtbooten.

Glossar

Als Neuling darf man sich von all diesen Begriffen nicht abschrecken lassen – in unserer langen Seefahrertradition ist ein umfangreiches und manchmal merkwürdig klingendes Vokabular entstanden. Die Begriffe sind hier nicht aufgeführt, weil man sie alle lernen muss, sondern als Hilfe für den Fall, dass man einmal darüber stolpert. Auch einige andere relevante Termini und Abkürzungen sind aufgeführt.

Abdrift Durch Wind und Seegang verursachte seitliche Bewegung des Bootes
Ablandiger Wind Wind, der in Seerichtung weht
Achteraus Rückwärtsfahrt oder etwas, was sich hinter dem Boot befindet
Achtern Am Heck des Bootes
Achterschiff Hinteres Ende des Bootes
Ankerkasten Stauraum für den Anker
Ankertrosse Kette und Leine an einem Anker
Ankerwinsch Winde zum Lichten des Ankers
Antifouling Farbe mit Chemikalien, die Bewuchs am Unterwasserschiff verhindert
Auflandiger Wind Wind, der in Landrichtung weht
Ausösen Wasser aus dem Boot entfernen

Backbord Linke Bootsseite in Fahrtrichtung gesehen
Badeplattform Plattform am Heck eines Bootes, über die Schwimmer leicht ins Wasser und wieder ins Boot kommen
Beaufortskala Skala zur Windstärkemessung
Beiboot Kleines Boot für die Fahrt von Land zum Liegeplatz auf dem Wasser
Bemusen Festbinden des Bolzens in einem Schäkel mit Draht
Bilge Tiefste Stelle im Rumpf
Bilgegebläse Im Motorraum montierter Ventilator, der gefährliche Dämpfe und Gase (z. B. Kohlenmonoxid und explosive Benzindämpfe) aus dem Boot befördert
Blasenbildung Wenn Wasser in die Außenhaut eindringt, entstehen durch Osmose Blasen
Block Flaschenzug
Boje Schwimmendes Objekt zur Markierung einer Stelle oder zum Festmachen
Bootspocken Größere Ansammlung von Blasen im Gelcoat
Breite Der breiteste Teil eines Boots
Bug Vorderteil des Bootes
Bugkorb Metallreling am Bug

Cockpit Bereich, in dem sich die Crew aufhält und das Boot fährt

Davits Kleine gebogene Hebevorrichtung für das Dinghi am Heck des Bootes
Daycruiser Boot für Tagesausflüge mit ausreichend Platz für mehrere Leute
Dinghi Kleines Ruder- oder Segelboot
DMYV Deutscher Motoryachtverband
Dollbord Oberkante des Bootes auf Deckshöhe
Dollen Beschläge für die Aufnahme von Riemen
Ducht Sitzbank quer zur Längsrichtung des Bootes

Ebbe Gezeit, in der das Wasser Richtung See abläuft
Echolot Elektrisches Gerät, das mittels Schallwellen die Wassertiefe misst

Fender Polster zum Schutz des Bootes vor Beschädigung des Bootes durch Hafenmauern, andere Boote usw.
Fischfinder Elektrisches Gerät, das mittels Schallwellen die Wassertiefe misst; gleicht einem Echolot, ist aber so empfindlich, dass auch Fische angezeigt werden
Flunken Flügel eines Ankers
Flut Gezeit, in der das Wasser von See aufläuft
Flybridge Steuerstand auf der Kabine eines Motorkreuzers
Freibord Senkrechter Abstand zwischen Dollbord und Wasseroberfläche
Führungsklampe Beschlag, durch den eine Leine geführt ist

Gelcoat Oberste Schicht eines Rumpfes aus GFK-Laminat
GFK Glasfaserverstärkter Kunststoff
Gieren Unbeabsichtigtes Aus-dem-Kurs-Laufen, oft durch Wellen verursacht
Gleitfahrt Aufgleiten auf die Wasseroberfläche bei ausreichend hoher Geschwindigkeit
GPS Globales Positionsbestimmungssystem für die Navigation auf See

Heck Hinterer Teil des Bootes
Hilfsmotor Zweitmotor für den Fall, dass der Hauptmotor ausfällt

Kajütkreuzer Boot mit Übernachtungsmöglichkeit in Form einer Kajüte

Katamaran Boot mit zwei Rümpfen
Kavitationsplatte Horizontale Platte über dem Propeller bei einem Außenborder oder Z-Antrieb. Sie sorgt besonders bei Gleitfahrt dafür, dass immer genügend Wasser über dem Propeller vorhanden ist
Kiel Gewicht aus Stahl oder einem anderen schweren Material unter dem Boot, das das Abdriften zur Seite verhindert und für effiziente Vorausfahrt sorgt; auch konstruktive Mittellinie des Bootes
Kielwasser Nachlaufendes Wasser als Ergebnis der Vorwärtsbewegung des Bootes
Kimmknick Scharfer Winkel im Rumpfquerschnitt, meist am Untergang vom Überwasser- zum Unterwasserschiff
Klampe Beschlag zum Belegen einer Leine
Knoten Einheit der Geschwindigkeit – eine Seemeile (1852 m) pro Stunde
Kombüse Küchenbereich des Bootes

Lee Windabgewandte Seite des Bootes
Leeküste Ufer, auf das der Wind von See weht
L-Haken Anker zum Festmachen am Ufer eines Binnengewässers
Log Gerät zum Messen von Geschwindigkeit und zurückgelegter Entfernung
Luv Seite, von der der Wind einfällt

Mayday Seenotruf für den Fall, dass Menschenleben in Gefahr sind
Mittschiffs In der Bootsmitte
Nipptide Gezeiten mit überdurchschnittlich niedrigem Hoch- und überdurchschnittlich hohem Niedrigwasser

Nüstergatt Wasserablaufloch, durch das Wasser zu einer Stelle geleitet wird, an der es abgepumpt werden kann

Opferanode Metallstück, meistens aus Zink, am Rumpf in unmittelbarer Nähe von Beschlägen, Propellerwelle und am Unterwassergehäuse von Außenbordern; Zink wird vor den »edleren« Metallen durch Elektrolyse aufgezehrt und schützt diese dadurch vor Korrosion
Outdrive Siehe Z-Antrieb

Palstek Knoten in Form eines Auges am Ende einer Leine
Pinne Am Ruder befestigte Spiere zum Steuern

Querschlagen Von Q. spricht man, wenn ein Boot mit der Breitseite zu Wind und Wellen liegt und Kentergefahr besteht

Relingskleid Rechteckige Kunststoffbahnen auf beiden Cockpitseiten zum Schutz vor Wind und Spritzwasser
Relingsstütze Pfosten für die Relingsdrähte
Rolle Zylindrischer drehbarer Beschlag, über den Leinen oder Ketten geführt werden wie etwa bei der Bugrolle für die Ankertrosse
Ruder Vorrichtung am Heck zum Steuern des Bootes mittels Pinne oder Rad
Ruderöse Beschlag am Ruder, der sich um den Ruderzapfen dreht
Ruderzapfen Stiftförmiger Teil am Ruder, auf dem die Ruderöse sitzt

Schäkel Metallenes Teil zur Verbindung von Ketten oder Teilen der Takelage auf Segelbooten
Scheibe Rolle, über die eine Leine läuft
Scheuerleiste Leiste aus Holz oder anderem Material an der Bootsseite, die Aufprall oder Schamfilen an Dalben, Hafenmauern usw. abfedert
Schott Vertikale Trennwände über die Bootsbreite
Schraube Andere Bezeichnung für Propeller
Seeventil Absperrvorrichtung beispielsweise für Kühlwasser und Toilettenspülung
Seitendeck Decksbereich zwischen Kajüte und Dollbord
Skeg Flosse am Rumpf, die die Geradeausfahrt verbessert und – bei manchen Booten – Ruder und Propellerwelle schützt und stützt
Spiegel Flaches, nahezu senkrechtes Heck eines Bootes
Spring Zusätzlich zu Vor- und Achterleine angebrachte Festmacheleine, die übermäßige Bootsbewegungen verhindert
Springtide Gezeiten mit überdurchschnittlich hohem Hoch- und überdurchschnittlich niedrigem Niedrigwasserstand
Stander Dreieckige Fahne mit dem Vereinsabzeichen
Steuerbord Rechte Bootsseite in Fahrtrichtung gesehen
Steuerhaus Wettergeschützter Raum für den Steuermann, auch Ruderhaus genannt
Stevenrohr Rohr, durch das die Welle vom Motor zum Propeller führt und das gleichzeitig als Wellenlager dient
Stevenrohrbuchse Vorrichtung an der Propellerwelle, die das Eindringen von Wasser verhindert, gleich-

zeitig aber ermöglicht, dass die Welle sich dreht
Stillwasser Zeitraum geringster Wasserbewegung zwischen Ebbe und Flut und umgekehrt
Stoppschnur Schnur zwischen Motor und Steuermann, die den Motor bei Zug sofort abstellt, wenn etwa der Steuermann über Bord geht
Süll Senkrechte Leiste um das Cockpit oder eine Luke, die Wasser abhalten soll

Takling Umwicklung am Ende einer Leine, die das Aufdröseln verhindert
Talje Kombination aus Scheiben und Leinen, die das Heben und Ziehen erleichtert (Flaschenzug)
Tidenhub Unterschied zwischen Hoch- und Niedrigwasserstand
Tiefgang Tiefe des Bootes unter der Wasserlinie
Trimaran Boot mit drei Rümpfen
Trimmklappen Klappen am Spiegel, die so eingestellt werden, dass das Boot gerade im Wasser liegt und mit zunehmender Fahrt ins Gleiten gerät
Tripleine Am Anker befestigte Leine mit einem Schwimmkörper am anderen Ende; dient u.a. zum Aufholen eines unklaren Ankers

Überwasserschiff Außenbereich des Rumpfs oberhalb der Wasserlinie
Untiefe Bereich mit Flachwasser

Verdrängung Gewicht des Wassers, das ein Boot verdrängt
Vordeck Decksteil im Vorderbereich eines Bootes
Vordersteven Vorderkante des Bugs
Vorleine Leine am Bug eines Dinghis, an der es festgemacht oder geschleppt wird

Wasserpass Teil des Bootsrumpfes über der Wasserlinie
Welle Stange als Verbindung zwischen Motor und Propeller
Winsch Gerät zum Einholen von Leinen

Z-Antrieb Mit dem Motor verbundene Antriebswelle mit Getriebe und Propeller am Heck eines Bootes
Zeising Dünnes Bändsel, um etwas festzubinden

Dank und Anerkennung

Hilfe, Hinweise und Tipps sind mir dankenswerterweise in großem Umfang zuteilgeworden durch:

- die vielen freundlichen und hilfsbereiten Menschen bei Bootsausstellungen und Wassersportveranstaltungen, Schiffsausrüstern und Werften sowie in Marinas und Vereinen
- meinen verstorbenen Onkel Maurice Perry, einen begeisterten Motorbootfahrer, von dem ich sehr viel gelernt habe
- meine Frau Rita, die meine Begeisterung für den Wassersport teilt und Korrektur gelesen hat
- meinen Sohn David für seine Mithilfe an unseren Booten und im Umgang mit dem Computer
- Louise McIntyre vom Verlag Haynes Publishing für ihre hilfreichen Tipps und Anregungen beim Schreiben dieses Buchs.

Tipps, technische Unterstützung und Hilfe bei den Fotos
- Nick Barke von Essex Boatyards Ltd.
- Martin Ingram und Lesley Johnston von Blakes Paints/Hempel
- Rob McKelvey von Eagle Boat Windows
- International Paints
- Max Campbell von Whisper Boats
- Henkel Loctite Adhesives Ltd.
- Marinestore Chandlery and Mail Order
- David Taylor und Alan Curtis, Riverside Marine and Leisure Ltd.
- Peter Clark von C Claims Adjusters (Romford)
- Andy Seedhouse Boat Sales
- The Electric Boat Association
- The Motorboat Museum, Basildon
- Boatline Quayside Club

Wassersportler, die ihre Boote selbst bauen oder ausbauen
- Dave Flint und Alison Shearing
- Ian und Christine Davies
- David Oertwee
- Tim Pettigrew
- Max Campbe

Bildnachweis
Abgesehen von den im Folgenden genannten Bildern stammen alle Fotos vom Autor.
Decksreparatur, S. 119, und beschädigtes Boot, S. 117: Nick Barke von Essex Boatyards Ltd.
Bootsreparaturen, S. 123: Tim Pettigrew
Bootsbau, S. 13 und 103–104: Max Campbell von Whisper Boats und Simon Tomlinson
Leuchtsignalmittel, S. 216: Pains Wessex Ltd.
Bootsbau, S. 101/102: Bruce Roberts-Goodson von Bruce Roberts Yacht Design
Reparatur und Anstricharbeiten, S. 111–113 und 116: Tony Preston von Tony Preston Professional Yacht Services und Lesley Johnston von Blakes Paints/Hempel
Brandschaden, S. 221 oben, 222: Peter Clark von C Claims Adjusters (Romford)
Schalldämmung, S. 207–208: Halyard (Marine & Industrial) Ltd.
Bootsrenovierung, S. 225–227: Lincoln Photo und Dave Flint und Alison Shearing
Projektleitung: Louise McIntyre
Seitenlayout: James Robertson
Lektorat: Ian Heath

Stichwortverzeichnis

Wissen auf hoher See

Manfred Schedlbauer/Dieter Behlich/Thomas Schwenkler
Amtlicher Sportboot Führerschein Binnen (Motor und Segel)
Lehrbuch - Lernsoftware - Fragebögen
416 Seiten, 54 Bilder, davon 47 in Farbe, 375 Zeichnungen, Format 170 x 240 mm
ISBN 978-3-613-50564-3
€ 39,90

Hans Mühlbauer
Segel- und Motorboote – Bordprobleme einfach gelöst
Jetzt helfe ich mir selbst
192 Seiten, 280 Farbbilder, Format 170 x 240 mm
ISBN 978-3-613-50589-6 **€ 24,90**

Britt Grünke/Detlef Stöcker
Motorboot fahren leicht gemacht
128 Seiten, 145 Bilder, Format 140 x 205 mm
ISBN 978-3-613-50495-0 **€ 14,95**

IHR VERLAG FÜR MARITIM-BÜCHER
Postfach 10 37 43 · 70032 Stuttgart
Tel. (07 11) 2 10 80 65 · Fax (07 11) 2 10 80 70
www.paul-pietsch-verlage.de
pietsch

Stand März 2010
Änderungen in Preis und Lieferfähigkeit vorbehalten

Auf Kurs bleiben

Sara Hopkinson
Navigation für Einsteiger
96 Seiten, 208 Farbbilder, Format 170 x 240 mm
ISBN 978-3-613-50511-7 **€ 12,95**

Georg Fürst
Radar an Bord
Das Praxishandbuch für Skipper
176 Seiten, 78 Farbbilder, Format 170 x 240mm
ISBN 978-3-613-50590-2 **€ 19,95**

Horst Umland
Skippers Logbuch
176 Seiten, Format 242 x 210 mm
ISBN 978-3-613-50620-6 **€ 14,95**

IHR VERLAG FÜR MARITIM-BÜCHER
Postfach 10 37 43 · 70032 Stuttgart
Tel. (07 11) 2 10 80 65 · Fax (07 11) 2 10 80 70
www.paul-pietsch-verlage.de

pietsch

Stand März 2010
Änderungen in Preis und Lieferfähigkeit vorbehalten